HANDBUCH KLEBTECHNIK 2016

adhäsion KLEBEN & DICHTEN
Industrieverband Klebstoffe e. V.

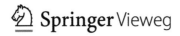

Herausgeber:	adhäsion KLEBEN & DICHTEN
	Abraham-Lincoln-Straße 46
	D-65189 Wiesbaden
	Tel.: +49 (0) 6 11-78 78-2 83
	www.adhaesion.com
	E-Mail: adhaesion@springer.com

mit Unterstützung des:
Industrieverband Klebstoffe e. V.
Völklinger Straße 4 (RWI-Haus)
D-40219 Düsseldorf
Tel.: +49 (0) 2 11-6 79 31 10
Fax: +49 (0) 2 11-6 79 31 33

Verlag: Springer Vieweg | Springer Fachmedien Wiesbaden GmbH
Abraham-Lincoln-Straße 46
D-65189 Wiesbaden
www.springer-vieweg.de

| Österreich (A) | Schweiz (CH) | Deutschland (D) | Niederlande (NL) |

Alle Eintragungen in den Firmenprofilen und Bezugsquellen beruhen auf Angaben der jeweiligen Firma (Stand: Juli 2016). Für Vollständigkeit sowie Richtigkeit der Angaben übernimmt der Verlag keine Gewähr.

Die Deutsche Nationalbibliothek verzeichnet diese Publikation in der Deutschen Nationalbibliografie; detaillierte bibliografische Daten sind Internet über http://dnb.d-nb.de abrufbar.

© Springer Fachmedien Wiesbaden, 2016

Einbandabbildung: Fraunhofer IFAM

Layout/Satz: satzwerk mediengestaltung · D-63303 Dreieich

Gedruckt auf säurefreiem und chlorfrei gebleichtem Papier

Springer Vieweg ist eine Marke von Springer DE. Springer DE ist ein Teil der Fachverlagsgruppe Springer Science+Business Media
www.springer-vieweg.de

ISBN 978-3-658-14529-3   Schutzgebühr: € 25.90

Liebe Leserinnen und Leser,

die Klebtechnik gilt unbestritten als die Schlüsseltechnologie des 21. Jahrhunderts – es gibt heutzutage kaum mehr einen Industrie- oder Handwerkszweig, der nicht auf den Einsatz dieser innovativen und verlässlichen Verbindungstechnologie setzt. Die Klebtechnik ist unverzichtbar, wenn es darum geht, verschiedene Werkstoffe unter Erhalt ihrer Eigenschaften langzeitbeständig zu kombinieren. Nur durch den Einsatz innovativer Klebstoffsysteme sind die Möglichkeiten für neue, prozesssichere Bauweisen gegeben. Über das eigentliche Verbinden hinaus können auch weitere Eigenschaften in geklebte Bauteile integriert werden – so z. B. Ausgleich unterschiedlicher Fügeteildynamiken, Korrosionsschutz, Schwingungsdämpfung oder Abdichten gegen Flüssigkeiten und Gase. Wie keine andere Verbindungstechnik erlaubt das Kleben die Umsetzung fortschrittlichen Designs durch eine optimale Kombination technologischer, ökonomischer und ökologischer Aspekte. Dabei bedient die Klebtechnik ausnahmslos alle Abnehmerbranchen – von A wie Automobil bis Z wie Zahnersatz.

Seit nunmehr 70 Jahren vertritt der Industrieverband Klebstoffe e. V. die technischen und wirtschaftspolitischen Interessen der deutschen Klebstoffindustrie. 1946 gegründet, gilt der Industrieverband Klebstoffe heute – auch im globalen Wettbewerbsumfeld – als der größte und im Hinblick auf sein Service-Portfolio ebenfalls als der weltweit führende nationale Verband auf dem Gebiet der Klebtechnik.

Zusammen mit seinen Schwesterverbänden – dem Fachverband Klebstoffindustrie Schweiz, dem Fachverband der Chemischen Industrie Österreichs und dem niederländischen Verband Vereniging lijmen en kitten - gibt der Industrieverband Klebstoffe in diesem Handbuch einen Einblick in die Welt der Klebstoffindustrie.

Es zählt zu den zentralen Aufgaben der Verbände, regelmäßig über die Schlüsseltechnologie „Kleben", die Hersteller von innovativen Klebstoffsystemen und über die Aktivitäten der Branchenorganisationen zu informieren. Dieses Handbuch enthält wichtige Fakten über die Klebstoffindustrie und ihre Verbände und es informiert über die umfangreichen Liefer- und Leistungsprofile der Klebstoffhersteller, wichtiger Systempartner sowie wissenschaftlicher Institute.

Gemeinsam mit der Redaktion „adhäsion KLEBEN & DICHTEN" freuen wir uns, die nunmehr 12. Ausgabe des Handbuch Klebtechnik präsentieren zu können.

Dr. Boris Tasche
Vorsitzender des Vorstandes des
Industrieverband Klebstoffe e. V.

Ansgar van Halteren
Geschäftsführendes Vorstandsmitglied des
Industrieverband Klebstoffe e. V.

German
Adhesives
Association
Industrieverband Klebstoffe e.V.

adhäsion KLEBEN DICHTE

MADE IN GERMANY

Fraunhofer
IFAM

GEV
EMICODE®

Industrieverband Klebstoffe e. V.
Völklinger Straße 4 (RWI-Haus)
D-40219 Düsseldorf
Phone +49 (0) 2 11-6 79 31 10, fax +49 (0) 2 11-6 79 31 33

Industrieverband
Klebstoffe e.V.
Innovationen erkleben

70 Jahre Industrieverband Klebstoffe e. V.

Als im Jahre 1946 der Industrieverband Klebstoffe von 12 Klebstoffherstellern gegründet wurde, war Kleben ein Synonym für pflanzliche und tierische Rohstoffe, aufwändige Verfahren zu Herstellung, schnelles Verderben der zubereiteten Produkte und komplizierte Anwendung. Heute heißt Kleben modernste Technologie, zukunftsweisende Verbindungstechnik und ist in vielen Fertigungsprozessen unverzichtbar.

Industrieverband Klebstoffe e. V.
Innovationen erkleben

Die deutsche Klebstoffindustrie hat sich in den vergangenen 70 Jahren eine weltweit führende Position erarbeitet. Die intensive Zusammenarbeit mit Rohstoffherstellern, der Maschinenindustrie, einschlägigen Forschungsinstituten und nicht zuletzt den Kunden und Klebstoff-Anwendern hat dazu geführt, dass heute zahlreiche Mitgliedsfirmen des IVK in vielen Branchen und Anwendungsgebieten zu den Weltmarktführern zählen.

Der Industrieverband Klebstoffe hat diese Entwicklung stetig mitgeprägt und ist heute in der Industrie, im Handwerk, bei privaten Anwendern und benachbarten Branchen die kompetente Dachorganisation für vielfältige, übergreifende Fragestellungen.

70 Jahre nach seiner Gründung gehören dem Industrieverband Klebstoffe 129 Unternehmen an.

Auf der Höhe der Zeit – 70 Jahre Industrieverband Klebstoffe

Anlässlich dieses Jubiläums hat der Industrieverband Klebstoffe die Chronik „Auf der Höhe der Zeit – 70 Jahre Industrieverband Klebstoffe" veröffentlicht. In dieser Chronik werden die wichtigen und zukunftsweisenden Entwicklungsphasen des Branchenverbandes im wirtschafts-, politik- und gesellschaftsgeschichtlichen Kontext aufgezeichnet. Die gestaltende, aktive Rolle des Industrieverband Klebstoffe in einem von technischem Fortschritt, europäischer Integration, wachsendem Umweltbewusstsein und dynamischer Globalisierung geprägten Markt wurde umfänglich recherchiert und erstmalig geschichtswissenschaftlich dokumentiert.

Der Autor Dr. Peter Fäßler – Professor für neuere und neueste Geschichte am Historischen Institut der Universität Paderborn – beschreibt den Weg, der in den Wirren der Nachkriegszeit begann und bis an die Spitze der Welt führte. Dabei lässt er wichtige Persönlichkeiten wie Konrad Henkel oder ehemalige IVK-Vorsitzende wie Arnd Picker als Zeitzeugen zu Wort kommen.

Sie vermitteln außergewöhnliche Einblicke in die Geschichte des Verbandes. Historische Dokumente, zum Beispiel das Original-Gründungsprotokoll, ergänzen das Werk.

Die Chronik „Auf der Höhe der Zeit" des Industrieverband Klebstoffe ist ab sofort beim Springer Verlag und im Buchhandel erhältlich – als Hardcover (978-3-658-14242-1) sowie als eBook (978-3-658-14243-8).

Imagefilm „Faszination Kleben"

Der Industrieverband Klebstoffe zeigt in seinem neuen Imagefilm „Faszination Kleben", dass Klebstoffe in Haushalt, Handwerk und Industrie unverzichtbar sind und warum viele Zukunftstechnologien und die Produktion von Alltagsgegenständen nur mit Klebstoffen möglich sind. In diesem fünfminütigen Film erfährt der Zuschauer nicht nur Wissenswertes über die Chemie von Klebstoffen und wie sie funktionieren, sondern auch in welchen unterschiedlichen Bereichen Klebstoffe erfolgreich eingesetzt werden. Von der Automobil- über die Elektro- bis hin zur Textil- und Bekleidungsbranche – nahezu jeder Industriezweig setzt heute auf die Klebtechnik, um Produkte zu verbessern und Innovationen zu entwickeln. Dieser neue Imagefilm ist auf der IVK-Internetseite www.klebstoffe.com online gestellt und kann von dort aus – in deutscher und englischer Sprache – angeschaut oder heruntergeladen werden. Überdies präsentiert der Industrieverband Klebstoffe den Imagefilm auf seinem YouTube-Kanal „klebstoffe" der Öffentlichkeit.

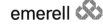

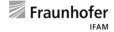

LORD
Ask Us How™

merz+benteli ag
more than bonding

Nordson

OTTO CHEMIE
Dichtstoffe · Klebstoffe

panacol
adhesives & more

paramelt
experience. performance.

PLANATOL WETZEL

POLY CHEM
POLYMERISATION · SPECIALITY CHEMICALS · SERVICES

ruderer®

Scheugenpflug

Schill+Seilacher
struktol

schülke ⊹

sonderhoff
Sonderhoff Chemicals GmbH

sonderhoff
Sonderhoff Engineering GmbH

SULZER

Uzin Tyro AG

Uzin Utz AG

WACKER

Anspruch verbindet

weiss

WORLÉE
seit 1851

Polyurethan Schaumsysteme
Klebstofftechnik

Inserentenverzeichnis

Titelbild: Atmosphärendruck-Plasmabehandlung von CFK vor dem Klebstoffauftrag
(Quelle: Fraunhofer IFAM)

Bedeutung der DIN 2304 für die klebtechnische Praxis
Qualität prozessintegriert sichern

Im Februar 2016 wurde die neue DIN 2304 „Qualitätsanforderungen an Klebprozesse" als Weißdruck veröffentlicht. Was bedeutet nun die Einführung dieser Norm für die Betreiber klebtechnischer Fertigungen? Welche Schritte führen zu einer umfassenden Qualitätssicherung - insbesondere mit Blick auf sicherheitsrelevante Klebungen?

In Hochtechnologiebereichen zählt das Kleben zu den bevorzugt eingesetzten Fügetechniken. Allerdings gilt es nach DIN EN ISO 9001 als „spezieller Prozess", dessen Ergebnis nicht umfassend zerstörungsfrei geprüft werden kann. Um eine qualitativ hochwertige Klebverbindung gewährleisten zu können, müssen deshalb alle erforderlichen Prozessschritte ausreichend überwacht und dokumentiert werden - beginnend mit der Entwicklung einer Klebverbindung bis hin zum fertigen Produkt. Ein gutes Beispiel für die Entwicklung eines Qualitätssicherungskonzeptes ist der Schienenfahrzeugbau seit der Einführung der DIN 6701 im Jahre 2007. Dabei werden die Qualitätsstandards klebtechnischer Anwenderbetriebe festgelegt, Konstruktionsvorgaben gemacht sowie Ausführungsregeln und die Qualitätssicherung von Klebprozessen festgeschrieben [1]. Schwerpunkt ist hier die Qualifikation der am Prozess beteiligten Mitarbeiter [2].

Um nun die Qualitätsanforderungen auch für andere Anwendungsgebiete in der klebtechnischen Fertigung festzulegen, wird die DIN 2304 eingeführt. Sie legt die Anforderungen für die qualitätsgerechte Ausführung von Klebverbindungen entlang der Prozesskette Kleben von der Entwicklung über die Instandhaltung fest und deckt zwei Anwendungsbereiche ab. Der erste Teil erläutert allgemeine organisatorische, vertragliche und fertigungstechnische Grundlagen für die Herstellung klebtechnischer Verbindungen mit der Hauptfunktion einer Übertragung mechanischer Lasten. Sein Inhalt bezieht sich auf alle Klebstoffklassen, Werkstoffkombinationen und Branchen. Der zweite Teil legt spezielle Anforderungen an die klebtechnische Ausführung für Materialien aus Faserverbundkunststoffen fest. In der DIN 2304 werden die Klebungen hier in Sicherheitsklassen unterteilt, wobei der verantwortliche Konstrukteur bzw. Bauteilverantwortliche die Einstufung vornehmen muss [3].

Bedeutung der neuen DIN für Anwender

Kunden von Unternehmen, die Produkte klebtechnisch herstellen, könnten die DIN 2304 in ihr Pflichtenheft für den Bezug von Produkten aufnehmen. Der Vorteil der Kunden besteht darin, dass mit einem einzigen Verweis auf die Norm der Lieferant zu einem Qualitätsstandard und entsprechenden Maßnahmen bewegt werden kann. Dies gilt insbesondere für sicherheitsrelevante Klebungen, bei denen die Fertigungskette aufgrund der Sorgfaltspflicht und entsprechenden Haftungsmöglichkeiten stets dem Stand der Technik entsprechen muss. Die Norm DIN 2304 greift dies entsprechend auf.

Um die klebtechnische Anforderung einer Klebverbindung festzulegen, muss zuerst die Sicherheitsklasse dieser Klebung definiert werden. Diese Einstufung erfolgt durch den verantwortlichen Konstrukteur hinsichtlich der potenziellen Auswirkung des Versagens der Klebung. Dann werden die Anforderungen an die Prozesskette festlegt. Das erstreckt sich von der Infrastruktur über Personal, Entwicklungsprozess und Konstruktion bis zur Fertigung (Bild 1). Hier spielen die Qualitätssicherung und das Management eine sehr große Rolle. Für diese erfolgreiche Qualitätssicherung in der Klebtechnik wird immer eine technologiespezifische Ergänzung eines Qualitätsmanagementsystems verlangt, welches z. B. die Anforderungen nach DIN 2304 bzw. DIN EN ISO 9001 erfüllt [4].

Der Fokus der folgenden Ausführungen liegt auf technischen Qualitätssicherungskonzepten der klebtechnischen Fertigung, unterteilt in Qualität der Klebstoff-Applikation und Qualität der Fügeteiloberflächen. Es wird der Stand der Technik dargestellt und auf weitere nötige Schritte hingewiesen, um eine umfassende Qualitätssicherung insbesondere bei sicherheitsrelevanten Klebungen zu gewährleisten.

Technische Qualität der Klebstoff-Applikation

In der Applikationstechnik sind eine konsequente Überwachung und Dokumentation der Prozessschritte für die Qualität von entscheidender Bedeutung. Stand der Technik ist das Monitoring der Raupengeometrie, der Raupenpositionierung und des Klebstoffauftrags [5]. Dies geschieht durch Kamerasysteme, die je nach Oberfläche und Klebstoff in verschiedenen Versionen auf dem Markt erhältlich sind. Zur Verfügung stehen Systeme, die eine nachgelagerte Inspektion des Klebstoffauftrags bezüglich Position, Breite und Unterbrechungsfreiheit ermöglichen. Und die Kombination mehrerer Kameras erlaubt die Kontrolle von Profilraupen mit Hilfe von 360°-Aufnahmen. Bei fast allen OEMs werden solche Kamerasysteme zur Qualitätssicherung der Klebstoffapplikation eingesetzt.

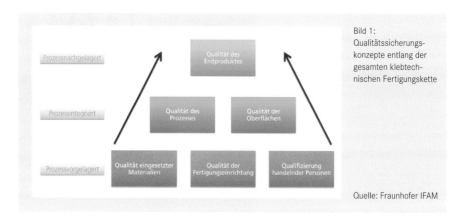

Bild 1:
Qualitätssicherungskonzepte entlang der gesamten klebtechnischen Fertigungskette

Quelle: Fraunhofer IFAM

Bedarf an weiterführenden Qualitätssicherungskonzepten über den Stand der Technik hinaus besteht insbesondere bei 2-komponentigen Klebstoffen zur Inline-Kontrolle des Mischungsverhältnisses. Hierauf konzentrieren sich aktuelle Arbeiten des Fraunhofer IFAM aus der Abteilung Klebtechnische Fertigung. Hier werden derzeit verschiedene physikalische Systeme zur Inline-Messung des Mischungsverhältnisses frisch vermischter Klebstoffraupen erarbeitet und untersucht (Bild 2). Dies soll eine Dokumentation und Kontrolle des applizierten Klebstoffs hinsichtlich des Mischungsverhältnisses mehrkomponentiger Klebstoffe ermöglichen. Das Mischungsverhältnis wird hier direkt nach dem Mischen und vor dem Auftrag auf das zu verklebende Bauteil auf sein Mischungsverhältnis hin gemessen und aufgezeichnet. In Kombination mit bestehenden Kameraüberwachungssystemen wird somit die Qualitätssicherung des Prozesses bei der klebtechnischen Fertigung zukünftig weiter gestärkt.

Technische Qualität der Fügeteiloberflächen

Auch die Qualität der zu verklebenden Oberflächen ist für die Ausbildung von Adhäsionskräften sowie für die Langzeitstabilität der Klebverbindungen von großer Bedeutung. Oft haben fertigungsbedingte Kontaminationen und Kontaminationen, die unabsichtlich während prozessvorgelagerter Verarbeitungsschritte auf die Oberflächen gelangen, einen negativen Einfluss auf die erreichten Endfestigkeiten. Außerdem verstärken die während des Lebenszyklus einer Klebverbindung auftretenden Alterungsprozesse diese negativen Einflüsse und können zu einer weiter verringerten Festigkeit oder zum kompletten Versagen von geklebten Bauteilen führen.

Bild 2:
Adapter mit Sensor zur Überwachung des Mischungsverhältnisses des Klebstoffs nach dem Mischen und vor dem Auftrag auf das Bauteil (links) sowie statisches Mischelement unter UV-Licht mit einer UV-markierten Komponente

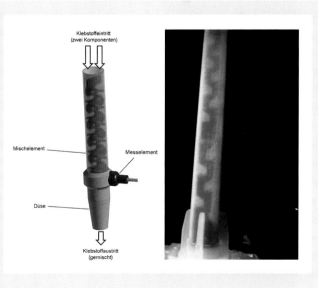

Quelle: Fraunhofer IFAM

Die Sauberkeit der Oberflächen muss daher insbesondere für Klebungen mit hoher Sicherheitsrelevanz durch eine prozessintegrierte Qualitätskontrolle gewährleistet werden.

Am Fraunhofer IFAM werden für die prozessintegrierte Qualitätssicherung an Oberflächen verschiedenste Methoden entwickelt, weiterentwickelt und kundenspezifisch angepasst. Diese Methoden basieren beispielsweise auf der Detektion von topografischen, optischen, visuellen, physikalischen oder chemischen Oberflächeneigenschaften. Eine auf vielen unterschiedlichen Materialien anwendbare Methode ist die laserinduzierte Plasmaspektroskopie (LIPS). Hierbei wird ein gepulster Laserstrahl auf die zu untersuchende Oberfläche fokussiert und dort ein Mikroplasma gezündet. In dem Mikroplasma wird ein kleiner Teil der oberflächennahen Spezies verdampft und zur elementspezifischen Emission angeregt. So ist ein Nachweis vieler Elemente des Periodensystems möglich. Oft können diese über die Bildung von Peakflächenverhältnissen (PFV) mit einer geeigneten Kalibrierung quantifiziert werden.

Aktuell wird diese Methode am Fraunhofer IFAM für die Detektion Si-haltiger Trennmittel auf kohlenstofffaserverstärkten Kunststoffen (CFK) optimiert. Üblicherweise wird bei der LIPS ein Laser mit einer Wellenlänge von 1064 nm verwendet. Es konnte gezeigt werden, dass selbst geringste Mengen an Si auf den CFK-Oberflächen (< 2atom% Si aus XPS-Messungen) sicher nachweisbar sind. Allerdings kommt es bei der bisher genutzten Wellenlänge zu einer Schädigung der Probenoberfläche in Form von kleinen Kratern (Bild 4). Zur Minimierung dieser Oberflächenschädigung und zur Maximierung der Empfindlichkeit für die Detektion Si-haltiger Trennmittel auf CFK wurden nun erste Untersuchungen mit einer Laseranregungswellenlänge von 266 nm durchgeführt. Hierbei konnten gleich zwei positive Effekte in Bezug auf die Eignung der LIPS

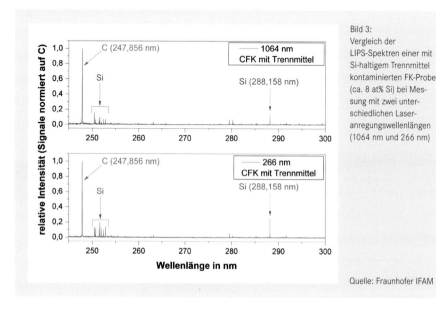

Bild 3:
Vergleich der LIPS-Spektren einer mit Si-haltigem Trennmittel kontaminierten FK-Probe (ca. 8 at% Si) bei Messung mit zwei unterschiedlichen Laseranregungswellenlängen (1064 nm und 266 nm)

Quelle: Fraunhofer IFAM

für die Anwendung als inlinefähige Qualitätssicherungsmethode beobachtet werden: Zum einen eine gesteigerte Oberflächensensitivität der Messung (effektivere Anregung von Emissionen Si-haltiger Trennmittel im Vergleich zur Anregung des Grundmaterials (Bild3)) und zum anderen

Bild 4:
Laserkonfokalmikro-
skopische Messung:
Messkrater bei
LIBS-Messung mit
1064 nm

Quelle: Fraunhofer IFAM

Bild 5:
Laserkonfokalmikro-
skopische Messung:
Messkrater bei
LIBS-Messung mit
266 nm.

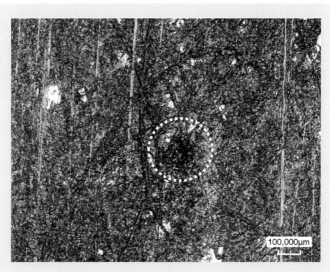

Quelle: Fraunhofer IFAM

gleichzeitig eine wesentlich geringere Schädigung der Probenoberfläche durch die Messung (Bild 5). Bild 3 zeigt jeweils Ausschnitte der erhaltenen, auf das C-Signal normierten LIPS-Spektren für die Messungen bei den unterschiedlichen Laserwellenlängen. Die relative Intensität der Si-Emissionslinien ist für die Messung mit 266 nm (PFV Si/C: 0,26) im Vergleich zur Messung mit 1064 nm (PFV Si/C: 0,15) deutlich erhöht. Es können so geringe Si-Konzentrationen an den Oberflächen deutlicher differenziert und wahrscheinlich auch noch geringere Si-Konzentrationen nachgewiesen werden. Die Bilder 4 und 5 zeigen laserkonfokalmikroskopische Aufnahmen der Messkrater. Diese wurden von jeweils neun LIPS-Messpositionen angefertigt und ausgewertet. Die Messung mit 1064 nm lässt einen deutlichen Harzabtrag mit Faserfreilegung erkennen. Die Größe des entstehenden Messkraters beträgt 924 (+/- 122) µm im Durchmesser und 40,4 (+/- 11,2) µm in der Tiefe. Für die Messungen mit 266 nm ist mit dem bloßen Auge keine Schädigung der Oberfläche zu erkennen. Unter dem Laserkonfokalmikroskop lassen sich vergleichsweise sehr kleine Krater in der Oberfläche erkennen. Mit 65,7 (+/- 9,55) µm im Durchmesser und 22,9 (+/- 5,10) µm in der Tiefe stellen diese Krater nur eine minimale Beeinflussung der Probenoberfläche dar. Die LIPS besitzt somit ein hohes Potential für die Anwendung als prozessintegrierte Qualitätssicherung und bietet die Möglichkeit, Si-haltige Trennmitteln auf CFK-Oberflächen zuverlässig zu detektieren. Die genannten Untersuchungen wurden im Rahmen des öffentlich geförderten AiF-Projektes BeQuaVor (Fördernummer IGF-Nr. 18.003N) durchgeführt. Die LIPS-Messtechnik wird am Fraunhofer IFAM für diesen Anwendungsbereich weiterentwickelt, z. B. in Richtung reduzierter Laserenergien für die Plasmaanregung mit dem Ziel der weiteren Reduktion des Oberflächenabtrags.

Zusammenfassung

Mit den dargestellten aktuellen Arbeiten des Fraunhofer IFAM auf dem Gebiet der prozessintegrierten Qualitätssicherung in den Bereichen der Oberflächen und der klebtechnischen Fertigung sollen bestehende Lücken geschlossen werden. Dies hilft den Anwendern und Betreibern klebtechnischer Fertigungsprozesse, den Anforderungen aus der Norm DIN 2304 und darüber hinaus, insbesondere bei sicherheitsrelevanten Klebungen, gerecht zu werden. ∎

Dipl. Wirt.-Ing. Heinrich Kordy,
Dipl. Phys. Kai Brune und M.Sc. Mareike Schlag
Fraunhofer IFAM, Bremen

Quellenverweise

[1] DIN 6701, Kleben von Schienenfahrzeugen und -fahrzeugteilen, Teil 1 – 4
[2] Niermann, D., Groß, A., Brede, M., & Hennemann, O.-D.: „Qualitätssicherung in der Klebtechnik (Teil 2): Fertigungsphase" Adhäsion (Ausgabe 9, 2005), S. 28 – 32.
[3] Groß, Andreas; Lohse, Hartwig: „Die neue DIN 2304 und ihr Nutzen für die Praxis Qualitätssicherung in der Klebtechnik", Adhäsion (Ausgabe 6, 2015), S. 12 – 19
[4] Niermann, D., Groß, A., Brede, M., & Hennemann, O.-D.: „Qualitätssicherung in der Klebtechnik (Teil 1): Konstruktionsphase", Adhäsion (Ausgabe 7-8, 2005), S. 36-38.
[5] Klocke, Heinz: „Alltagstaugliche 3D-Klebstoffauftragskontrolle in der Fahrzeugindustrie", Adhäsion (Ausgabe 11, 2004), S. 17 – 20

FIRMENPROFILE

Klebstoffhersteller
Rohstoffanbieter

3M
Deutschland GmbH

Carl-Schurz-Straße 1
D-41453 Neuss
Telefon +49 (0) 21 31-14 33 30
Telefax +49 (0) 21 31-14 32 00
E-Mail: kleben.de@mmm.com
www.3M-klebtechnik.de

Mitglied des IVK

Das Unternehmen

Gründungsjahr
1951

Größe der Belegschaft
6.700 Mitarbeiter (Deutschland 2016)

Besitzverhältnisse
100 %ige Tochter der 3M Company St. Paul, USA

Tochterfirmen
3M New Venture, Dyneon GmbH,
3M Unitek, TOP-Service für Lingualtechnik GmbH,
3M Services GmbH, Winterthur Technology GmbH,
Wendt GmbH, ESK Ceramics GmbH & Co. KG

Geschäftsführung
Dr. John Banovetz, Prof. Dr. Joerg Dederichs,
Michael Peters, Rob Schokker

Managing Director
Dr. John Banovetz

Ansprechpartner
Industrie-Klebebänder, Klebstoffe und
Kennzeichnungssysteme
Andrea Amatalla
Tel.: 0 21 31 - 4 32 36

Vertriebswege
Fachhandel, Direktgeschäft

Das Produktprogramm

**Anlagen/Verfahren/Zubehör/
Dienstleistungen**
Auftragssysteme (1K-Systeme, 2K-Systeme)
Oberflächen reinigen und vorbehandeln
Vor Ort/telefonische Beratung bei Füge- und
Kennzeichnungsaufgaben

Klebstofftypen
1K-/2K-Konstruktionsklebstoffe
Schmelzklebstoffe
Cyanacrylat Klebstoffe
Lösemittelhaltige Klebstoffe
Dispersionsklebstoffe
Kleb- und Dichtmassen
Doppelseitige/einseitige Klebebänder
Flexible Druckverschlüsse
Selbstklebende Elastikpuffer
Oberflächenschutzfolien
UV-aushärtende Klebstoffe
Anaerobe Klebstoffe
Mechanische Verschlusssysteme

Für Anwendungen im Bereich
Papier/Verpackungs/Druckindustrie
Holz-/Möbelindustrie
Elektronik
Maschinen- und Apparatebau
Automobilindustrie, Luftfahrtindustrie
Klebebänder, Etiketten
Solarenergie
Fensterbau/Glas
Haushaltsgeräte
Marine
Werbetechnik
Kunststoffindustrie

Adtracon GmbH
Hofstraße 64
D-40723 Hilden
Telefon +49 (0) 21 03-2 53 17-0
Telefax +49 (0) 21 03-2 53 17-19
E-Mail info@adtracon.de
www.adtracon.de

Mitglied des IVK

Das Unternehmen

Gründungsjahr
2002

Größe der Belegschaft
15 Mitarbeiter

Gesellschafter
Dr. Roland Heider
Investitions- und Strukturbank
Rheinland Pfalz
KfW

Ansprechpartner
Dr. Roland Heider

Vertriebswege
direkt und Vertriebspartner

Weitere Informationen
Die Adtracon GmbH ist im Bereich der
Entwicklung, Produktion und dem Vertrieb
von reaktiven Schmelzklebstoffen tätig.
Die Adtracon GmbH bietet Know-how
und Laborkapazität für technische Fragestellungen.

Das Produktprogramm

Klebstofftypen
Reaktive Schmelzklebstoffe

Für Anwendungen im Bereich
Automobilindustrie
Holzverarbeitende Industrie
Buchbinderei
Textil-, Filter- und
Schuhindustrie
Allgemeine Industrie

Alberdingk Boley GmbH
Düsseldorfer Straße 53
D-47829 Krefeld
Telefon +49 (0) 21 51-5 28-0
Telefax +49 (0) 21 51-57 36 43
E-Mail: info@alberdingk-boley.de
www.alberdingk-boley.com

Mitglied des IVK

Das Unternehmen

Gründungsjahr
1828

Größe der Belegschaft
350 (weltweit)

Ansprechpartner
Geschäftsleitung
Leiter Forschung und Entwicklung:
Dr. Gregor Apitz

Anwendungstechnik und Vertrieb
Leiter Technisches Marketing:
Markus Dimmers
Leiter Verkauf Dispersionen:
Johannes Leibl

Tochterfirmen
Alberdingk Boley, Inc.
Greensboro, USA
Alberdingk Resins (Shenzhen) Co., Ltd.,
Shenzhen, China

Das Produktprogramm

Rohstoffe
Polymere:
Polyurethan-Dispersionen
Acrylat-Dispersionen
Styrolacrylat-Dispersionen
Vinylacetatcopolymere
UV-vernetzende Dispersionen

Für Anwendungen im Bereich
Holz-/Möbelindustrie
Metall- und Kunststoffindustrie
Baugewerbe, inkl. Fußboden, Wand u. Decke
Textilindustrie
Klebebänder, Etiketten
Automobilindustrie
Elektroindustrie

ALFA
Klebstoffe AG

Vor Eiche 10
CH-8197 Rafz
Telefon: +41 43 433 30 30
Telefax: +41 43 433 30 33
E-Mail: info@alfa-klebstoffe.com
www.alfa-klebstoffe.com

Mitglied des FKS

Das Unternehmen

Gründungsjahr
1972

Größe der Belegschaft
50

Besitzverhältnisse
Aktiengesellschaft, im Familienbesitz

Tochterfirmen
ALFA Adhesives, Inc. (Partner)

Vertriebswege
Internationales Distributionsnetzwerk

Ansprechpartner
Management:
info@alfa-klebstoffe.com
Verkauf:
info@alfa-klebstoffe. com

Weitere Informationen
Die ALFA Klebstoffe AG ist ein innovativer
Familienbetrieb, der wasserbasierte Klebstoffe und Hot-Melts entwickelt, produziert
und vertreibt. Die Firma bietet ihren Kunden
wesentliche Vorteile bei der ökonomischen
und ökologischen Gestaltung des Klebe-
prozesses.

Das Produktprogramm

Klebstofftypen
Dispersionsklebstoffe
Schmelzklebstoffe
Haftklebstoffe

Anwendungen im Bereich
Schaumverarbeitende Industrie
Papier/Verpackung
Buchbinderei/Graphisches Gewerbe
Holz-/Möbelindustrie
Fahrzeug, Luftfahrtindustrie
Hygienebereich

APM Technica AG
Max-Schmidheiny-Strasse 201
CH-9435 Heerbrugg
Telefon: +41 (0)71 788 31 00
Telefax: +41 (0)71 788 31 10
E-Mail: info@apm-technica.com
www.apm-technica.com

Das Unternehmen

Gründungsjahr
2002

Grösse der Belegschaft
135 Mitarbeiter

Firmenstruktur
• APM Technica AG
• APM Technica GmbH, Deutschland
• APM Technica AG, Philippinen
• APM Academy
• Polyscience AG, Cham
• Abatech Ingénierie SA, La Chaux-de-Fonds

Weitere Informationen
Die APM Technica AG ist Full-Service-Anbieter
auf den Gebieten Klebe- und Oberflächentech-
nologie und vertreibt daneben Handelsprodukte namhafter Hersteller.

Das Produktprogramm

Handel
• Klebstoffe und Silikone
• Feinkitte
• Schmierstoffe
• Lacke
• Lösungs- und Reinigungsmittel
• Equipment (Dosieren-Dispensing, UV-Aus-
  härtegeräte, Wärmeschränke, Plasma-
  reinigungsanlagen, Tiefkühlschränke,
  Speedmixer-Mischanlagen, Robotersysteme)
• tiefgekühlte Klebstoffe

Kundenspezifische Assemly
• Baugruppen im Bereich
  – Optronik-, Elektronik-, Automotive- und
    Medical- Anwendungen
• Gerätekomponenten:
  – Dosenlibellen
  – Glasfasern-Lichtleiter
  – Sensoren
  – Display's
• optische Beschichtungen
• funktionale Beschichtungen
  (Antikratz-& Antifog- Beschichtungen)

Testcenter
• Werkstoffprüfung und Werkstoffentwicklung
• Umweltsimulation

Beratung und Engineering im Bereich
• Oberflächen
• Klebstoffe
• Assembly

Seminare
• Klebeseminare
• Kundenspezifische Seminare

Zertifikate
ISO 9001, 14001, 13485 und TS 16949

ARDEX GmbH

Friedrich-Ebert-Straße 45
D-58453 Witten
Telefon +49 (0) 23 02-6 64-0
Telefax +49 (0) 23 02-6 64-2 40
E-Mail: kundendienst@ardex.de
www.ardex.de

Mitglied des IVK

Das Unternehmen

Gründungsjahr 1949

Unternehmensform
Konzernfreies, unabhängiges
Familienunternehmen

Geschäftsführung
Mark Eslamlooy
(Vorsitzender der Geschäftsführung)
Dr. Hubert Motzet
Dr. Ulrich Dahlhoff

Umsatz/Gruppe 2015: 650 Mio. €

Mitarbeiter/Gruppe 2015: 2.500

**Schulungs- und Informationszentren in
Deutschland an 4 Standorten**
Parchim/Mecklenburg, Altusried/Allgäu
Bad Berka/Thüringen, Witten/Ruhr

Vertriebsorganisation Deutschland
56 Gebietsleiter und 5 Verkaufsleiter in den
Verkaufsgebieten Nord, West, Mitte, Süd und Ost

Vertriebsorganisation weltweit
ARDEX Middle East FZE (UAE)
ARDEX Shanghai Co. Ltd. (China)
ARDEX Hong Kong Ltd. (Hong Kong)
ARDEX Korea (South Korea)
ARDEX Taiwan Inc. (Taiwan)
ARDEX Manufacturing Sdn.Bhd. (Malaysia)
ARDEX Singapore PTE. LTD (Singapore)
ARDEX Endura (INDIA) Pvt. Ltd. (India)
ARDEX Australia Pty. Ltd. (Australia)
ARDEX New Zealand Ltd. (New Zealand)
ARDEX Polska Sp.zo.o. (Poland)
ARDEX Baustoff GmbH (Austria)
ARDEX Turkiye (Turkey)
ARDEX S.r.l. (Italy)
ARDEX EOOD (Bulgaria)
ARDEX Baustoff S.R.O. (Czechia)
ARDEX Epitöanyang Kft. (Hungary)
ARDEX Russia OOO (Russia)
ARDEX UK Ltd. (UK)
Building Adhesives Ltd. (UK)
Ardex Building Products Ireland LTD. (Ireland)
ARDEX OY (Finland)

Das Produktprogramm

Rohbauprodukte für Betonkosmetik
und -reparatur

Bitumenprodukte für die Bauwerksabdichtung

Schnellzement/Estriche

Untergrundvorbereitungen

Bodenspachtelmassen zum Ausgleichen
und Nivellieren von Unterböden

Abdichtungen unter Fliesenbelägen

Fliesenkleber für Fliesen, Natursteine und
Dämmstoffe

Fugenmörtel für Fliesen und Marmor

Silicon-Dichtstoffe für den Baubereich

Wandspachtelmassen zum Glätten von
Wandflächen

Bodenbelags- und Parkettklebstoffe
für Teppich, Parkett etc.

ARDEX AB (Sweden)
ARDEX Skandinavia A/S (Denmark)
ARDEX Skandinavia A/S Filial Norge (Norway)
ARDEX GmbH (Germany)
ARDEX Luxembourg Holding S.a.r.l. (Luxembourg)
LUGATO GmbH & Co. KG (Germany)
ARDEX France S.A.S. (France)
ARDEX Schweiz AG (Switzerland)
ARDEX Cemento S.A. (Spain)
W.W.Henry Company L.P. (USA)
ARDEX Canada Inc. (Canada)
ARDEX Cementos Mexicanos (Mexico)
ARDEX L.P. (USA)
SEIRE Products S.L. (Spain)
QuicSeal Construction Chemicals Sdn. Bhd. (Malaysia)
QuicSeal Construction Chemicals PTE LTD. (Singapore)
Cemix Group Ltd. (New Zealand)
GUTJAHR Systemtechnik GmbH (Germany)
Wakol GmbH (Germany)
ARDEX Thailand Co. Ltd.

Weiteres Vertriebsbüro:
ARDEX Benelux

ARLANXEO Deutschland GmbH
Chempark Dormagen, Geb. F41
Alte Heerstraße 2
D-41540 Dormagen
www.arlanxeo.com

Das Unternehmen

ARLANXEO ist ein weltweit führender Anbieter für synthetischen Kautschuk, der 2015 einen Umsatz von rund 2,8 Milliarden Euro erzielte, etwa 3.800 Mitarbeiter beschäftigt und mit 20 Produktionsstandorten in neun Ländern präsent ist.

Der Konzern ist auf die Entwicklung und Herstellung sowie auf den Vertrieb von Hochleistungskautschuken spezialisiert, die z.B. in der Automobil- und Reifenindustrie, in der Bauwirtschaft sowie in der Öl- und Gasindustrie eingesetzt werden.

ARLANXEO wurde im April 2016 als Gemeinschaftsunternehmen von LANXESS* und Saudi Aramco gegründet.

Ansprechpartner
Für Baypren® ALX und Levamelt®
Dr. Martin Schneider
High Performance Elastomers
Telefon: +49 2133 51 23096
E-Mail: martin.schneider@arlanxeo.com

Für X_Butyl™ RB
Dr. Goran Stojcevic
Tire & Specialty Rubbers
Telefon: +49 2133 51 21169
E-Mail: goran.stojcevic@arlanxeo.com

Das Produktprogramm

Roh- und Hilfsstoffe zur Herstellung von Kleb- und Dichtstoffen

Aufgrund ihrer besonderen Eigenschaften sind die Polymere aus den Levamelt®, Baypren ALX® und X_Butyl™ RB Produktlinien besonders geeignet für vielfältige Anwendungen in der Klebstoffindustrie.

Baypren® ALX:
Polychloropren für lösemittelbasierte Kontaktklebstoffe

Levamelt®:
Basispolymer für Haftklebstoffe und Modifier für strukturelle Klebstoffe und Hot Melts

Die X_Butyl™ RB-Typen sind nichtfärbende Isobutylen/Isopren-Copolymere mit niedrigem Doppelbindungsgehalt, die aufgrund ihrer ausgezeichneten Alterungsstabilität in der Kleb- und Dichtstoffindustrie eingesetzt werden.

* Mehr Informationen zu LANXESS finden Sie auf Seite 92

artimelt AG

Wassermatte 1
CH-6210 Sursee
Telefon +41 41 926 05 00
Telefax +41 41 926 05 29
E-Mail: info@artimelt.com
www.artimelt.com

Das Unternehmen

Gründungsjahr
2016

Besitzverhältnisse
artimelt gehört zur LAS Holding, zur der
auch Collano und nolax gehören

Tochterfirmen
artimelt Inc., Tucker, GA 30084, USA

Vertriebswege
Direkter Vertrieb und Agenten

Ansprechspartner
Vertrieb:
Thomas Griebel
(Etiketten, Klebebänder, Verpackungen u. a.)
Telefon + 41 41 926 05 20

Christoph Lang
(Medizinprodukte)
Telefon + 41 41 926 05 28

Weitere Informationen
Seit April 2016 vereinen Collano und
nolax alle Hotmelt-Aktivitäten im neuen
Kompetenzzentrum artimelt.

artimelt beschäftigt weltweit 45 Mit-
arbeitende.

Das Produktprogramm

Klebstofftypen
Schmelzklebstoffe

Für Anwendungen im Bereich
Etiketten
Klebebänder
Verpackungen
Medizinprodukte
Sicherheitssysteme
Grafische Anwendungen
Baugewerbe

Avebe U. A.

Prins Hendrikplein 20
NL-9641 GK Veendam
Telefon +31 (0) 598 66 91 11
Telefax +31 (0) 598 66 43 68
E-Mail: info@avebe.com
www.avebe.com

Mitglied des VLK

Das Unternehmen

Gründungsjahr
1919

Größe der Belegschaft
1.311

Besitzverhältnisse
Cooperation of farmers

Vertriebswege
Direct and through specialized
distributors worldwide

Weitere Informationen
Avebe U. A. is an international Dutch starch
manufacturer located in the Netherlands
and produces starch products based on
potato starch and potato protein for use
in food, animal feed, paper, construction,
textiles and adhesives.

Das Produktprogramm

Rohstoffe
Dextrins and Starch based adhesives
Starch ethers

Für Anwendungen im Bereich
Paper and packaging
Paper sack adhesive
Tube winding adhesive
Remoistable envelope adhesive
Protective colloid in polyvinyl acetate
based dispersions
Water activated gummed tape adhesive
Wallpaper and bill posting adhesive
Additive – Rheology modifier for cement
and gypsum based mortars and tile
adhesives
Water purification

BASF SE
D-67056 Ludwigshafen
Telefon + 49 (0) 6 21 - 60 - 0
www.basf.com / adhesives
www.basf.com / pib

Mitglied des IVK, FINAT, Afera

Das Unternehmen

Gründungsjahr
1865

Mitarbeiter
ca. 113.000 (Jahresende 2015)

BASF bietet ein umfassendes und inno-
vatives Sortiment an Klebrohstoffen und
Additiven an. Die Produkte der BASF ermöglichen die Herstellung leistungsstarker und
umweltfreundlicher Kleb- und Dichtstoffe für
unterschiedlichste Anwendungen. Fundierte
technische Unterstützung kombiniert mit
einer hohen Kompetenz in Toxikologie- und
Umweltfragen machen BASF zum bevor-
zugten Partner der Klebstoffindustrie.

Kontakt:
industrial-adhesives@basf.com
pressure-sensitive-adhesives@basf.com
info-pib@basf.com

Das Produktprogramm

Klebrohstoffe
Wässrige Dispersionen
- Polyacrylate
- Polyurethane
- XSBs
Polymere und Harze
- Harnstoff / Formaldehyd Harze
- Polyisobutene (PIB)
- Haftvermittler
- Polyvinylether (PVE)
- Polyvinylpyrolidon (PVP)
- UV härtende Polyacrylate
- Carbodiimide
- Polyisocyanate

Klebstoffadditive
Antioxidantien
Dispergiermittel
Entschäumer
Lichstabilisatoren
Netzmittel
Photoinitiatoren
Verdicker

Anwendungsgebiete
Papier / Verpackungen
Buchbindung / Grafisches Design
Holz- und Möbelindustrie
Bauindustrie, inklusive Böden, Wände,
Decken
Maschinen- und Anlagenbau
Automobil- und Luftfahrtindustrie
Textilindustrie
Klebebänder und Etiketten
Hygiene
Haushalt, Freizeit und Büro
Klebdichtstoffe

Berger-Seidle GmbH

Parkettlacke · Klebstoffe · Bauchemie

Maybachstraße 2
D-67269 Grünstadt
Telefon +49 (0) 63 59-80 05-0
Telefax +49 (0) 63 59-80 05-50
E-Mail: info@berger-seidle.de
www.berger-seidle.de

Mitglied des IVK

Das Unternehmen

Gründungsjahr
1926

Größe der Belegschaft
80 Mitarbeiter

Besitzverhältnisse
100 %ige Tochtergesellschaft der
Phil. Berger GmbH

Vertriebswege
Großhändler, Verkaufspartner, Handels-
vertreter, Vertreter im Ausland

Ansprechpartner
Geschäftsführung:
Thomas M. Adam, Markus M. Adam

Vertrieb:
Frank Kraft

Das Produktprogramm

Klebstofftypen
SMP-Klebstoffe
Leime
PU Klebstoffe
EP Klebstoffe
lösemittelhaltige Klebstoffe
Dispersionsklebstoffe

Für Anwendungen im Bereich
Holz-/Möbelindustrie
Baugewerbe, inkl. Fußboden, Wand u. Decke
Etiketten

Biesterfeld Spezialchemie GmbH
Ferdinandstr 41
D-20095 Hamburg
Telefon +49 (0) 40 320 08-4 89
Telefax +49 (0) 40 320 08-4 33
E-Mail: spezialchemie@biesterfeld.com
www.biesterfeld-spezialchemie.com

Das Unternehmen

Gründungsjahr
1998

Größe der Belegschaft
ca. 225 Mitarbeiter

Besitzverhältnisse
100 %ige Tochter der Biesterfeld AG

Standorte
Europaweit in mehr als 20 Ländern

Geschäftsführung
Peter Wilkes
Dr. Nicole Hamelau

Ansprechpartner
Dr. Martin Liebenau
Marketing Manager Coatings, Inks,
Adhesives

Das Produktprogramm

Klebstofftypen
Schmelzklebstoffe
Reaktionsklebstoffe
lösemittelhaltige Klebstoffe
Dispersionsklebstoffe
pflanzliche Klebstoffe
Dextrin- und Stärkeklebstoffe
Haftklebstoffe

Rohstoffe
Additive:
Netzmittel, Entschäumer, Dispergiermittel,
PUR-Katalysatoren, Rizinusöl- und Amid-
verdicker, Xanthan Gum, CMC, Antioxidan-
tien, UV-Stabilisatoren, Flammschutzmittel,
Weichmacher, Epoxidharzhärter

Polymere:
Acrylatharze, Polyesterpolyole,
Polyetherpolyole, Prepolymere, Polybuten

Stärke:
Gelb- und Weißdextrin, Stärkeester,
Stärkeether

Für Anwendungen im Bereich
Papier/Verpackung
Buchbinderei/Grafisches Gewerbe
Holz-/Möbelindustrie
Baugewerbe, inkl. Fußboden, Wand
und Decke
Maschinen- und Apparatebau
Textilindustrie
Klebebänder, Etiketten

BLUFIXX GmbH & Co. KG
Rodenkirchenstraße 200
D-50389 Wesseling
Telefon +49 (0) 2236-336340
Telefax +49 (0) 2236-3363411
E-Mail: info@blufixx.com
www.blufixx.com

Mitglied des IVK

Das Unternehmen

Gründungsjahr
2012

Größe der Belegschaft
8

Gesellschafter
KDS Holding GmbH

Stammkapital
25.000 €

Besitzverhältnisse
100 %

Tochterfirmen
BLUFIXX 3D Systems LP, HOUSTON, TX,
USA

Vertriebswege
Einzelhandel, Großhandel, Direktvertrieb

Ansprechpartner
Geschäftsführung:
Dinko Jurcevic

Anwendungstechnik und Vertrieb:
Dinko Jurcevic, Johannes Kroner

Weitere Informationen
BLUFIXX ist weltweiter Innovationsführer im
Bereich der lichthärtenden Klebstoffe für
Endverbraucher.

Das Produktprogramm

Klebstofftypen
Reaktionsklebstoffe

Geräte-/Anlagen und Komponenten
zum Fördern, Mischen, Dosieren und für
den Klebstoffauftrag

Für Anwendungen im Bereich
Holz-/Möbelindustrie
Baugewerbe, inkl. Fußboden, Wand und
Decke
Elektronik
Maschinen- und Apparatebau
Fahrzeug, Luftfahrtindustrie
Hygienebereich
Haushalt, Hobby und Büro

BODO MÖLLER CHEMIE
Engineer chemistry

Bodo Möller Chemie GmbH
Senefelderstraße 176
63069 Offenbach am Main
Deutschland
Telefon +49 (0) 69-83 83 26-0
Telefax +49 (0) 69-83 83 26-199
E-Mail: info@bm-chemie.de
www.bm-chemie.de

Das Unternehmen

Gründungsjahr
1974

Größe der Belegschaft
120

Gesellschafter
Korinna Möller-Boxberger, Frank Haug,
Jürgen Rietschle

Besitzverhältnisse
In Familienbesitz

Tochterfirmen
Deutschland, Österreich, Schweiz, Frankreich,
Benelux, Dänemark, Finnland, Schweden, Polen,
Slowakei, Tschechische Republik, Ungarn, Kroatien,
Russland, Ägypten, Südafrika, Vereinigte Arabische
Emirate, Indien, China

Vertriebswege
In jedem Land sind für die Tochterfirmen eigene
Verkaufs- und Vertriebsstrukturen, sowie Logistik
vorhanden

Ansprechpartner
Geschäftsführung: info@bm-chemie.de,
Jürgen Rietschle, Frank Haug

Anwendungstechnik und Vertrieb:
info@bm-chemie.de

Weitere Informationen
Die Bodo Möller Chemie ist mit mehr als 40 Jahren
Erfahrung in Anwendungstechniken verschiedener
Industrien Experte für Klebstoffe, Elektroverguss-
massen, Verbundwerkstoffe und Textilveredelung
in Europa, Afrika und Asien. Das Unternehmen
verfügt über eigene Labore für Anwendungstests
sowie eine Produktionsstätte für kundenspezifische
Polymerformulierungen und ist für die Luftfahrt
sowie für den Schienenfahrzeugbau zertifiziert.

Das Produktprogramm

Klebstofftypen
Schmelzklebstoffe, Reaktionsklebstoffe
lösemittelhaltige Klebstoffe, Dispersionsklebstoffe, Haftklebstoffe

Weitere Klebstoffe
Silikonklebstoffe, MS Polymere, Polykonden-
sationsklebstoffe, UV-härtende Klebstoffe,
Sprühklebstoffe, Methacrylat-Klebstoffe,
Epoxidharzkleber, Einkomponentige Klebstoffe,
Zweikomponentige Klebstoffe, Anaerobe Kleb-
stoffe, Cyanoacrylate, Polyurethan Klebstoffe,
technische Klebebänder, Klebepasten

Dichtstoffe
Butyl Dichtstoffe, Polysulfid Dichtstoffe,
Polyurethan Dichtstoffe, Silikondichtstoffe,
MS/SMP Dichtstoffe

Rohstoffe
Additive: Stabilisatoren, Antioxidantien, Rhe-
ologiemodifikatoren, Tackifier, Weichmacher,
Verdicker, Dispergiermittel, Flammschutzmittel,
Pigmente, Lichtstabilisatoren: HALS und UV-
Stabilisatoren, Vernetzer

Füllstoffe: Bariumsulfat, Dolomit, Kaolin, Calcium-
karbonat, Zink, Talk, Aluminiumoxid

Harze: Acrylat Dispersionen, Polyurethan
Dispersionen, Epoxidharze, Kolophoniumharze,
Reaktivverdünner

Polymere: Formulierte Polymere EP, PU, PA

Für Anwendungen im Bereich
Papier/Verpackung, Buchbinderei/Graphisches
Gewerbe, Holz-/Möbelindustrie, Baugewerbe,
inkl. Fußboden, Wand und Decke, Elektronik,
Maschinen- und Apparatebau, Fahrzeug, Luftfahrt-
industrie, Textilindustrie, Klebebänder, Etiketten
Hygienebereich, Haushalt, Hobby und Büro
Klebstoffanwendungen für Leichtbau, Composite
Verklebung

Bona GmbH Deutschland
Jahnstraße 12
D-65549 Limburg/Lahn
Telefon +49 (0) 64 31-4 00 80
Telefax +49 (0) 64 31-40 08 25
E-Mail: bona@bona.com
www.bona.com

Mitglied des IVK

Das Unternehmen

Gründungsjahr
1953

Größe der Belegschaft
93 Mitarbeiter

Gesellschafter
Bona AB, Malmö

Stammkapital
1 Mio. €

Verkauf
Bona Vertriebsgesellschaft mbH
Jahnstraße 12, 65549 Limburg

Vertrieb und Marketing
Christian Löher

Geschäftsführung
Dr. Kerstin Lindell
Dr. Thomas Brokamp
Christian Löner

Vertriebswege
Handwerk, Großhandel

Ansprechpartner
Anwendungstechnik: Marcel Schmidt
Labor: Dr. Holger Wickel

Weitere Informationen
Die „Bona GmbH" ist in 3 Firmen
aufgesplittet worden.
Produktion Klebstoffe: Bona GmbH
Deutschland
Verkauf: Bona Vertriebsgesellschaft mbH
Logistik: Bona AB

Das Produktprogramm

Klebstofftypen für Parkett-, Holzböden
Silanklebstoffe
2K-PU-KLebstoffe
Dispersionsklebstoffe
Spachtelmassen
Grundierungen

Versiegelungslacke, Öle und Pflegemittel für Parkett-, Holz- und Korkböden
wasserbasierte Versiegelungslacke
Öle
Pflegemittel

Parkettbearbeitung
Parkettschleifmaschinen
Zubehör
Werkzeuge
Schleifmittel

Für Anwendungen im Bereich
Parkett-, Holz- und Korkböden

Bostik GmbH
An der Bundesstraße 16
D-33829 Borgholzhausen
Telefon +49 (0) 54 25-8 01-0
Telefax +49 (0) 54 25-8 01-1 40
E-Mail: info.germany@bostik.com
www.bostik.de
www.facebook.com/bostikgermany

Mitglied des IVK

Das Unternehmen

Gründungsjahr
1889 – im Oktober 2000 fusionierte die
Ato Findley Deutschland GmbH mit der
Bostik GmbH

Größe der Belegschaft
400 Mitarbeiter

Gesellschafter
Arkema

Tochterfirmen in:
Global, in mehr als 50 Ländern

Geschäftsführung
Olaf Memmen

Ansprechpartner
Anwendungstechnik: Wilhelm Volkmann
Labor: Frank Mende
Marketing: Markus Hildner

Vertriebswege
Industrie: direkter Vertriebsweg
Bauereich: Handel, industriefähige
Objekteure

Das Produktprogramm

Klebstofftypen:
Schmelzklebstoffe, Reaktionsklebstoffe,
Dispersionsklebstoffe, Haftklebstoffe,
Polyurethanklebstoffe, Klebemörtel,
SMP-Klebstoffe

Für Anwendungen im Bereich:
Baugewerbe
Abdichten, Kleben, Verfugen von keramischen und Natursteinbelägen; Verfugung
von keramischen Belägen im chemikalien-
und säurebelasteten Bereich; Sanieren,
Grundieren und Spachteln im Wand- und
Bodenbereich; Verlegen von Wand-/Boden-
belägen und Parkett; Kleb- und Dichtstoffe
für Dach und Fassade; Bautenschutz

Papier/Verpackung
Packmittel – Herstellung
Packmittel – Verschluss
Folienkaschierung
Coldseal – Beschichtung
Reseal – Beschichtung

Holz/Möbelindustrie
Kantenverklebung
Profilummantelung
Kantenbeschichtung
Herstellung von Doppelböden
Holzleimbau
Fenster und Türen
Bauelemente

Textilindustrie
Textil – Kaschierung, Klebebänder,
Etiketten, Hygienebereich

Botament
Systembaustoffe
GmbH & Co. KG

Tullnerstraße 23
A-3442 Langenrohr
Telefon +43 (0) 22 72-6 74 81
Telefax +43 (0) 22 72-6 74 81-35
E-Mail: info@botament.at
www.botament.at

Mitglied des IVK

Das Unternehmen

Gründungsjahr
1993

Größe der Belegschaft
13 Mitarbeiter

Vertriebswege
an den Großhandel

Geschäftsführung
Ing. Peter Kiermayr

Anwendungstechnik und Vertrieb
Karl Prickl

Das Produktprogramm

Klebstofftypen
Bauklebstoffe
Zementäre Klebstoffe

Dichtstofftypen
Silicondichtstoffe

Für Anwendungen im Bereich
Baugewerbe, inkl. Fußboden,
Wand und Decke

Brenntag GmbH
Stinnes-Platz 1
45472 Mülheim / Ruhr
Telefon +49 (0) 208 / 7828-0
Telefax +49 (0) 208 / 7828-160
E-Mail: lars.mathes@brenntag.de
www.brenntag-gmbh.de

Mitglied des IVK

Das Unternehmen

Gründungsjahr
1874

Größe der Belegschaft
1.200

Geschäftsführung
Michael Thürmer, Cosimo Alemanno,
Matthias Compes, Roland Saenger

Stammkapital
154,5 Mio. Euro (Brenntag AG)

Besitzverhältnisse
100 %ige Tochter der Brenntag AG

Ansprechpartner
Management:
Lars Mathes

Anwendungstechnik und Vertrieb:
Markus Wolff

Das Produktprogramm

Rohstoffe
Additive:
Antioxidantien, Beschleuniger, Biozide,
Dispergiermittel, Entschäumer, Gleit- und
Verlaufsmittel, Haftvermittler, Kataly-
satoren, Mattierungsmittel, Molekularsiebe,
Polyetheramine, Rheologiehilfsmittel, Silane,
Tenside, Verdicker, Weichmacher,
UV-Stabilisatoren

Bindemittel:
Acrylate (Dispersionen, Harze, Monomere,
Styrolacrylate)
Epoxid-Systeme (Harze, Härter, Modifizierer,
Reaktivverdünner)
Kohlenwasserstoffharze
PU-Systeme (Polyetherpolyole, aromatische
und aliphatische Isocyanate, Prepolymere,
PUR-Dispersionen)
Phenoxy-Harze
Silikone (Harze, Emulsionen)

Pigmente:
Eisenoxidpigmente
Organische Pigmente
Perlglanzpigmente
Titandioxid

Für Anwendungen im Bereich
Papier / Verpackung
Buchbinderei / Graphisches Gewerbe
Holz- / Möbelindustrie
Baugewerbe, inkl. Fußboden, Wand und
Decke
Elektronik
Fahrzeug, Luftfahrtindustrie
Textilindustrie
Klebebänder, Etiketten

❚❚ BÜHNEN

BÜHNEN GmbH & Co. KG
Hinterm Sielhof 25
D-28277 Bremen
Telefon +49 (0)4 21-51 20-0
Telefax +49 (0)4 21-51 20-2 60
E-Mail: info@buehnen.de
www.buehnen.de

Mitglied des IVK

Das Unternehmen

Gründungsjahr
1922

Größe der Belegschaft
70 Mitarbeiter

Besitzverhältnisse
Privatbesitz

Tochterfirmen
BÜHNEN, Polen

Ansprechpartner
Geschäftsführung:
Hanno Pünjer

Vertriebsleitung D/A/CH:
Hans-Gerhard Hartje

Marketing:
Valentino Di Candido

Vertriebswege
Außendienst-Fachberater, Distributoren

Das Produktprogramm

Klebstofftypen
Schmelzklebstoffe
Reaktionsklebstoffe
Dispersionsklebstoffe
Haftklebstoffe

**Anlagen/Verfahren/Zubehör/
Dienstleistungen**
Auftragssysteme

Für Anwendungen im Bereich
Papier/Verpackung
Buchbinderei/Graphisches Gewerbe
Holz-/Möbelindustrie
Baugewerbe, inkl. Fußboden,
Wand und Decke
Elektronik
Fahrzeug, Luftfahrtindustrie
Textilindustrie
Haushalt, Hobby und Büro
Schuhindustrie

BYK Additives & Instruments
Abelstraße 45
D-46483 Wesel, Deutschland
Telefon +49 (0) 281-670-0
Telefax +49 (0) 281-6 57 35
E-Mail: info@byk.com
www.byk.com

Mitglied des IVK

Das Unternehmen

Gründungsjahr
1962

Größe der Belegschaft
rund 2.000 Mitarbeiter weltweit

Geschäftsführung
Dr. Stephan Glander (Vorsitzender)
Albert von Hebel (Finanzen)
Gerd Judith (Marketing & Sales),
Frank B. J. Wright

Besitzerverhältnisse
BYK ist ein Mitglied der ALTANA AG, Deutschland

Niederlassungen
BYK-Chemie (Deutschland), BYK (Brasilien), BYK
Additives (China), BYK (Indien), BYK Japan (Japan), BYK
Korea (Korea), BYK-Cera (Niederlande), BYK Chemie
de México (Mexiko), BYK Asia Pacific (Singapur,
Taiwan, Thailand, Vietnam), BYK Additives (Großbritan-
nien, USA), BYK (V.A.E.), BYK USA (USA)
• Warenlager und Vertretungen in über 100 Ländern
• Technische Service-Labors in Brasilien, China,
  Deutschland, Dubai, Großbritannien, Indien, Japan,
  Korea, Niederlande, Singapur und USA
• Produktionsstätten Deutschland, China, Groß-
  britannien, Niederlande und USA

Vertriebswege
Weltweit – direkt (BYK) und indirekt (Vertretungen)

Nah am Kunden
BYK legt Wert auf die Nähe zum Kunden und den
kontinuierlichen Dialog. Nicht zuletzt deswegen ist das
Unternehmen in über 100 Ländern und Regionen der
Erde vertreten. In über 20 technischen Service-Labors
bietet BYK Kunden und Anwendungstechnikern Unterstützung bei konkreten Fragen.

Ansprechpartner
Herr Tobias Austermann
E-Mail: Tobias.Austermann@altana.com
Telefon: +49 281-670-2 81 28

Das Produktprogramm

Rohstoffe
Additive: Netz- und Dispergieradditive, Rheologie-
additive (PU Verdicker, organophile Schicht-
silikate, Schichtsilikate), Entschäumer und
Entlüfter, Additive zur Verbesserung der
Untergrundbenetzung und Verlauf, UV-Absorber,
Wachsadditive, Anti-blocking-Additive, Leitfähig-
keitsadditive, Nanotechnologie basierende
Additive, Haftvermittler

Für Anwendungen im Bereich
Papier- und Verpackungsbereich
Buchbinderei/Grafisches Gewerbe
Holz- und Möbelindustrie
Baugewerbe, inkl. Fußboden, Wand u. Decke
Elektronik
Dichtmassen
Fahrzeug-, Luftfahrtindustrie
Textilindustrie
Klebebänder, Etiketten
Hygienebereich
Haushalt, Hobby und Büro

Generelle Informationen über BYK
BYK Additives & Instruments ist ein führender
Anbieter auf dem Gebiet der Additive und Mess-
instrumente. Die Lack-, die Druckfarben- und
die Kunststoffindustrie gehören zu den Hauptab-
nehmern von BYK Additiven. Doch auch bei der
Fördertechnik Öl & Gas, der Herstellung von
Pflegemitteln, der Herstellung von Klebstoffen und
Dichtungsmassen sowie in der Bauchemie verbessern BYK Additive die Produkteigenschaften und
die Herstellprozesse.

BYLA GmbH

Industriestraße 12
D-65594 Runkel
Telefon +49 (0) 64 82-9 12 00
Telefax +49 (0) 64 82-91 20 11
E-Mail: contact@byla.de
www.byla.de

Mitglied des IVK

Das Unternehmen

Gründungsjahr
1975

Größe der Belegschaft
12 Mitarbeiter

Gesellschafter
Hans-Jörg Simon, Dipl.-Ing.

Stammkapital
97.145,46 €

Vertriebswege
Fachgroßhandel, Industrie,
weltweiter Export

Ansprechpartner
Geschäftsführung
Hans-Jörg Simon, Dipl.-Ing.

Das Produktprogramm

Klebstofftypen
Reaktionsklebstoffe

Für Anwendungen im Bereich
Holz-/Möbelindustrie
Baugewerbe, inkl. Fußboden, Wand u. Decke
Elektronik
Maschinen- und Apparatebau
Fahrzeug, Luftfahrtindustrie
Metallbau
Gummiindustrie
Medizintechnik
Dentalbereich
Kunststoffindustrie
Glasbau
Feinmechanik

Celanese Sales Germany GmbH

Industriepark Hoechst, C 657
D-65926 Frankfurt am Main
Telefon +49 (0) 69-4 50 09-22 87
Telefax +49 (0) 69-45009 52287
E-Mail: mowilith.info@celanese.com
www.celanese-emulsions.com

Mitglied des IVK

Das Unternehmen

Gründungsjahr
1863

Größe der Belegschaft
7.400 Mitarbeiter (Celanese weltweit)

Gesellschafter
Celanese Corporation

Geschäftsführung
Andreas Oberkirch
Stefan Kutter

Ansprechpartner
Anwendungstechnik und Vertrieb:
Dr. Bernhard Momper
Thomas Liebig

Das Produktprogramm

Klebstofftypen
Dispersionsklebstoffe

Rohstoffe
Polymere:
VAE, PVAC

Für Anwendungen im Bereich
Papier/Verpackung
Buchbinderei/Graphisches Gewerbe
Holz- und Möbelindustrie
Baugewerbe, inkl. Fußboden, Wand u. Decke
Fahrzeug, Luftfahrtindustrie
Textilindustrie

certoplast
Technische Klebebänder GmbH

Müngstener Straße 10
D-42285 Wuppertal
Telefon +49 (0) 2 02-2 55 48-0
Telefax +49 (0) 2 02-2 55 48-48
E-Mail: verkauf@certoplast.com

Mitglied des IVK

Das Unternehmen

Gründungsjahr
1991

Größe der Belegschaft
ca. 50 Mitarbeiter

Gesellschafter
Dipl.-Kfm. Peter Rambusch
Dipl.-Kfm. Dr. René Rambusch

Geschäftsführung
Dipl.-Kfm. Peter Rambusch
Dipl.-Kfm. Dr. René Rambusch

Ansprechpartner
Vertriebsleitung:
Dr. Andreas Hohmann

Leiter Forschung und Entwicklung:
Dr. Timo Leermann

Zertifiziert nach:
DIN EN ISO 9001
ISO/TS 16949 : 2009

Das Produktprogramm

Klebebänder

Für Anwendungen im Bereich
Automobilindustrie
Papier/Verpackung
Baugewerbe inkl. Fußboden, Wand und Decke
Elektroindustrie
Maschinen- und Apparatebau
Haushalt, Hobby, Büro
Handwerk
Sonstige

CHEMETALL GmbH
Trakehner Straße 3
D-60487 Frankfurt
Telefon +49 (0) 69-71 65-0
Telefax +49 (0) 69-71 65-29 36

Mitglied des IVK

Das Unternehmen

Gründungsjahr
1982

Größe der Belegschaft
2.500 Mitarbeiter weltweit

Besitzverhältnisse
GmbH

Tochterfirmen
> 40 im In- und Ausland

**Vertriebsleitung
Aerospace Technologies**
Thomas Willems
Telefon +49 (0) 69 71-65 21 85
E-Mail: thomas.willems@chemetall.com

Anwendungstechnik und Vertrieb
Ralph Hecktor
Telefon +49 (0) 69 71 65 24 46
E-Mail: ralph-josef.hecktor@chemetall.com

Vertriebswege
Direktvertrieb mit technischer Beratung

Zertifiziert nach:
DIN EN ISO 9001, DIN EN 9100
ISO 14001, u. w.

Das Produktprogramm

Klebstofftypen
Reaktionsklebstoffe:
1 K-Klebstoffe auf Epoxidbasis,
2 K-PUR Klebstoffe und Gießharze,
2 K Polysulfid Kleb-, Dicht- und
Beschichtungsstoffe

Für Anwendungen im Bereich
Elektronik
Maschinen-, Fahrzeug- und Apparatebau,
Luftfahrtindustrie

CHT
R. BEITLICH GMBH

Bismarckstraße 102
72072 Tübingen
Deutschland
Telefon +49 (0) 70 71-154-0
Telefax +49 (0) 70 71-154-290
E-Mail: info@cht.com
www.cht.com

Mitglied des IVK

Das Unternehmen

Gründungsjahr
1953

Größe der Belegschaft
1.900 Mitarbeiter weltweit

Vertriebswege
Mehr als 20 CHT/BEZEMA
Gesellschaften und
Vertriebsvertretungen weltweit

Geschäftsführung
Dr. Frank Naumann (CEO)
Dr. Bernhard Hettich (COO)
Jan Siebert (CFO)

Ansprechpartner
Anwendungstechnik und Vertrieb:
Eric Knehr (General Industries)
Dennis Seitzer (Textil, F&E Polymere)

Weitere Informationen
www.cht.com

Das Produktprogramm

Klebstofftypen
Schmelzpulver
Reaktivklebstoffe
Lösemittelhaltige Klebstoffe
Dispersionsklebstoffe
High Solids Klebstoffe
Haftklebstoffe
Acrylatklebstoffe
PUR-Klebstoffe
Silikonklebstoffe

Dichtstoffe
Silikondichtstoffe

Rohstoffe
RTV-1/RTV-2 Silikone
LSR-Silikone
Acrylat-Dispersionen
PU-Dispersionen

Additive:
Haftvermittler und Primer
Rheologieadditive und Verdicker
Trennmittel
Vernetzer, Kettenverlängerer

Polymere:
Silanmodifizierte Polymere
Vinylmodifizierte Polydimethylsiloxane
Methoxymodifizierte Polydimethylsiloxane

Für Anwendungen im Bereich
Bauindustrie
Elektronik
Maschinen- und Apparatebau
Fahrzeug- und Luftfahrtindustrie
Textilindustrie/Technische Textilien
Papier und Verpackung
Klebebänder und Etiketten
Flock
Formenbau

CNP Polymer GmbH

Schultessdamm 58
D-22391 Hamburg
Telefon +49 (0) 40-53 69 55 01
Telefax +49 (0) 40-53 69 55 03
E-Mail: cnp.polymer@t-online.de
www.cnppolymer.de

Mitglied des IVK

Das Unternehmen

Gründungsjahr
1999

Besitzverhältnisse
privat

Vertriebswege
Außendienst, europaweit

Ansprechpartner
Christoph Niemeyer

Das Produktprogramm

Rohstoffe
Harze:
Kolophoniumharze/Ester/Dispersionen
KW Harze C5, C9
Polymere:
SIS, SBS, SEBS, SSBR,
POST-IT Spezialkleber „MICRONAX"
PIB
EVA

Für Anwendungen im Bereich
Papier/Verpackung
Buchbinderei/Graphisches Gewerbe
Holz- und Möbelindustrie
Baugewerbe, inkl. Fußboden, Wand u. Decke
Fahrzeug-, Luftfahrtindustrie
Textilindustrie
Klebebänder, Etiketten
Hygienebereich
Haushalt, Hobby und Büro

Coim Deutschland GmbH
Novacote Flexpack Division
Schnackenburgallee 62
D-22525 Hamburg
Telefon +49 (0) 40-85 31 03-0
Telefax +49 (0) 40-85 31 03 69
E-Mail: info@de.coimgroup.com
www.coimgroup.com

Mitglied des IVK

Das Unternehmen

Das Unternehmen
Coim Deutschland GmbH

Niederlassungen
Coim zeichnet sich durch ein globales Netzwerk von Produktionsstätten, Verkaufsbüros
sowie Agenturen aus.

Vertriebswege
Die Novacote Flexpack Division gehört
zur Coim Gruppe und beschäftigt sich mit
der Entwicklung und dem Vertrieb von
Kaschierklebstoffen, Beschichtungslacken,
Folienglanzkaschierungen sowie Thermoplastischen Polyurethanen für die Druckfarben Industrie.

Ansprechpartner
Geschäftsführung:
Frank Rheinisch

Anwendungstechnik:
Oswald Watterott

Vertrieb:
Joerg Kiewitt

Weitere Informationen
Während der letzten Jahre zeichnete sich
die Novacote Flexpack Division durch ein
starkes Wachstum im Markt wie auch
organisatorisch aus. Hinsichtlich der
globalen Organisation ist das Novacote
Technology Center für die Entwicklung und
Anwendungstechnik der Kaschierklebstoffe
für flexible Verpackungen zuständig. Das
Novacote Technology Center hat seinen Sitz
in Hamburg/Deutschland.

Das Produktprogramm

Klebstofftypen
Reaktionsklebstoffe
Lösemittelhaltige Klebstoffe
Lösemittelfreie Klebstoffe
Wasserbasierende Klebstoffe

Anwendungen im Bereich
Papier/Verpackung
Buchbinden/Graphic Design
Etiketten
Hygiene
Technische-/Industrielle Verbunde

Collall B. V.
Electronicaweg 6
NL-9503 EX Stadskanaal
Telefon +31 (0) 599-65 21 90
Telefax +31 (0) 599-65 21 91

Mitglied des VLK

Das Unternehmen

Gründungsjahr
1949

Größe der Belegschaft
25

Besitzverhältnisse
Familienunternehmen

Ansprechpartner
Management:
Patrick van Rhijn

Das Produktprogramm

Klebstofftypen
lösemittelhaltige Klebstoffe
Dispersionsklebstoffe
pflanzliche Klebstoffe, Dextrin- und
Stärkeklebstoffe

Anwendungen im Bereich
Haushalt, Hobby und Büro
Buchbinderei/Graphisches Gewerbe
Holz-/Möbelindustrie

des Weiteren
Lieferant von verschiedenen kreativen
Materialien für Schule und Hobby

Collano Adhesives AG
Eichenstrasse 12
CH-6203 Sempach Station
Telefon +41 41 469 92 75
Telefax +41 41 469 93 68
E-Mail: verkauf@collano.com
www.collano.com

Mitglied des FKS

Das Unternehmen

Gründungsjahr
1947

Besitzverhältnisse
Collano Adhesives AG gehört zur
LAS Holding AG

Vertriebswege
Direkter Vertrieb, Handel und Agenten

Ansprechpartner
Geschäftsführung:
Daniel Toppel

Mike Gabriel
(Schweiz)
Telefon: +41 41 469 92 25

Rainer Reiterer
(Österreich, Deutschland, ROW)
Telefon: +43 664 180 37 07

Das Produktprogramm

Klebstofftypen
Reaktive Klebesysteme
Dispersionsklebstoffe

Für Anwendungen im Bereich
Holzbau
Fertigung
Montage
Innenausbau
Bauelemente Composites
Sandwichelemente
Baugewerbe (Baumaterialien)
Rohrsanierungen
Tiefbau

Coroplast Fritz Müller GmbH & Co. KG

Wittener Straße 271
D-42279 Wuppertal
Telefon +49 (0) 2 02-26 81-0
Telefax +49 (0) 2 02-26 81-3 80
E-Mail: coroplast@coroplast.de
www.coroplast.de

Mitglied des IVK

Das Unternehmen

Gründungsjahr
1928

Größe der Belegschaft
5.700 Mitarbeiter

Ansprechpartner
Geschäftsführung:
Natalie Mekelburger
Marcus Söhngen
Wolfram Berns
Torben Kämmerer

Vertriebswege
Großhandel und Industrie

Das Produktprogramm

Klebstofftypen
individuelle Klebelösungen

Für Anwendungen im Bereich
Papier/Verpackung
Holz- und Möbelindustrie
Baugewerbe, inkl. Fußboden
Trockenbau und Dachausbau
Elektronik
Maschinen- und Apparatebau
Fahrzeug-, Luftfahrt-, Solarindustrie
Haushalt, Hobby und Büro

Coroplast ist in drei Sparten tätig:
• Technische Klebebänder
• Elektrische Leitungen
• Leitungssatzsysteme

Covestro Deutschland AG
D-51365 Leverkusen
Telefon +49 (0) 214 6009 7184
E-Mail: adhesives@covestro.com
www.adhesives.covestro.com

Mitglied des IVK

Das Unternehmen

Gründungsjahr
2015

Größe der Belegschaft
15.800

Ansprechpartner
Covestro Deutschland AG
BU Coatings, Adhesives and Specialties
Gebäude Q 24
D-51365 Leverkusen

Marketing Europa
Tel.: +49 (0) 214 6009 7184
E-Mail: adhesives@covestro.com

Das Produktprogramm

Rohstoffe/Polymere
Polyurethan-Dispersionen
(Dispercoll® U)
Hydroxylpolyurethane (Desmocoll®,
Desmomelt®)
Polyisocyanate (Desmodur®)
Isocyanat-Prepolymere (Desmodur®,
Desmoseal®)
Silanterminierte Polyurethane
(Desmoseal® S)
Polyesterpolyole (Baycoll®)
Polyetherpolyole (Desmophen®, Acclaim®)
Polychloropren-Dispersionen
(Dispercoll® C)
Halogeniertes Polyisopren (Pergut®)
Siliziumdioxid-Dispersion (Dispercoll® S)

CTA GmbH
Industriestraße 2
D-74321 Bietigheim-Bissingen
Telefon +49 (0) 71 42 - 506 - 0
Telefax +49 (0) 71 42 - 506 - 140
E-Mail: info@cta-gmbh.de
www.cta-gmbh.de

Mitglied des IVK

Das Unternehmen

Gründungsjahr
2005

Größe der Belegschaft
160 Mitarbeiter

Gesellschafter
Dr. Cornelius Grupp

Besitzverhältnisse
Tochtergesellschaft der Tubex Holding
GmbH

Vertriebswege
Direkt

Ansprechpartner
Geschäftsführung:
Martin Kummer

Weitere Informationen
Das Kerngeschäft der CTA beinhaltet eine
Vielzahl von Dienstleistungen in verschie-
denen Bereichen:

Die Produktherstellung umfasst die
Entwicklung oder Verbesserung von
Rezepturen sowie die Neuentwicklung von
Produkten.

Die Abfüllung von nieder- bis hochviskosen
chemischen Produkten erfolgt in unter-
schiedlichen Primärverpackungen – wie alle
Tuben- und Kartuschenvarianten, Flaschen,
Dosen, Siegelrandbeutel, Kanister,
Aerosolproduktion und Heißabfüllung.

Das Produktprogramm

Klebstofftypen
lösemittelhaltige Klebstoffe
Dispersionsklebstoffe
Glutinleime
Haftklebstoffe

Für Anwendungen im Bereich
Papier / Verpackung
Holz- und Möbelindustrie
Baugewerbe, inkl. Fußboden, Wand
und Decke
Elektronik
Maschinen- und Apparatebau
Fahrzeug-, Luftfahrtindustrie
Textilindustrie
Haushalt, Hobby und Büro

Die Verpackung und Konfektionierung
in unterschiedliche Kartonagen, Blister,
Displays etc. für den „Point of Sales".

Die Entwicklung der richtigen Verpackung
wird abgestimmt mit den Anforderungen
des Produktes und den entsprechenden
Marketing-Zielen der Kunden.

**Die Beschaffungs- und Distributions-
Logistik** runden das Leistungspaket für die
unterschiedlichsten Wirtschafts- und
Industriebereiche ab.

Cyberbond Europe GmbH – A H.B. Fuller Company
Werner-von-Siemens-Straße 2, D-31515 Wunstorf
Telefon +49 (0) 50 31-95 66-0, Telefax +49 (0) 50 31-95 66-26
E-Mail: info@cyberbond.de, www.cyberbond.eu.com

Mitglied des IVK

Das Unternehmen

Gründungsjahr
1999

Größe der Belegschaft
19 Mitarbeiter

Gesellschafter
H. B. Fuller

Stammkapital
50.000 €

Tochterfirmen
Cyberbond France SARL, Frankreich
Cyberond Iberica S.L., Spanien
Cyberond CS s.r.o., Tschechische Republik

Vertriebswege
direkt in die Industrie und über exklusive
Landesvertretungen sowie ausgewähltes
Private Label Geschäft

Geschäftsführung
Ulrich Lipper
Holger Bleich
James East

Ansprechpartner
Anwendungstechnik:
Dr. Lars Hoyer
Vertrieb und Marketing:
Ulrich Lipper

Das Produktprogramm

Klebstofftypen
Cyanacrylat Klebstoffe
Anaerobe Kleb- und Dichtstoffe
UV- und lichthärtende Klebstoffe
ergänzendes Beiprogramm:
Aktivatoren, Primer, D-Bonder,
Dosierhilfen

**Geräte-, Anlagen und
Komponenten**
LINOP Baukastensystem für genaues
Applizieren von
1K-Reaktionsklebstoffen
LINOP UV LED Aushärte Equipment

Für Anwendungen im Bereich
Automobil-/Automobilzulieferindustrie
Elektronikindustrie
Luftfahrtindustrie
Elastomer-/Kunststoff-/
Metallverarbeitung
Maschinen- und Apparatebau
Medizin/Medizintechnik
Möbelindustrie
Schuhindustrie
Haushalt, Hobby und Büro

Weitere Informationen
Cyberbond –
The Power of Adhesive Information

Cyberbond ist zertifiziert nach:
TS   16949
ISO 13485
ISO   9001
ISO 14001

DEKA (Dekalin)
Kleben & Dichten GmbH

Gartenstraße 4
D-63691 Ranstadt
Telefon +49 (0) 60 41-8 23 80
Hotline +49 (0) 8 00-3 35 25 46
Telefax +49 (0) 60 41-82 12 20
E-Mail: info@dekalin.de
www.dekalin.de

Mitglied des IVK

Das Unternehmen

Gründungsjahr
1999

Größe der Belegschaft
6 Mitarbeiter

Besitzverhältnisse
Konzernbesitz

Vertriebswege
Klima- & Lüftungsbau: direkt
eigener Außendienst
Baugewerbe + Raumausstatter
Sattler: Fachgroßhandel
Caravaning: Fachgroßhandel

Ansprechpartner
Geschäftsführer:
Michael Windecker
Vertrieb:
Oliver Klingemann
Anwendungstechnik:
Helmut Schepp

**Deutschland-Vertretung der
DEKALIN B.V.**
Bergeiyk, Niederlande

Das Produktprogramm

Klebstofftypen
Reaktionsklebstoffe
lösemittelhaltige Klebstoffe
Dispersionsklebstoffe
Haftklebstoffe
Dichtstoffe
Dichtungsbänder

Für Anwendungen im Bereich
Papier/Verpackung
Holz-/Möbelindustrie
Baugewerbe, inkl. Fußboden, Wand u. Decke
Lüftungsbau
Caravanbau
Maschinen- und Apparatebau
Fahrzeug
Textilindustrie

Weitere Informationen
Materialen zum Kleben und Dichten im
Fahrzeug-, Caravan-, Eisenbahn-, für
Fahrzeugaufbauten, Fassadensysteme, Bauelemente, Isoliertechnik, Sattlerei, Klima-/
Lüftungstechnik, Maschinen- und Apparatebau, zum Verkleben von PVC-Folien
sowie Dampfbremsen; Kleb- und Dichtstoffe
für die allgemeine Industrie, Dichtbänder,
elastische und plastische Dichtstoffe, An-
tidröhnmassen; Klebstoffe für die Flaschen-
kapselherstellung

DELO Industrie Klebstoffe
DELO-Allee 1
D-86949 Windach
Telefon +49 (0) 81 93-99 00-0
Telefax +49 (0) 81 93-99 00-144
E-Mail: info@delo.de
www.DELO.de

Mitglied des IVK

Das Unternehmen

Gründungsjahr
1961

Größe der Belegschaft
500 Mitarbeiter

Gesellschafter
Dr.-Ing. Wolf-Dietrich Herold
Dipl.-Ing. Sabine Herold

Geschäftsführung
Dr.-Ing. Wolf-Dietrich Herold
Dipl.-Ing. Sabine Herold

Vertriebswege
Über eigenen Außendienst in Deutschland.

Repräsentanzen in Taiwan, Südkorea, Malaysia und Japan

Tochtergesellschaft in den USA, China und Singapur.

Eigene Vertriebsingenieure und Vertretungen in acht europäischen Ländern.

Das Produktprogramm

Klebstofftypen
licht-, dualhärtende und lichtaktivierbare
Epoxide/Acrylatklebstoffe
1K- und 2K-Epoxidharze
anaerobe Klebstoffe
Cyanacrylate
elektrisch leitfähige Klebstoffe

Für Anwendungen im Bereich
Mikroelektronik
Elektronik/Elektrotechnik
Maschinenbau/Feinmechanik
Kunststoffverarbeitung
Photovoltaik/flexible Elektronik
Automobilindustrie

Weitere Produkte
auf Klebstoffe abgestimmte LED-Aushärtungslampen und Dosierequipment sowie Reiniger und Vorbehandlungsverfahren, Beratung und Entwicklung von Systemlösungen gemeinsam mit den Kunden.

DKSH GmbH
Baumwall 3
20459 Hamburg
Telefon +49 (0) 40-37 47-3 40
Telefax +49 (0) 40-37 47-3 49 33
Email: info.ham@dksh.com
www.dksh.de

Mitglied des IVK

Das Unternehmen

Gründungsjahr
1992

Größe der Belegschaft
33

Geschäftsführer
Thomas Sul

Gesellschaft
DKSH Group

Niederlassungen der DKSH Group
170 Niederlassungen in 36 Ländern
28.300 Mitarbeiter
Nettoumsatz CHF 10,1 Billion

Sales Manager
Sven Thomas
Telefon: +49 (0) 40 3747 3433
E-Mail: sven.thomas@dksh.com

Weitere Informationen
Unser Geschäftssegment Spezialchemikalien
erbringt ihre Marktexpansionsdienstleistungen für
Firmen, die Chemikalien beziehen oder liefern
wollen, und zwar hauptsächlich in den Industrie-
bereichen Klebstoffe, Grafik und Elektronik,
Farben und Lacke sowie Polymere. Unsere
Chemiker und Chemieingenieure beschaffen
Ihnen eine große Auswahl an Spezialrohstoffen
und entwickeln erfolgreiche Lösungen. Durch
unser starkes globales Netzwerk und unsere
fundierte Industriekompetenz sind wir Ihr idealer
Partner. Wir bieten eine große Bandbreite an
Spezialchemikalien, weltweiten Beschaffungs-
möglichkeiten, großem Anwendungswissen und
strategischen Marktkenntnissen. So können wir
Ihnen helfen, Ihre Geschäftsaktivitäten aus-
zubauen und Ihre Marktanteile zu erhöhen.

Das Produktprogramm

Rohstoffe
Breites Produktspektrum für Epoxi und PU
PRO-NBDA
Wasserfänger für PU (PTSI)
Polyolefinische Haftvermittler, Primer und
Heißsiegelmaterialien
Wachsdispersionen und Emulsionen
Haftvermittler für Polyolefin PP und
verschiedenste Substrate (CPO auch wässrig
und Chlorfrei)
UV Monomere und Oligomere
Urethan (reaktive) Acryl Oligomere
IR und UV Dyes
Modifizierte Olefin basierende Siegelmaterialien
Silanisierte Silikonrohstoffe
Leitfähiges Titandioxid
Harze: Co- Polyester, Vinyl, Polyamide-Imide,
Acryl, Oxetan.
HPC Cellulose
Flüssiger Isoprene Kautschuk
Weichmacher
Polybutadien, auch epoxidiert oder hydroxyl
modifiziert
Thermisch leitfähige Füllstoffe

Für Anwendungen im Bereich
Papier/Verpackung
Graphische Industrie
Holz- Möbelindustrie
Bauindustrie
Elektronischer Verguss
Elektronikindustrie und gedruckte Elektronik
Automobil- und Luftfahrtindustrie
Klebebänder, Etiketten
Hygieneklebstoffe

Dow Deutschland Anlagengesellschaft mbH
Dow Deutschland Inc.

Am Kronberger Hang 4
D-65824 Schwalbach/Ts.
Telefon +49 (0) 61 96-566 616
Telefax +49 (0) 61 96-566 444
E-Mail: dowautomotive@dow.com
www.dowautomotive.com

Mitglied des IVK

Das Unternehmen

Gründungsjahr
1897 (Dow Chemical)

Größe der Belegschaft
640 Mitarbeiter, Dow Automotive Systems

Besitzverhältnisse
Dow Automotive Systems:
Dow Automotive ist eine Geschäftseinheit
der „The Dow Chemical Company"

Ansprechpartner
Eugenio Toccalino, Strategic Marketing
Director, Schwalbach/Ts.
Dr. Stefan Dehnicke, Global Technical
Manager for bonding agents, Schwalbach/Ts.

Weitere Informationen
Dow Automotive Systems ist ein
globaler Anbieter von System-Lösungen,
fortschrittlichen Materialien und
technischem Know-how für Hersteller,
Zulieferer und sowie den Ersatzteil- und
Reparaturmarkt in der gesamten Automobil-
und Transportindustrie und ist weltweit mit
Büros und Entwicklungszentren vertreten.
Als Teil der Performance Materials Division
der The Dow Chemical Company liefert
Dow Automotive Systems Struktur- und
elastische Klebstoffe sowie Haftvermittler
für Gummiverbindungen; Polyurethan-
Schäume und Akustikmanagementsysteme;
Filme, Betriebsflüssigkeiten sowie inno-
vative Technologie für Verbundmaterialien.
Mehr Informationen unter:
www.dowautomotivesystems.com.

Das Produktprogramm

Klebstofftypen
Epoxidklebstoffe – BETAMATE^{TM}
Polyurethanklebstoffe – BETAFORCE^{TM}
Polyurethanklebstoffe für Glas – BETASEAL^{TM}
Primersysteme – BETAPRIME
Haftvermittler und Beflockungssysteme –
MEGUM^{TM}, THIXON^{TM}, MORAD^{TM}

Für Anwendungen im Bereich
Das Angebot an 1K- und 2K-Klebstoffen der
Dow Automotive Systems richtet sich an
alle Fahrzeugtypen in der Erstausrüstung
sowie den Werkstatt- und Reparaturbereich.
Es lassen sich nahezu alle im Fahrzeugbau
gängigen Materialien untereinander fügen,
z. B. Stahl, Aluminium, Kunststoff (inklusive
Polycarbonat), Composites, Gummi mit
Metall, Glas oder Holz. Zu den Einsatzbereichen zählen im Wesentlichen der Karos-
seriebau, die Montage inklusive Dächer,
Verkleidungen und Glasverklebungen sowie
die Ersatzverglasung und Karosserieinstand-
setzung. Haftvermittler finden Anwendung
beispielsweise im Antriebsstrang oder bei
Fahrwerkskomponenten.

Drei Bond GmbH
Carl-Zeiss-Ring 17
D-85737 Ismaning
Telefon +49 (0) 89-962427 0
Telefax +49 (0) 89-962427 35
E-Mail: info@dreibond.de
www.dreibond.de

Mitglied des IVK

Das Unternehmen

Gründungsjahr
1979

Größe der Belegschaft
48

Gesellschafter
Drei Bond Holding GmbH

Stammkapital
50.618 €

Tochterfirmen
Drei Bond Polska sp.z o.o. in Krakau

Vertriebswege
Direkt in die Automobilindustrie
(OEM + Tier 1/Tier 2), indirekt
über Handelspartner sowie ausgewähltes Private
Label Geschäft

Ansprechpartner
Geschäftsführung: Herr Thomas Brandl

Anwendungstechnik Klebe- u. Dichtstoffe:
Sven Schepers, Christian Eicke

Anwendungstechnik Dosiertechnik:
Sebastian Schmid, Norbert Frank,
Marco Hein

Vertrieb Klebe- u. Dichtstoffe:
Sven Schepers, Christian Eicke

Vertrieb Dosiertechnik:
Norbert Frank, Marco Hein

Weitere Informationen
Drei Bond ist Zertifiziert nach ISO 9001-2008 und
ISO 14001-2009

Das Produktprogramm

Klebstoff-/Dichstofftypen
- Cyanacrylat Klebstoffe
- Anaerobe Klebe- u. Dichtstoffe
- UV Licht härtende Klebstoffe
- 1K/2K – Epoxidklebstoffe
- 2K – MMA Klebstoffe
- 1K/2K – PUR Klebstoffe
- 1K – MS Hybridklebe- u. Dichtstoffe
- 1K – synthetische Klebe- u. Dichtstoffe
- 1K – Silikondichtstoffe

Ergänzende Produkte:
- Aktivtoren, Primer, Cleaner

Geräte-, Anlagen und Komponenten
- Drei Bond Compact Dosieranlagen → halbau-
tomatischer Auftrag von Klebe- u. Dichtstoffen,
Fetten und Ölen Dosiertechnik: Druck/Zeit
und Volumetrisch
- Drei Bond Inline Dosieranlagen → vollauto-
matischer Auftrag von Klebe- u. Dichtstoffen,
Fetten und Ölen
Dosiertechnik: Druck/Zeit und Volumetrisch
- Drei Bond Dosierkomponenten:
Behältersysteme: Tanks, Kartuschen,
Fasspumpen
Dosierventile: Exzenterschneckenpumpen,
Membranventile, Quetschventile, Sprühventile,
Rotorspray

Für Anwendungen Im Bereich
- Automobil -/Automobilzulieferindustrie
- Elektronikindustrie
- Elastomer -/Kunststoff -/Metallverarbeitung
- Maschinen- u. Apparatebau
- Motoren- u. Getriebebau
- Gehäusebau (Metall- und Kunststoff)

Dymax Europe GmbH
Kasteler Straße 45
D-65203 Wiesbaden
Telefon +49 (0) 611-962 7900
Telefax +49 (0) 611-962 9440
E-Mail: info_DE@dymax.com
www.dymax.de

Mitglied des IVK

Das Unternehmen

Gründungsjahr
1995

Größe der Belegschaft
250+ Mitarbeiter weltweit

Gesellschafter
Dymax Corporation, USA

Vertriebswege
Eigener Außendienst und
weltweite Vertriebspartner

Weitere Informationen
Dymax bietet effiziente Komplettlösungen
bestehend aus lichthärtenden Materialien,
Dosier- und Aushärtungssystemen, sowie
umfassender technischer Beratung.

Das Produktprogramm

Klebstofftypen
UV- und lichthärtende Klebstoffe
temporäre Abdeckmasken
Schutzbeschichtungen (Conformal Coating)
Vergussmassen
Verkapselungsmaterialien
Flüssigdichtungen (FIP/CIP)
Ergänzend: aktivator- und hitzehärtende,
sowie feuchtigkeitsvernetzende Materialien

Für Anwendungen im Bereich
Medizintechnik
Orthopädische Implantate
Elektronik
Displays (Optical Bonding)
Automobilindustrie
Luft- und Raumfahrt
Optik
Glasindustrie

Weitere Produkte
UV- Punkt- und Flächenstrahler
(Quecksilberstrahler oder LED)
UV-Förderbandsysteme
Radiometer
Dosiersysteme
Technische Beratung

KLEBSTOFFE • ADHESIVES

Eluid Adhesive GmbH
Heinrich-Hertz-Straße 10
D-27283 Verden
Telefon +49 (0) 42 31-3 03 40-0
Telefax +49 (0) 42 31-3 03 40-17
E-Mail: info@eluid.de
www.eluid.de

Mitglied des IVK

Das Unternehmen

Gründungsjahr
1932

Größe der Belegschaft
8 Mitarbeiter

Gesellschafter
Andreas May

Geschäftsführung
Andreas May

Ansprechpartner
Andreas May
Karin Münker

Vertriebswege
Eigener Außendienst sowie Vertretungen
und Händler im gesamten Bundesgebiet,
Vertretungen und Händler in Europa und
Übersee.

Das Produktprogramm

Klebstofftypen
Dispersionsklebstoffe
Dispersionshaftklebstoffe
Dextrin-, Kasein- und Stärkeklebstoffe
Latexklebstoffe
PUD-Klebstoffe
PUR-Schmelzklebstoffe
APAO, EVA-, PSA, PO-Schmelzstoffe

Für Anwendungen im Bereich Industrie
Buchbinderei /Grafisches Gewerbe
Papier- und Verpackungsindustrie
Briefumschlagsindustrie
Buchschutzfolien
Dekorfolien, selbstklebend
Dämmtechnik
Etikettenindustrie
Getränkeindustrie
Glanzfolienkaschierung
Holzklebstoffe für Hobby, Handwerk und
Industrie
Klebebänder, einseitige /doppelseitige
Schaumstoffverarbeitende Industrie
Schutzfolien
Sicherheitsdokumente
Tapetenvliesindustrie
Tapetenindustrie
Textilindustrie
Transformerboards

Emerell AG
Eichenstrasse 12
CH-6203 Sempach Station
Telefon +41 (0) 41 469 91 00
Telefax +41 (0) 41 469 91 12
info@emerell.com
www.emerell.com

Mitglied des FKS

Das Unternehmen

Emerell ist ein unabhängiger Produktionspartner für industrielle Hersteller, Verarbeiter und Vertreiber polymerer Spezialprodukte und hochwertiger Klebstoffe. Als reiner Auftragsfertiger stellt das Unternehmen ein breites Leistungspaket in den Dienst seiner Kunden und begleitet diese vom ersten Test über die Markteinführung bis zur Weiterentwicklung ihrer Produkte.

Geschäftsführender Inhaber
Adrian Leumann

Ansprechpartner
Norbert Bazelli
Leiter Markt
Telefon: +41 41 469 93 13
E-Mail: norbert.bazelli@emerell.com

Tochterunternehmen
Emerell AG, Schmitten, Schweiz
Emerell GmbH, Buxtehude, Deutschland

Das Produktprogramm

Technologien
Blasfolienextrusion
Flachfolienextrusion
Extrusionsbeschichtung
Emulsionspolymerisation
Mischtechnologie
Spezialtechnologien

Dienstleistungen
Verfahrenstechnik
Produktion und Verarbeitung
Abfüllung, Konfektionierung, Etikettierung
Rohstoff und Logistik
Sicherheitsmanagement

Zentrale Anwendungsbereiche
Automobil, Bahn und Luftfahrt
Baugewerbe
Elektronik
Medizintechnik
Textil
Befestigungstechnik

EMS-CHEMIE AG
Business Unit EMS-GRILTECH

Via Innovativa 1
7013 Domat/Ems
Telefon +41 81 632 72 02
Telefax +41 81 632 74 02
E-Mail: info@emsgriltech.com
www.emsgriltech.com

Mitglied des FKS

Das Unternehmen

Gründungsjahr
1936 wurde das Unternehmen als Holzverzuckerungs AG
(HOVAG) gegründet.
Nach der Umbenennung in EMSER WERKE AG 1960,
wurde das Unternehmen im Jahre 1981 in EMS-CHEMIE
AG umbenannt und trägt heute noch den Firmennamen.

Mitarbeiterkennzahlen
Per Dezember 2015 zählte die EMS-Gruppe
2.855 Mitarbeiter.

Verkaufswege
Direktverkauf, Distributoren, Agenten

Kontakt
Anwendungstechnik und Verkauf:
Telefon: +41 81 632 72 02, Telefax: +41 81 632 74 02
E-Mail: info@emsgriltech.com, www.emsgriltech.com

Kontakt Partner
EMS-GRILTECH ist ein Unternehmensbereich der EMS-
CHEMIE AG, die zur EMS-CHEMIE HOLDING AG gehört.

Wir produzieren und verkaufen Grilon, Nexylon und Nexylene
Fasern, Griltex Schmelzklebstoffe, Grilbond Haftvermittler,
Primid Pulverlackhärter und Grilonit Reaktivverdünner.
Diese Werkstoffe und Additive haben wir zu herausragen-
den Spezialitäten für technisch anspruchsvolle Anwendun-
gen entwickelt. Damit schaffen wir Mehrwert für unsere
Kunden, weil auch sie in ihren Märkten nur dann erfolg-
reich sind, wenn sie sich ständig verbessern.

Thermoplastische Schmelzklebstoffe für textile und technische Verklebungen werden unter dem Markennamen
Griltex® vertrieben. EMS-GRILTECH besitzt jahrelanges
Know-how in der Herstellung massgeschneiderter Co-
polyamide und Copolyester für verschiedene Anwendungsbereiche. Der Schmelzbereich und die Schmelzviskosität
können auf die unterschiedlichen Anforderungen eingestellt werden. Die Kleber sind als Pulver in verschiedenen
Korngrössen oder als Granulat erhältlich. Die Herstellung
erfolgt auf eigenen Polymerisations- und Mahlanlagen.

Griltex® ES – Verkleben von glatten Oberflächen
Schmelzklebstoffe für die Verklebung von Metall,

Das Produktprogramm

Klebstofftypen
Thermoplastische Schmelzklebstoffe

Rohstoffe
Additive
Harze
Polymere

Anlagen/Ausstattung
Anwendungstechnikum, Produktionsanlagen, Labor,
Analytik

Für Anwendungen im Bereich
Papier/Verpackungen
Holz/Möbelindustrie
Bauindustrie, inklusive Bodenbelag, Wände und Decken
Elektronik
Mechanische Bauteile
Automobilindustrie, Luft-und Raumfahrt
Textilindustrie
Hygieneindustrie
Haushaltsgeräte, Freizeit- und Büroanwendungen
Verbundwerkstoffe, Masterbatches

Kunststoff, Glas und anderen glatten Oberflächen werden unter dem Markennamen Griltex® ES vertrieben.

Griltex® CE/CT für Composite Anwendungen
Griltex® CE/CT sind massgeschneiderte Thermoplaste
für den Einsatz in Composite-Materialien zur Verklebung,
Stabilisierung und Verbesserung von Produkteigenschaften sowie als thermoplastische Matrizes in Endlosfaser
verstärkten Composites.

Das Stammhaus von EMS-GRILTECH mit Forschung und
Entwicklung befindet sich in Domat/Ems (Schweiz).
In Sumter S.C. (USA) und Neumünster (Deutschland)
haben wir weitere Produktionsstätten mit Anwendungs-
technika. In Japan, China und Taiwan verfügen wir über
Verkaufsbüros und ein Kundendienstlabor. EMS-GRILTECH
ist weltweit mit eigenen Verkaufsgesellschaften oder
durch Agenten vertreten.

E. Epple & Co. GmbH
Hertzstraße 8
D-71083 Herrenberg
Telefon +49 (0) 70 32-97 71-0
Telefax +49 (0) 70 32-97 71-50
E-Mail: info@epple-chemie.de
www.epple-chemie.de

Das Unternehmen

Gründungsjahr
1933

Größe der Belegschaft
100 Mitarbeiter

Gesellschafter
Axel Deimold

Besitzverhältnisse
Familienunternehmen

Tochterfirmen
Epple Bauelemente GmbH

Geschäftsführung
Axel Deimold

Vertriebswege
Direktvertrieb
Partnerhändler
Generalimporteure

Anwendungstechnik und Vertrieb
Dr. Udo Seemann,
Petra Sindlinger

Das Produktprogramm

Klebstofftypen
Reaktionsklebstoffe, 2-komponentig
heißhärtend
Lösemittelhaltige Klebstoffe
Dispersionsklebstoffe
Haftklebstoffe
UV-, lichthärtende Systeme
Cyanacrylate
anaerob härtende Systeme

Dichtstoffe
dauerelastische Dichtstoffe
filmbildende Dichtstoffe
aus-/durchhärtende Dichtstoffe

Gießharze
elektronische Gießharze: EP, PUR

Für Anwendungen im Bereich
Fahrzeug, Luftfahrtindustrie
Maschinen- und Apparatebau
Elektronik
Holz-/Möbelindustrie
Haushalt, Hobby und Büro
Baugewerbe, inkl. Fußboden, Wand
und Decke

Lohnfertigungen

EUKALIN
Spezial-Klebstoff Fabrik GmbH

Ernst-Abbe-Straße 10
D-52249 Eschweiler
Telefon +49 (0) 24 03-64 50 0
Telefax +49 (0) 24 03-64 50 26
E-Mail: eukalin@eukalin.de
www.eukalin.de

Mitglied des IVK

Das Unternehmen

Gründungsjahr
1904

Größe der Belegschaft
60 Mitarbeiter

Gesellschafter
100 % im Familienbesitz

Geschäftsführung
Dr. Joachim Schulz
Timm Koepchen

Vertriebswege
Direktvertrieb durch Außendienst
und Agenten

Das Produktprogramm

Klebstofftypen
Schmelzklebstoffe
Dispersionsklebstoffe
Pflanzliche Klebstoffe
Haftklebstoffe
Polyurethanklebstoffe
Gallerte
Kaseinklebstoffe

Für Anwendungen im Bereich
Papier/Verpackung
Buchbinderei/Graphisches Gewerbe
Klebebänder, Etiketten
Flexible Verpackungen
Behälteretikettierungen

Evonik Industries AG

D-45764 Marl, www.evonik.com/crosslinkers,
www.evonik.com/adhesives-sealants,
www.evonik.com/designed-polymers

D-45764 Marl, www.vestamelt.de

D-64293 Darmstadt, www.visiomer.com

D-45127 Essen,
www.evonik.com/polymer-dispersions
www.evonik.com/hanse, www.evonik.com/tegopac

D-63457 Hanau, www.aerosil.com,
www.dynasylan.com, www.evonik.com/fp

Mitglied des IVK

Das Unternehmen

Gründungsjahr
2007

Besitzverhältnisse
74.9 % RAG Stiftung, 25.1 % CVC

Ansprechpartner
Anwendungstechnik und Vertrieb:

Resource Efficiency:
Telefon +49 (0) 76 23-91-83 92
(Anwendungstechnik)
Telefon +49 (0) 61 81-59-34 76 (Vertrieb)
E-Mail aerosil@evonik.com,
fillers.pigments@evonik.com
Telefon +49 (0) 23 65-49-48 43
Telefax +49 (0) 23 65-49-50 30
E-Mail adhesives@evonik.com
Telefon +49 (0) 23 65-49-43 56 (VESTAMELT®)
+49 (0) 61 51-18-10 02 (VISIOMER®)
E-Mail vestamelt@evonik.com,
visiomer@evonik.com

Nutrition & Care:
Telefon +49 (0) 2 01-1 73 21 33 (Vertrieb)
E-Mail: info@polymerdispersion.com,
hanse@evonik.com,
TechService-Tegopac@evonik.com

Weitere Informationen
Evonik, der kreative Industriekonzern aus Deutschland, ist eines der weltweit führenden Unternehmen der Spezialchemie. Profitables Wachstum und eine nachhaltige Steigerung des Unternehmenswertes stehen im Mittelpunkt der Unternehmensstrategie. Die Aktivitäten des Konzerns sind auf die wichtigen Megatrends Gesundheit, Ernährung, Ressourceneffizienz sowie Globalisierung konzentriert. Evonik profitiert besonders von seiner Innovationskraft und seinen integrierten Technologieplattformen. Evonik ist in mehr als 100 Ländern der Welt aktiv. Über 33.500 Mitarbeiter erwirtschafteten im Geschäftsjahr 2015 einen Umsatz von rund 13,5 Milliarden und ein operatives Ergebnis (bereinigtes EBITDA) von rund 2,47 Milliarden €.

Das Produktprogramm

Klebstoffe
Schmelzklebstoffe (VESTAMELT®) (DYNACOLL®S)

Dichtstoffe
Acryldichtstoffe (DEGALAN®)

Rohstoffe
Additive: Siliziumdioxid- Nanopartikel (Nanopox®), Silikonkautschuk-Partikel (Albidur®), Methacrylat Monomere (VISIOMER®), Pyrogene Kieselsäuren und pyrogene Metalloxide (AEROSIL®, AEROXIDE®), Gefällte Kieselsäuren (SIPERNAT®), Funktionelle Silane (Dynasylan®), Wachse (VESTOWAX®, SARAWAX®), Entschäumer (TEGO® Antifoam), Netzmittel (TEGOPREN®), Verdicker (TEGO® Rheo)

Vernetzer: Spezialharze, aliphatische Diamine (VESTAMIN®), aliphatische Isocyanate (VESTANAT®)

Polymere: amorphe Poly-alpha-Olefine (VESTOPLAST®), Polyester-Polyole (DYNACOLL®), Flüssige Polybutadiene (POLYVEST®) Polyacrylate (DEGALAN®, DYNACOLL® AC), silanmodifizierte Polymere (Polymer ST, TEGOPAC®), durch Kondensation aushärtende Silikone (Polymer OH)

Für Anwendungen im Bereich
Papier/Verpackung
Buchbinderei/Graphisches Gewerbe
Holz-/Möbelindustrie
Baugewerbe, inkl. Fußboden, Wand und Decke
Elektronik
Fahrzeug, Luftfahrtindustrie
Textilindustrie
Klebbänder und Etiketten
Hygienebereich
Herstellung von Schmelzklebstoffen
Windenergie (Rotorblätter)

ExxonMobil Chemical Central Europe
A division of ESSO Deutschland GmbH

Neusser Landstraße 16 · D-50735 Köln
Telefon +49 (0) 2 21-770-31 · Telefax +49 (0) 2 21-770-33 20
www.exxonmobil.de

Mitglied des IVK

Das Unternehmen

Kontaktpartner
Heide Henseler
Telefon: +49 (0) 221-77 03-296
E-Mail: heide.henseler@exxonmobil.com

Das Produktprogramm

Rohstoffe
Harze
Lösemittel
Polymere

für Klebstofftypen
Schmelzklebstoffe
Klebstoffe auf Lösemittelbasis

für Dichtstofftypen
Butyl-Dichtstoff
Andere

Für Anwendungen im Bereich
Papier/Verpackung
Buchbindung/Grafikdesign
Holz-/Möbelindustrie
Baugewerbe, inkl. Fußboden, Wand u. Decke
Elektronik
Maschinen- und Anlagenbau
Automobil- und Luftfahrtindustrie
Textilindustrie
Klebebänder, Etiketten
Hygiene
Haushalt, Freizeit und Büro

Fermit GmbH

Zur Heide 4
D-53560 Vettelschoß
Telefon +49 (0) 26 45-22 07
Telefax +49 (0) 26 45-31 13
E-Mail: info@fermit.de
www.fermit.de

Mitglied des IVK

Das Unternehmen

Gründungsjahr
2008

Größe der Belegschaft
16

Gesellschafter
Barthélémy S.A.

Besitzverhältnisse
100 % Tochter

Vertriebswege
Sanitärfachhandel
Heizungsfachhandel
Ofenfachhandel
Technischer Handel
Großhandel
Industrie

Geschäftsführung
Alois Hauk

Anwendungstechnik und Vertrieb
Guido Wiest (Süddt.)
Matthias Schütte (Norddt.)
Willi Kutsch (Dt. Mitte)

Das Produktprogramm

Klebstofftypen
lösemittelhaltige Klebstoffe
annerobe Kleber

Dichtstofftypen
Silicondichtstoffe
MS Dichtstoffe
Dichtpasten
Schamottkleber
Sonstige

Für Anwendungen im Bereich
Installation, Kamin- und Ofenbau
Baugewerbe, Heizungsbau
Haushalt, Hobby und Büro
Industrie allg.

fischer Deutschland Vertriebs GmbH

Klaus-Fischer-Straße 1
D-72178 Waldachtal
Telefon +49 (0) 74 43 12-60 00
Telefax +49 (0) 74 43 12-45 00
E-Mail: info@fischer.de
www.fischer.de

Mitglied des IVK

Das Unternehmen

Gründungsjahr
1948

Größe der Belegschaft
4.400

Besitzverhältnisse
Familienunternehmen

44 Landesgesellschaften in 33 Ländern
(Argentinien, Belgien, Brasilien, Bulgarien,
China, Dänemark, Deutschland, Finnland,
Frankreich, Großbritannien, Griechenland,
Italien, Japan, Kroatien, Mexiko, Niederlande,
Norwegen, Österreich, Philippenen, Polen,
Portugal, Russland, Schweden, Singapur,
Slowakei, Spanien, Südkorea, Thailand,
Tschechien, Türkei, Ungarn, USA, Vereinigte
Arabische Emirate)

Vertriebswege
Fach- und Einzelhandel, Industrie und
Handwerk, DIY

Ansprechpartner
Vertrieb:
Alexander Zanocco
E-Mail: Alexander.Zanocco@fischer.de

Weitere Informationen
Weltmarktführer in chemischen
Befestigungssystemen

Das Produktprogramm

Klebstofftypen
Reaktionsklebstoffe
lösemittelhaltige Klebstoffe
Dispersionsklebstoffe

Dichtstofftypen
Acryl Dichtstoffe
Silicone
MS/STP Dichtstoffe

Für Anwendungen im Bereich
Holz-/Möbelindustrie
Baugewerbe, inkl. Fußboden, Wand u. Decke
Endverbraucher

Follmann GmbH & Co. KG

Heinrich-Follmann-Straße 1
D-32423 Minden
Telefon +49 (0) 5 71-93 39-0
Telefax +49 (0) 5 71-93 39-3 00
E-Mail: info@follmann.de
www.follmann.de

Mitglied des IVK

Das Unternehmen

Gründungsjahr
1977

Größe der Belegschaft
117 Mitarbeiter

Ansprechpartner
Anwendungstechnik:
Torsten Krite

Vertrieb:
Thomas Bierwirth

Das Produktprogramm

Klebstofftypen
Dispersionsklebstoffe (PVAc, Copolymer);
Schmelzklebstoffe

Für Anwendungen im Bereich
Holz-/Möbelindustrie
Papier
Verpackung

Forbo Eurocol Deutschland GmbH

August-Röbling-Straße 2
D-99091 Erfurt
Telefon +49 (0) 3 61-7 30 41-0
Telefax +49 (0) 3 61-7 30 41-91
www.forbo-eurocol.de

Mitglied des IVK

Das Unternehmen

Gründungsjahr
1919 / 1920

Größe der Belegschaft
84 Mitarbeiter

Gesellschafter
Forbo Beteiligungen GmbH
D-79761 Waldshut-Tiengen

Stammkapital
2.000.000 €

Besitzverhältnisse
Gesellschafter 100 %

Geschäftsführung
Rüdiger Beez

Anwendungstechnik
Leitung:
Michael Illing

Vertriebswege
Direktvertrieb
Handel für Bodenbeläge und Zubehör

Niederlassung
Forbo Eurocol Deutschland GmbH
A-8402 Werndorf (Österreich)

Das Produktprogramm

Klebstofftypen
• Klebstoffe für die Verlegung von
  elastischen Bodenbelägen und Parkett
• Beschichtungen
• Versiegelungen für elastische Boden-
  beläge und Parkett

Für Anwendungen im Bereich
Baugewerbe, inkl. Fußboden,
Wand u. Decke

H.B. Fuller Europe GmbH
Stampfenbachstrasse 52
CH-8006 Zürich, Schweiz
www.hbfuller.com

Mitglied des IVK

Das Unternehmen

Globale Tätigkeit
H.B. Fuller verfügt über drei regionale Hauptquartiere:
- Americas: St. Paul, Minn., U.S.; Europe, India, Middle East, Afrika (EIMEA): Zürich, Schweiz; Asia Pacific: Shanghai, China
- Das Unternehmen ist in 42 Ländern direkt vertreten und bedient Kunden in mehr als 100 geografischen Märkten.

Präsenz in Europa
H.B. Fuller verfügt über ein Netzwerk spezialisierter Produktionsstätten, das sich über ganz Europa erstreckt und Kunden aus den Bereichen Ingenieurwesen, Elektro- und Montagematerialien, Hygieneartikel/Vliesstoffe, Konstruktionsklebstoffe, Automobil, Verpackungswesen und andere Gebrauchsgüter bedient.

Weitere Informationen
H.B. Fuller ist seit fast 130 Jahren als weltweit führendes Unternehmen in der Klebstoffindustrie tätig. Dabei richtet das Unternehmen seinen Fokus auf die Perfektionierung von Klebstoffen, Dichtstoffen und anderen Spezialchemie-Produkten, um Produkte und das Leben der Menschen zu verbessern. H.B. Fuller erzielte im Geschäftsjahr 2015 einen Nettoumsatz von 2,1 Mrd. Dollar. Das Engagement von H.B. Fuller für Innovation bringt Menschen, Produkte und Prozesse zusammen, die Antworten und Lösungen für einige der größten Herausforderungen der Welt bieten. Unser zuverlässiger, unkomplizierter Service schafft dauerhafte und lohnenswerte

Das Produktprogramm

Klebstofftypen
- Schmelzklebstoffe
- Polymer- und Spezialtechnologien
- Reaktive Klebstoffe, Polyurethan-Klebstoffe, Epoxid-Klebstoffe
- Wasserbasierte Klebstoffe
- Lösungsmittelbasierte und Lösungsmittelfreie Klebstoffe

Unsere Märkte
- Automobil
- Elektro- und Montagematerialien
- Emulsionspolymere
- Gebrauchsgüte
- Holz-/Möbelindustrie
- Hygieneartikel/Vliesstoffe
- Konstruktionsklebstoffe
- Papierverarbeitung
- Technische Industrie
- Verpackungswesen

Verbindungen zu Kunden. Und unser Versprechen an unsere Mitarbeiter verbindet sie mit Chancen, Innovationen hervorzubringen und erfolgreich zu sein. Wenn Sie weitere Informationen wünschen, besuchen Sie uns auf www.hbfuller.com und abonnieren Sie unseren Blog.

Gemeinnütziges Engagement
- Jährlich leisten unsere Mitarbeiter insgesamt mehr als 5.000 Stunden freiwillige, gemeinnützige Arbeit in über 20 Ländern.
- Firmen- und Mitarbeiterspenden zusammen übertreffen jedes Jahr weltweit 1,5 Mio. USD.

GLUDAN (Deutschland) GmbH

Am Hesterkamp 2
D-21514 Büchen
Telefon +49 (0) 41 55-49 75-0
Telefax +49 (0) 41 55-49 75-49
E-Mail: gludan@gludan.de
www.gludan.com

Mitglied des IVK

Das Unternehmen

Gründungsjahr
1989

Größe der Belegschaft
27 Mitarbeiter

Gesellschafter
Tochterfirma von GLUDAN GRUPPEN A/S

Anwendungstechnik
Kim Szöts,
Dr. Tanja Zismann

Weitere Informationen
www.gludan.com

Das Produktprogramm

Klebstofftypen
Dispersionsklebstoffe
Haftklebstoffe
Schmelzklebstoffe (Hot Melt)
Gallerte

Rohstoffe
Additive
Füller
Polymere
Stärke

Für Anwendungen im Bereich Industrie
Papier- und Verpackungsindustrie
Buchbunderei/Graphisches Gewerbe
Holz-/Möbelindustrie
Baugewerbe, inkl. Fußboden, Wand u. Decke
Textilindustrie
Klebebänder, Etiketten
Hygienebereich
Haushalt, Hobby und Büro

Service
Leimkurse
Anlagenbau

Fritz Häcker GmbH + Co. KG

Im Holzgarten 18
D-71665 Vaihingen/Enz
Telefon +49 (0) 70 42-94 62-0
Telefax +49 (0) 70 42-9 89 05
E-Mail: info@haecker-gel.de
www.haecker-gel.de

Mitglied des IVK

Das Unternehmen

Gründungsjahr
1885

Größe der Belegschaft
35 Mitarbeiter

Gesellschafter
Familienbesitz

Geschäftsführung
Ralf Müller

Ansprechpartner
Bereich Proteinklebstoffe:
Jürgen Penk
Michel Roels

Bereich technische Gelatine:
Thomas Klett

Vertriebswege
Direkt über eigenen Außendienst in
deutschsprachigen Ländern

Auslandsvertretungen
weltweit

Das Produktprogramm

Klebstofftypen
Proteinklebstoffe/Glutinleime:
Plakal
Gelmelt
Gelbond
Technische Gelatine:
Geltack
Matchtack
Hitack

Lösungsmittelfreie Reinigungsmittel:
Partinol
Dispersionsklebstoffe
Schmelzklebstoffe
Haftklebstoffe

Für Anwendungen im Bereich
Papier/Verpackung
Buchbinderei/Graphisches Gewerbe
Schachtelherstellung + Kaschierung
Schleifpapierherstellung
Zündholzherstellung
Klebebänder

 Excellence is our Passion

Henkel AG & Co. KGaA
Henkelstraße 67
D-40191 Düsseldorf
Telefon +49 (0) 2 11-7 97-0
www.henkel.com

Mitglied des IVK

Das Unternehmen

Eigentümerstruktur
Henkel AG & Co. KGaA

Ansprechpartner
Business Unit Adhesive Technologies
Tel.: +49 (0) 2 11-7 97-0
Fax +49 (0) 2 11-7 98-4008

Weitere Informationen
Henkel bietet als Weltmarktführer im Bereich Klebstoffe, Dichtstoffe und Funktionsbeschichtungen kundenspezifische Lösungen sowohl im Industriegeschäft als auch für Konsumenten, Handwerk und Bau an. Das einzigartige Technologieportfolio, weltweit führende Klebstoffspezialisten mit engem Kundenkontakt sowie die globale Präsenz ermöglichen es maßgeschneiderte innovative Kundenlösungen mit höchster Qualität und bestem Service anzubieten. Gemeinsam genutzte Technologien, Strukturen und Systeme entlang der Wertschöpfungskette bieten dabei eine starke Basis für Synergien. Die Top-Marken von Henkel Adhesive Technologies sind Loctite, Teroson und Technomelt.

Das Produktprogramm

Klebstoffportfolio
Schmelzklebstoffe
Reaktionsklebstoffe
Lösemittelbasierte Klebstoffe
Dispersionsklebstoffe
Auf natürlichen Rohstoffen basierende Klebstoffe
Haftkleber

Dichtstoffportfolio
Acrylat
Butyl Dichtstoffe
Polyurethan Dichtstoffe
Silikon Dichtstoffe
MS Polymer

IT WENIGER ESSOURCEN EHR RREICHEN.

Dank unserer neuesten Lötpaste konnte Elektronikhersteller Morey die Produktionsmenge seiner Leiterplatten um mehr als 15 Prozent steigern und dabei gleichzeitig Energie sparen. Loctite GC10 ist die weltweit erste Lötpaste, die ohne Kühlung gelagert werden kann.

innovative
Klebtechnik
Zimmermann

Dienstleistung • Produktion • Forschung • Beratung

iKTZ GmbH
Göschwitzer Straße 22, D-07745 Jena
Telefon +49 (0) 36 41- 23 35 59
Telefax +49 (0) 36 41- 23 68 05
E-Mail: info@iktz.de, www.iktz.de

Das Unternehmen

Gründungsjahr
2002

Größe der Belegschaft
10 Mitarbeiter

Geschäftsführung
Dipl.-Ing. Edith Zimmermann

Ansprechpartner
Dipl.-Ing. Edith Zimmermann

Ansprechpartner
Geschäftsführung:
Dipl. Ing. Edith Zimmermann

Sekretariat:
Rita Feege

Fertigung:
Andreas Martin

Forschung & Entwicklung:
B. Eng. Fabian Rößler

Weitere Informationen:
Die Firma **iKTZ**
• arbeitet für Kunden in Deutschland, der EU, in der Schweiz und in Singapur
• ist ein Spezialist für Klebstoff im Hochtemperaturbereich (> 300 °C)

Das Produktprogramm

Die Firma **iKTZ**

• ist ein Dienstleistungsunternehmen für das Kleben, Dichten oder Vergießen von Baugruppen und übernimmt Outsourcingprozesse (Lohnfertigung)

• stellt Verklebungen mit folgenden Eigenschaften her: hochfest, ausgasarm, chemisch beständig, optisch angepasst, biokompatibel, hochtemperaturbeständig

• verwendet Werkstoffe wie: Metalle, Kunststoffen, Keramiken, Kristalle Glas, Faserverbundwerkstoffe u. a. m.

• führt Dienstleistungen in folgenden Bereichen durch: Maschinen- und Apparatebau, Solarmodulfertigung, Automobilindustrie, Elektronik, Medizintechnik Luftfahrtindustrie, Yacht- und Bootsbau, Textil- und Kunststoff-industrie bis hin zum Baugewebe

• unterstützt Kunden mit Innovationen, Flexibilität, Qualität und Service

• ist permanent an der Erforschung / Weiterentwicklung neuer Einsatzgebiete für Klebstoffe bzw. Klebstoffmodifikationen für spezielle Anwendungen tätig

• modifiziert konventionelle Klebstoffe nach Kundenwünschen bzw. Anforderungsprofil

• stellt Klebstoffe für den Hochtemperatureinsatz her (für Gläser, Keramiken, Metalle)

IMCD Deutschland GmbH & Co. KG
Konrad-Adenauer-Ufer 41 – 45
D-50668 Köln
Telefon +49 (0) 2 21-77 65-0
Telefax +49 (0) 2 21-77 65-305
E-Mail: coatings@imcd.de
www.imcdgroup.com

Mitglied des IVK

Das Unternehmen

Gründungsjahr
1960

Größe der Belegschaft
125 Mitarbeiter

Schwestergesellschaften
Europäisch:
IMCD Baltics UAB – Vilnius, Litauen
IMCD Benelux B.V. – Rotterdam, Niederlande
IMCD Benelux N.V. – Mechelen, Belgien
IMCD Czech Republic s.r.o. – Prag,
  Tschechische Republik
IMCD Danmark A/S – Helsingør, Dänemark
IMCD España Especialidades Quimicas, S.A. –
  Barcelona, Spanien
IMCD Finland Oy – Espoo, Finnland
IMCD France SAS – Saint Denis, Frankreich
IMCD Ireland Ltd – Dublin, Irland
IMCD Italia SpA – Mailand, Italien
IMCD Norway AS – Oslo, Norwegen
IMCD Polska SP z.o.o. – Warschau, Polen
IMCD Portugal Produtos Quimicos, Lda –
  Lissabon, Portugal
IMCD Rus LLC – Moskau, Russland
IMCD South East Europe GmbH – Wien, Österreich;
  Belgrad, Serbien; Bukarest, Rumänien; Budapest,
  Ungarn; Sofia, Bulgarien; Ljubljana, Slowenien
IMCD Sweden AB – Malmö, Schweden
IMCD Switzerland AG – Zürich, Schweiz
IMCD Türkiye – Beykoz/Istanbul, Türkei
IMCD UK Ltd. – Sutton/Surrey, Vereinigtes Königreich

Außereuropäisch:
IMCD Algeria – Ain Benian, Algerien
IMCD Australia – Victoria, Australien
IMCD Brasil Comércio e Indústria de Produtos Químicos
  Ltda – Sao Paulo, Brasilien
IMCD (Shanghai) Trading Co., Ltd. – Shanghai, China
IMCD India Private Limited – Mumbai, Indien
PT IMCD Indonesia – Jakarta, Indonesien
IMCD Japan – Tokyo, Japan
IMCD Malaysia Sdn. Bhd. – Shah Alam, Selangor,
  Malaysia
IMCD Maroc S.A.R.L. – Mohammedia, Marokko
IMCD New Zealand Limited – Auckland, Neuseeland
IMCD Philippines Corporation – Makati, Philippinen
IMCD Singapore Pte. Ltd. – Singapur, Singapur

Das Produktprogramm

Klebstofftypen
Lösemittelhaltige Klebstoffe
Lösemittelfreie Klebstoffe
Dispersionsklebstoffe
Haftklebstoffe

Rohstoffe
Additive, Füllstoffe, Harze, Lösemittel, Polymere

Für Anwendungen im Bereich
Papier/Verpackung
Buchbinderei/Graphisches Gewerbe
Baugewerbe inkl. Fußboden, Wand und Decke
Klebebänder, Etiketten
Automobil

IMCD South Africa (Pty) Ltd. – Johannesburg, Südafrika
IMCD (Thailand) Co., Ltd. – Bangkok, Thailand
IMCD Tunisia – Megrine, Tunesien
IMCD Ukraine – Kiew, Ukraine
IMCD US – Lakewood, Ohio, USA
IMCD Vietnam Company Ltd. – Ho-Chi-Minh-Stadt,
  Vietnam

Besitzverhältnisse
100 % IMCD N. V.

Geschäftsführung
Piet van der Slikke, Frank Schneider

Anwendungstechnik und Vertrieb
Industry Manager Adhesives:
Dr. Heinz-J. Küppers

Weitere Informationen
Mit einer Leidenschaft für Spitzenleistungen und einem
umfangreichen Branchenwissen ist IMCD ein Markt-
führer in Vertrieb, Marketing und Distribution von Spezialchemikalien.

IMCD ist an der Euronext, Amsterdam (IMCD.AS) gelistet
und realisierte in 2014 einen Umsatz von 1,358 Mrd. €. Ein
engagiertes Team von über 1.700 technischen und kaufmännischen Experten arbeitet eng zusammen, um rund
33.000 Kunden und Lieferanten in mehr als 35 Ländern auf
6 Kontinenten maßgeschneiderte Lösungen anzubieten.

IMCD Deutschland profitiert von der Zugehörigkeit zu
diesem erfolgreichen internationalen Netzwerk ebenso
wie von der langjährigen Erfahrung im deutschen Markt.

Jowat SE
Ernst-Hilker-Straße 10 – 14
D-32758 Detmold
Telefon + 49 (0) 52 31- 7 49 - 0
Telefax + 49 (0) 52 31- 7 49 - 1 05
E-Mail: info@jowat.de
www.jowat.de

Mitglied des IVK

Das Unternehmen

Gründungsjahr
1919

Größe der Belegschaft
1.000 Mitarbeiter weltweit

Jowat weltweit
20 eigene Vertriebsgesellschaften
6 Produktionsstandorte auf vier Kontinenten
Weltweites, eng gespanntes Händlernetz

Tochterfirmen in folgenden Ländern
Australien, Brasilien, Chile, Frankreich, Deutschland, Indien, Italien, Kanada, Kolumbien, Malaysia, Mexiko, Niederlande, Polen, Russland, Schweden, Schweiz, Türkei, UAE, UK, USA

Vorstand
Klaus Kullmann
Ralf Nitschke
Dr. Christian Terfloth

Vorsitzender des Aufsichtsrates
Prof. Dr. Andreas Wiedemann

Ansprechpartner
Hans-Jürgen Schrödel
Verkaufsleitung Deutschland

Ulrich Schmidt
Verkaufsleitung International

Timm Schulze
Leitung Produktmarketing

Ina Benz
Leitung Anwendungstechnik

Das Produktprogramm

Klebstofftypen
Dispersionsklebstoffe
Schmelzklebstoffe konventionell
Lösemittelhaltige Klebstoffe
PUR-Schmelzklebstoffe
(feuchtigkeitsvernetzend)
POR-Schmelzklebstoffe
(feuchtigkeitsvernetzend)
1K PU-Prepolymere
(feuchtigkeitsvernetzend)
Haftklebstoffe / PSA
Andere Klebstoffe (Harnstoffharz, Cyanoacrylat, Casein, u. a.)
Spezialprodukte (Haftvermittler, Trennmittel, Reiniger, Handwaschpaste u. a.)

Für Anwendungen im Bereich
Holz- und Möbelindustrie
Bauindustrie und tragende Holzkonstruktionen
Polstermöbel-, Matratzen- und Schaumstoffindustrie
Papier- und Verpackungsindustrie
Grafische Industrie und Buchbinderei
Fahrzeugbau, Automobil- und Automobilzulieferindustrie
Filterindustrie
Technische Textilien und Textilindustrie
Sonstige industrielle Anwendungen inkl. Montage

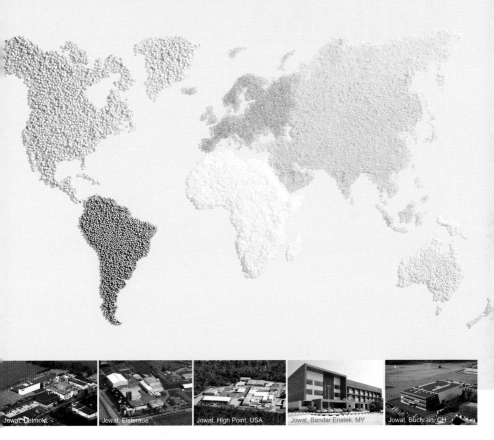

Kaneka

KANEKA Belgium N.V.
Liquid Polymers Division
Nijverheidsstraat 16
B-2260 Westerlo (Oevel)
Telefon (+32) 14-25 45 20
Telefax (+32) 14-25 78 87
E-Mail: info.mspolymer@kaneka.be
www.kaneka.be

Mitglied des IVK

Das Unternehmen

Kaneka Belgium N.V. wurde 1970
als europäische Produktionsstätte der
nunmehr weltweit tätigen Kaneka
Corporation, Japan, gegründet.
Die Liquid Polymers Division stellt
innovative Rohstoffe für die Kleb- und
Dichtstoffindustrie her, die unter den
Gruppennamen Kaneka SILYL,
MS POLYMER und XMAP
angeboten werden.
Als Hersteller der Rohstoffkomponenten
bietet Kaneka seinen Kunden intensiven
technischen Service bei der Endprodukt-
entwicklung.

Ansprechpartner
Vertretung für D, CH, A, Osteuropa:
Werner Hollbeck GmbH
Kirchmannstraße 22
D-45133 Essen
Telefon (+49) 2 01/7 22 16 16
Telefax (+49) 2 01/7 22 16 06
E-Mail: Info@Hollbeck.de

Zentrale in Belgien:
Kaneka Belgium N.V.
Liquid Polymers Division
Nijverheidsstraat 16
B-2260 Westerlo (Oevel)
Telefon (+32) 14/25 45 20
Telefax (+32) 14/25 78 87
E-Mail: info.mspolymer@kaneka.be

Das Produktprogramm

Rohstoffe
MS POLYMER, SILYL und XMAP
sind flüssigpolymere Rohstoffe auf
Polyether- bzw. Polyacrylat-Basis für die
Weiterverarbeitung zu elastischen Dicht-
und Klebstoffen. Art und Geschwindigkeit
der Aushärtung, Haftvermögen, Vernet-
zungsdichte, etc. sind durch unterschiedliche Funktionalisierungen steuerbar.

Darstellbare Endprodukte der Formulierer
Lösungsmittelfreie/isocyanatfreie
1K-/2K-Reaktionsklebstoffe und
-dichtstoffe
Haftklebstoffe (PSA)
Ölbeständige Kleb-/Dichtstoffe
Dichtstoffe mit geringer Gas-
permeabilität
Klebstoffblends mit Epoxidharzen

Für Anwendungen im Bereich
Maschinen- und Apparatebau
Klima-, Lüftungstechnik
Fahrzeug-, Luftfahrtindustrie
Schiffbau
Holz-, Möbelindustrie
Haushalt, Hobby und Büro
Klebebänder, Etiketten
Elektronik
Baugewerbe, inkl. Fußboden, Wand und Dach

 **KEYSER & MACKAY**

**Keyser & Mackay
Zweigniederlassung Deutschland**
Industriestraße 163
D-50999 Köln (Rodenkirchen)
Telefon +49 (0) 22 36-39 90-0
Telefax +49 (0) 22 36-39 90-33
E-Mail: keymac.de@keymac.com
www.keysermackay.com

Mitglied des IVK

Das Unternehmen

Gründungsjahr
1894

Größe der Belegschaft
120 Mitarbeiter

Niederlassungen
Zentrale in den Niederlanden
Zweigniederlassungen in Deutschland,
Belgien, Frankreich, Schweiz, Polen,
Spanien

Ansprechpartner
Verkaufsleiter:
Robert Woizenko
Telefon +49 (0) 22 36-39 90-14
E-Mail: r.woizenko@keymac.com

Das Produktprogramm

Rohstoffe
Harze: Kohlenwasserstoffharze,
C5 u. C9, teil- u. vollhydriert,
auch wasserhell; Kolophoniumderivate,
auch teil- u. hochhydriert,
Rein Monomerharze, Acrylatharze

Polymere: Amorphe Poly-olefine
(APOs), Polyethylen- u. Polypropylenwachse,
auch MA-gepfropft, Acrylatdispersionen,
Acrylatcopolymere, Blockcopolymere, STP

Füllstoffe: gefälltes Calciumcarbonat
(beschichtet und unbeschichtet)
Talkum, Carboxymethylcellulose

Additive: Oxazolidine, latente PUR
Vernetzer u. Wasserfänger
Haftvermittler, Flammschutzmittel,
Verdicker

Rohstoffe für
Schmelzklebstoffe, Schmelzhaft-
klebstoffe, lösemittelhaltige Klebstoffe,
wässrige Klebstoffe, Reaktionsklebstoffe,
Dichtungsmassen, Beschichtungen,
chem. Verbundanker

Für Anwendungen im Bereich
Papier/Verpackung
Buchbinderei/Graphisches Gewerbe
Holz-/Möbelindustrie
Baugewerbe, Hochbau und
Ingenieursbau, inkl. Fußboden, Wand u. Decke
Elektronik
Maschinen- u. Apparatebau
Fahrzeug-, Luftfahrtindustrie
Textilindustrie
Klebebänder, Etiketten
Hygienebereich
Haushalt, Hobby u. Büro

Kiesel Bauchemie GmbH u. Co. KG
Wolf-Hirth-Straße 2
D-73730 Esslingen
Telefon +49 (0)7 11-9 31 34-0
Telefax +49 (0) 7 11-9 31 34-1 40
E-Mail: kiesel@kiesel.com
www.kiesel.com

Mitglied des IVK

Das Unternehmen

Gründungsjahr
1959

Größe der Belegschaft
ca. 160 Mitarbeiter

Geschäftsführender Gesellschafter/in
Wolfgang Kiesel, Beatrice Kiesel-Luik

Tochterfirmen
Kiesel S.A.R.L., Reichstedt, Frankreich
Kiesel GmbH, Tägerwilen, Schweiz
Kiesel Benelux, Rijen, Niederlande
Kiesel s.r.o., Praha, Tschechien
Kiesel Polska Sp. z.o.o., Wroclaw

Geschäftsführung
Wolfgang Kiesel, Beatrice Kiesel-Luik,
Dr. Matthias Hirsch

Leitung Marketing Vertrieb
Beatrice Kiesel-Luik

Niederlassungsleitung Tangermünde
Maik Roske

Branchenverantwortlicher Fliese
Uwe Sauter

Branchenverantwortlicher Fußboden
Marcus Lippert

Verkaufsleitung
Uwe Sauter: Fliese Süd und Österreich
Jürgen Schwarz: Fliese West
Marcus Lippert: Fußboden Süd/West
und Österreich
Maik Roske: Fliese/Fußboden Nord/Ost

Exportleitung
Beatrice Kiesel-Luik – Übersee
Herbert Körper – Europa
Christophe Bichon – Frankreich
Jürgen Schwarz – Übersee

Das Produktprogramm

Klebstofftypen
Dispersionsklebstoffe
Zementäre Fliesenklebstoffe
Lösemittelfreie Klebstoffe
Reaktionsklebstoffe

Für Anwendungen im Bereich
Baugewerbe, inkl. Fußboden und Wand
Für Bodenbeläge aller Art:
Fußbodenbeläge
Parkettbeläge
Fliesenbeläge
Naturwerksteinbeläge
Innovative Trendböden
Fugenmassen
Abdichtungssysteme
Untergrundvorbereitung

Wiederaufnahmesystem
Okalift SuperChange

Leitung Technisches Marketing
Ulrich Lauser

Leitung Anwendungstechnik
Fußboden und Parkett: Manfred Dreher
Fliese: Roland Tschigg

Vertriebswege
Fußbodenbelagsgroßhandel
Großverlegebetriebe
Baustoff-Fachhandel
Holzgroßhandel
Fliesenfachhandel

KISLING
Deutschland GmbH

Drillberg
D-97980 Bad Mergentheim
Telefon +49 (0) 791-407 27-0
Telefax +49 (0) 791-407 27-50
E-Mail: dinfo@kisling.com

Mitglied des IVK

Das Unternehmen

Gründungsjahr
2000

Größe der Belegschaft
6

Gesellschafter
1

Stammkapital
100.000 €

Besitzverhältnisse
100 % Tochter von Kisling AG, Wetzikon

Vertriebswege
Direktvertrieb und Handel

Ansprechpartner
Geschäftsführung:
Marcus Gundel

Anwendungstechnik und Vertrieb:
Heiko Haupt

Das Produktprogramm

Strukturklebstoffe
RTV-Silikone
Anaerobe Klebstoffe
Cyanacrylat-Sekundenklebstoffe
MS-Polymere
Epoxidharz-Strukturklebstoffe
Anti-Seize

Klebstofftypen
Reaktionsklebstoffe

Für Anwendungen im Bereich Industrie
Holz-/Möbelindustrie
Elektronik, Elekrotechnik
Maschinen- und Apparatebau
Fahrzeug-, Luftfahrtindustrie
Haushalt, Hobby und Büro
Bau- und Landmaschinen
Medizintechnik
Windkraftanlagen
Transport

BEARDOWADAMS.™
Unique Adhesives - **Collodin**

Klebstoffwerke COLLODIN GmbH
Vilbeler Landstraße 20
D-60386 Frankfurt/M.
Telefon +49 (0) 69-4 01 04-0
Telefax +49 (0) 69-4 01 04-1 15
E-Mail: info@collodin.de
www.collodin.de, www.beardowadams.com

Mitglied des IVK

Das Unternehmen

Gründungsjahr
1875

Größe der Belegschaft
35 Mitarbeiter

Gesellschafter
Beardow & Adams (Adhesives) Ltd.,
UK, (100 %)

Besitzverhältnisse
Tochtergesellschaft von Beardow & Adams
(Adhesives) Ltd, 32 Blundells Road,
Bradville, Milton Keynes, UK, MK13 7HF

Tochterfirmen (von Beardow Adams):
Beardow Adams, Inc., USA,
www.beardowadams.com
Paniker, S. L., Spanien, www.paniker.com
Svenska Lim AB, Schweden,
www.svenskalim.com

Vertriebswege
direkt und Vertretungen

Ansprechpartner
Geschäftsführung:
Jonathan Lowe, Nick Beardow

Prokuristin – Verkaufsleitung:
Janet Pohl, Anwendungstechnik und Vertrieb

Das Produktprogramm

Klebstofftypen
Schmelzklebstoffe
Dispersionsklebstoffe
Kasein-, Dextrin- und Stärkeklebstoffe
Haftklebstoffe

Für Anwendungen im Bereich
Papier/Verpackung/Etikettierung
Buchbinderei/Graphisches Gewerbe
Holz-/Möbelindustrie
Baugewerbe, inkl. Fußboden, Wand und
Decke
Elektronik
Maschinen- und Apparatebau
Fahrzeugindustrie
Non-Woven-Industrie
Filterindustrie
Klebebänder, Etiketten
Hygienebereich

KLEBCHEMIE
M. G. Becker GmbH & Co. KG
Telefon +49 7244 62-0
Telefax +49 7244 700-0
E-Mail: info@kleiberit.com
www.kleiberit.com

Mitglied des IVK

Das Unternehmen

Gründungsjahr
1948

Größe der Belegschaft
ca. 550 weltweit

Niederlassungen
Australien, Brasilien, China, Frankreich,
Indien, Japan, Kanada, Mexiko, Russland,
Singapur, Türkei, UK, Ukraine, USA, Weiß-
russland

Geschäftsführung
Dipl. Phys. Klaus Becker-Weimann
Dr. Achim Hübener

Ansprechpartner
Vertrieb:
Wolfgang Hormuth

Vertriebswege
Industrie – Direktvertrieb
Handwerk – Fachhandel

Weitere Informationen
Spezialist in der PUR Klebstoff-Technologie
Competence PUR

Das Produktprogramm

Klebstofftypen
PUR-Klebstoffe
Reaktive Schmelzklebstoffe (PUR, POR)
Schmelzklebstoffe (EVA, PO, PA)
1K und 2K Reaktionsklebstoffe
(PUR, STP, Epoxy)
PUR-Schaumsysteme
Dispersionsklebstoffe
(Acrylat, EVA, PUR, PVAC)
Dicht- und Monageklebstoffe
Haftklebstoffe
EPI-Systeme
Lösungsmittelhaltige Klebstoffe

Lacksysteme
KLEIBERIT HotCoating® auf Basis PUR
TopCoating auf Basis UV-Lack

Für Anwendungen im Bereich
Holz- und Möbelindustrie
Türen, Fenster, Treppen, Fußböden
Profilummantelung
Bauindustrie inkl. Boden, Wand, Decke
Bau- und Fassadenelemente
Sandwichelemente
Textilindustrie
Autoindustrie
Filterindustrie
Schiff- und Bootsbau
Papier- und Verpackungsindustrie
Buchbinde-Industrie
Oberflächenveredlung

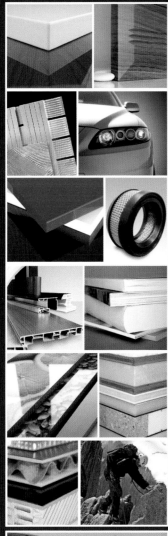

Kömmerling
Chemische Fabrik GmbH
Zweibrücker Straße 200
D-66954 Pirmasens
Telefon +49 (0) 63 31-56-20 00
Telefax +49 (0) 63 31-56-19 99

Mitglied des IVK

Das Unternehmen

Gründungsjahr
1897

Größe der Belegschaft
360 Mitarbeiter

Besitzverhältnisse
Mitglied der Royal
Adhesives & Sealants-Gruppe

Schwesterfirmen
Kömmerling Chimie SARL, Strasbourg (F)
Kommerling UK Ltd., Uxbridge (UK)

Geschäftsführung
C. R. Spalton
B. Helfrich

Vertrieb
Industrieklebstoffe: Dr. Gert Heckmann
Glas: Herbert Haas
Erneuerbare Energien: Ernst Semar

Vertriebswege
BtoB, Handel

Das Produktprogramm

Klebstofftypen
Acrylatbänder
Butyle/Butylbänder
Dispersionsklebstoffe
Haftklebstoffe
Hotmelts
lösemittelhaltige Klebstoffe
MS-Polymere
Polysulfide
Polyurethane
Silikone

Für Anwendungen im Bereich
Automobilindustrie
Bauindustrie
Coil Coating/Bandbeschichtung
Direct Glazing
Fassade
Isolierglas
Leichtbau
Marineanwendungen
Nutzfahrzeugbau
Photovoltaik
Schuhhandwerk
Schuhindustrie
Solarthermie
Structural Glazing
Windkraft

Krahn Chemie GmbH
Grimm 10
D-20457 Hamburg
Telefon +49 (0) 40-3 20 92-0
Telefax +49 (0) 40-3 20 92-3 22
www.krahn.de

Mitglied des IVK

Das Unternehmen

Gründungsjahr
1972

Größe der Belegschaft
170 Mitarbeiter

Gesellschafter
Otto Krahn (GmbH & Co.) KG,
gegründet 1909

Geschäftsführung
Axel Sebbesse
Dr. Rolf Kuropka

Ansprechpartner
Thorben Liebrecht
Telefon +49 (0) 40-3 20 92-2 53

Lieferanten
Baerlocher
Qingdao Bater Chemical
Bostik
Celanese
Dixie Chemical Company
Daiso
ExxonMobil Chemical Central Europe
Gulf Chemical International
Eastman
Ferro
Galstaff
Epaflex
Chromaflo
Akcros
Nanjing SiSiB Silicons
Lord
Oxea
Sinopec
Tosoh

Das Produktprogramm

Rohstoffe
Additive:
Biozide, Pigmente, Pigmentpasten,
Metallseifen, Stabilisatoren, Silane,
Photoinitiatoren

Dispersionen:
Acrylat-Dispersionen
PVAc-Dispersionen
VAE-Dispersionen
Polychloropren-Latex
PVB-Dispersionen

Harze:
gesättigte und ungesättigte Polyesterharze
Kohlenwasserstoffharze

Polymere:
Chloropren Kautschuk (CR)
Chlorosulfoniertes Polyethylen (CSM)
Ethylenvinylacetat (EVA)
Styrolblockcopolymere (SiS, SEB, SBS)
PVB

Reaktivkomponenten:
PU-Prepolymere
Polyole, UV Oligomere
Kettenverlängerer (EH-Diol)
Isocyanate, Epoxidharzhärter

Weichmacher:
Adipate, Benzoate, Citrate, Hexanoa-
te, Trimillitate, Phthalate, Poly Adipate,
Mischungen

Haftvermittler:
Gummi/Metall Haftvermittler

LANXESS Deutschland GmbH

Kennedyplatz 1
D-50569 Köln
Telefon +49 (0) 221-88 85-0
www.lanxess.com

Mitglied des IVK

Das Unternehmen

Der Spezialchemie-Konzern LANXESS mit Sitz in Köln ist seit 2005 an der Börse notiert.

Das Unternehmen beschäftigt rund 16.600 Mitarbeiter und ist weltweit präsent.

Das Geschäftsportfolio gliedert sich in die Segmente:

• High Performance Materials
• Advanced Intermediates
• Performance Chemicals
• ARLANXEO*

Der Umsatz lag 2015 bei rund 7,9 Milliarden Euro.

ARLANXEO* wurde im April 2016 als Gemeinschaftsunternehmen von LANXESS und Saudi Aramco gegründet. Der Konzern ist auf die Entwicklung und Herstellung sowie auf den Vertrieb von Hochleistungskautschuken spezialisiert, die z. B. in der Automobil- und Reifenindustrie, in der Bauwirtschaft sowie in der Öl- und Gasindustrie eingesetzt werden.

Ansprechpartner
Für Baypren® ALX und Levamelt®
Dr. Martin Schneider
ARLANXEO Deutschland GmbH
High Performance Elastomers
Telefon: +49 2133 23096
E-Mail: martin.schneider@arlanxeo.com

Für Biozide:
Dr. Peter Wachtler
Technical Marketing – Industrial Preservation
Telefon: +49 (0) 214-30-3 20 47
Mobil: +49 (0) 175-30-3 20 47
E-Mail: peter.wachtler@lanxess.com

Das Produktprogramm

Roh- und Hilfsstoffe zur Herstellung von Kleb- und Dichtstoffen:

Levamelt® und Baypren® ALX
Hochleistungskautschuke, die aufgrund ihrer speziellen Eigenschaften hervorragend für diverse Anwendungen in der Klebtechnik geeignet sind.

Biozide
Umfangreiches Sortiment von Bioziden unter den Markennamen Preventol® und Metasol®
• Topfkonservierungsmittel für alle wässerigen Klebstoffe
• Filmkonservierungsmittel für die fungizide Ausrüstung von Dichtmassen, Klebstoffen und Fugenmörteln
• Beratung zu mikrobiologischen Problemstellungen

* Mehr Informationen zu ARLANXEO finden Sie auf Seite 26

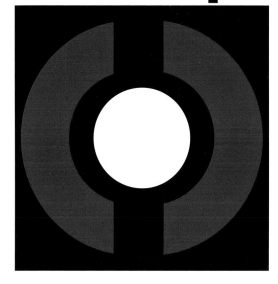

Lohmann GmbH & Co. KG
Irlicher Straße 55
D-56567 Neuwied
Telefon +49 (0) 26 31-34-0
Telefax +49 (0) 26 31-34-66 61
E-Mail: info@lohmann-tapes.com
www.lohmann-tapes.com

Mitglied des IVK

Das Unternehmen

Gründungsjahr
1851

Größe der Belegschaft
ca. 1.800 Mitarbeiter weltweit

Gesellschafter
Lohmann-Verwaltungs-GmbH
D-56504 Neuwied (Komplementärin)
90 Kommanditisten

Ansprechpartner
Geschäftsführung:
Elmar Boeke, Martin Schilcher
info@lohmann-tapes.com

Tochterfirmen
in Europa, USA, Mexiko, China, Korea,
Indien, Thailand

Vertriebswege
Industrie und graphischer Handel

Weitere Informationen
Als einer der wenigen Anbieter von Klebe-
bandlösungen weltweit ist Lohmann in der
Lage, die gesamte Wertschöpfungskette bei
der Produktion und Weiterverarbeitung
von Klebelösungen aus einer Hand anzubieten. Diese reicht von der Formulierung
und Polymerisation von Klebstoffen über die
Beschichtung und Konfektionierung bis hin
zur Erstellung hochwertiger Stanzteile. Lohmann ist auf kundenspezifische Lösungen
spezialisiert und betreut seine Kunden von
der ersten Idee bis zur prozesssicheren,
maschinellen Applikation.

Das Produktprogramm

Klebstofftypen
Individuelle Klebelösungen

Für Anwendungen im Bereich
Papier/Verpackung
Buchbinderei/Graphisches Gewerbe
Holz-/Möbelindustrie
Baugewerbe, Architektur
Fenster, Türen, Verglasungen
Elektronik
Automotive
Textilindustrie
Klebebänder, Etiketten, High-tech Stanzteile
Sicherheitsdokumente
Erneuerbare Energien
Medizintechnik
Hygiene

ielfalt, die sich rundum bezahlt macht

eil Kleben heute in vielen Branchen die smartere Fügetechnik ist.

ız gleich, welchen komplexen Herausforderungen Sie aktuell oder zukünftig begegnen. Mit Lohmann en Sie zuverlässiger, effizienter und wirtschaftlicher. Die Bonding Engineers analysieren Ihre Anfor- ungen, übersetzen die gewünschte Applikation in die passende Klebetechnik und integrieren sie in en Prozess. Auf Basis eines vielfältigen Produktportfolios. Und mit begleitendem Service, der Ihren gfristigen Erfolg sichert.

r bei Lohmann nennen diese Philosophie „Smart Bonding Approach". Nennen Sie es die perfekt .sende Klebelösung für Ihre individuelle Applikation.

chemisch-technischer Produkte

LOOP GmbH
Lohnfertigung und Optimierung
Am Nordturm 5
D-46562 Voerde
Telefon +49 (0) 2 81-8 31 35
Telefax +49 (0) 2 81-8 31 37
E-Mail: mail@loop-gmbh.de

Mitglied des IVK

Das Unternehmen

Gründungsjahr
1993

Geschäftsführer
DI Marc Zick

Produktionsleitung
Jürgen Stockmann

Lohnfertigung folgender Produktgruppen
- Höchstgefüllte Pasten auf Basis unterschiedlichster Bindemittelsysteme
- Polymerformulierungen, 2K-Systeme, wässrig und lösemittelhaltig
- Additiv- und Wirkstoffkonzentrate (flüssig, pastös, pulverförmig)
- Imprägnier- und Formenbauharzsysteme
- Slurries
- Pulvermischungen
- Beladen von Trägermaterialien mit Wirkstoffen
- Effekt-Granulate herstellen + fraktionieren, für technische und optische Anwendungen, Markierungssysteme usw.
- Elektroverguss-, Kabelverguss- und Einzugsmassen usw.

Das Produktprogramm

Loop arbeitet für Partner in den Sektoren
- Kleb- und Dichtstoffindustrie
- Polymer-, Bindemittel-Chemie
- Pigment + Füllstoffhersteller
- Additiv-Industrie
- Bauchemie/Bautenschutz
- Verbundwerkstoffe
- Gießereiindustrie
- Elektronik, Kabelhersteller, Windkraft
- Glasindustrie (funktionelle Produkte)
- Textil-, Papier, Holzausrüster
- Entwicklungs-, Labor- und Beratungsunternehmen
- Große Distributeure usw.

LOOP baut sein KST (Kunden-Service-Technikum) personell und equipmentseitig konsequent weiter aus.

LOOP produziert Silikone-Produkte an einem separaten Standort.

LOOP arbeitet mit Partnern aus dem inländischen, europäischen und außereuropäischen Markt zusammen.

LORD Germany GmbH
Itterpark 8
D-40724 Hilden
Telefon +49 (0) 21 03-25 23 10
Telefax +49 (0) 21 03-25 23 197
E-Mail: monika_schulz@lord.com
www.lord.com/emea

Mitglied des IVK

Das Unternehmen

Gründungsjahr
1924 durch Hugh C. Lord

Größe der Belegschaft
2.800 Mitarbeiter (LORD Corp. weltweit)

**Europäisches Zentrum der
Anwendungstechnik Hilden**

Ansprechpartner in der Anwendungstechnik
LORD Gummi – Metall Haftmittel:
Dr. Csilla Kiss
E-Mail: csilla_kiss@lord.com

LORD Automotive OEM 2K Klebstoffe:
Dipl. Ing. Marcus Lämmer
E-Mail: marcus_laemmer@lord.com

LORD Strukturklebstoffe:
Dipl. Ing. Marcus Lämmer
E-Mail: marcus_laemmer@lord.com

LORD Elastomer Beschichtungen:
Dr. Christiane Stingel
E-Mail: christiane_stingel@lord.com

Weitere Informationen
LORD ist der weltweit führende Hersteller von
Gummi-Metallhaftmitteln und Elastomerbeschich-
tungen für den Automobil-, Industrie- und Luft-
fahrtbereich. Hier kommen sowohl Lösemittel- als
auch wässrige Dispersionsklebstoffe zum Einsatz.
Weitere Schwerpunkte liegen im Bereich kalt-
aushärtender 2K Metall- und Kompositklebstoffe
welche z.B. im Bereich der Automobil-Bördelfalz-
klebung zum Einsatz kommen. Die Produktpalette
wird durch spezielle Elektronikklebstoffe zum
Beschichten, Vergießen oder leitfähigen Kleben
elektronischer Komponenten abgerundet.

Das Produktprogramm

Klebestofftypen
2K Reaktionsklebstoffe
(LORD®, FUSOR®, VERSILOK®)

Lösemittelhaltige Haftmittel
(CHEMLOK®, CHEMOSIL®)

Lösemittelhaltige 1K Reaktionsklebstoffe
(LORD®, CHEMLOK®, FLOCKSIL®)

Wässrige Dispersionsklebstoffe
(CUVERTIN®, SIPIOL®)

Lösemittelhaltige 1K Beschichtungen für die
Luft- und Raumfahrt (AEROGLAZE®)

Für Anwendungen im Bereich
Elektronik:
Vergussmassen, Beschichtungen, Halbleiter-
klebstoffe

Industrie:
Metallklebstoffe, Kompositklebstoffe,
Kunststoffklebstoffe für den Fahrzeugbau,
die Luftfahrtindustrie und Marine

Elastomere: Gummi-Metallklebstoffe,
Flockklebstoffe, Antihaftbeschichtungen

Automobil (OEM): Bördelfalzklebstoffe,
Dämpfungselemente, Magnetrheologische
Flüssigkeiten (MR Fluids)

Luft- und Raumfahrt: 2K (OEM) Strukturklebstoffe,
2K Reparaturklebstoffe, Beschichtungen, Dämpfungselemente, Aktive Schwingungsdämpfer

Das europäische Forschungs- und Entwicklungs-
zentrum in Hilden erarbeitet hierbei kundenspezifische Lösungen in vielen Bereichen
der Klebtechnik und führt Schulungen zu den
verwendeten Klebstoffen durch.

LUGATO
GmbH & Co. KG

Großer Kamp 1
D-22885 Barsbüttel
Telefon (0) 40-6 94 07-0
Telefax (0) 40-6 94 07-1 09+1 10
E-Mail: info@lugato.de
www.lugato.de

Mitglied des IVK

Das Unternehmen

Gründungsjahr
1919

Größe der Belegschaft
ca. 140 Mitarbeiter

Geschäftsführung
Dr. Peter Grahofer
Stephan Bülle

Ansprechpartner
Leitung Technik:
Dr. Konrad Auch

Leitung Vertrieb:
Dr. Peter Grahofer

Vertriebswege
Baumärkte
Baustoffhandel

Das Produktprogramm

Klebstofftypen
Dispersionsklebstoffe
hydraulisch erhärtende Klebstoffe
Reaktionsklebstoffe

Für Anwendungen im Bereich
Do it Yourself
Baugewerbe, inkl. Fußboden, Wand u. Decke

Weitere Produkte
Fliesenklebstoffe
bauchemische Markenartikel, z. B.
Fugenmörtel
Dichtstoffe
Spachtel- und Ausgleichmassen
Reparatur- und Montagemörtel
Polyurethan-Schäume
Dispersionsputze
Spezialanstriche
Grundierungen
Bauwerksabdichtungen
Verlegesystem Marmor + Granit

Mapei
Austria GmbH

Fräuleinmühle 2
A-3134 Nußdorf o. d. Traisen
Telefon +43 (0) 27 83 88 91
Telefax +43 (0) 27 83 88 91-125
E-Mail: office@mapei.at
www.mapei.at

Mitglied des IVK

Das Unternehmen

Gründungsjahr
1980

Größe der Belegschaft
96 Mitarbeiter

Gesellschafter
Mapei SpA, Milano, Italien

Ansprechpartner
Geschäftsführung:
Mag. Andreas Wolf

Verkaufsleitung:
Paul Solczykiewicz

Produktmanager:
Ing. Reinhold Stinzl

Das Produktprogramm

Klebstofftypen
Reaktionsklebstoffe
lösemittelhaltige Klebstoffe
Dispersionsklebstoffe

Dichtstofftypen
Acrylatdichtstoffe
Silicondichtstoffe
Reaktions-Dichtstoffe

Für Anwendungen im Bereich
Baugewerbe, inkl. Fußboden,
Wand u. Decke

merz+benteli ag
more than bonding

Merbenit Gomastit Merbenature

merz+benteli ag
Freiburgstrasse 616
CH-3172 Niederwangen
Telefon +41 (0) 31 980 48 48
Telefax +41 (0) 31 980 48 49
E-Mail: info@merz-benteli.ch
www.merz-benteli.ch

Mitglied des FKS

Das Unternehmen

Gründungsjahr
1918 in Bern als Zulieferer der
Uhrenindustrie

Mitarbeiter
100 Mitarbeiter

Firmenstruktur
Aktiengesellschaft im Familienbesitz

Verkaufskanäle
Direkt und an Verteiler, bzw. Händler

Kontaktpartner
Management:
Simon Bienz, Leiter Marketing & Verkauf

Anwendungstechnik und Verkauf:
Simon Bienz, Leiter Marketing & Verkauf

Weitere Informationen
1958 wurden die ersten Dichtstoffe für
die Elementbauweise auf elastischer 2K-
Polysulfid-Basis produziert. 1K-Polysulfid-
und Silikondichtstoffe folgten 1969. Als
erste europäische Firma entwickelt und
produziert merz+benteli seit 1986 den
dauerelastischen 1K MS-Hybrid-Polymer
Dicht- und Klebstoff. Diese modernen,
emissionsarmen Kleb- und Dichtstoffe auf
Basis Kaneka MS Polymer sind vielseitig
einsetzbar und enthalten weder Isocyanat
noch Lösungsmittel oder Silikon.

Das Produktprogramm

Klebstoffarten
Reaktive Klebstoffe

Dichtstoffarten
MS/SMP Dichtstoffe

Für Anwendung im Bereich
Holz-/Möbelindustrie
Bauindustrie; Böden, Decken und Wände
Elektroindustrie
Maschinen- und Anlagenbau
Fahr- und Flugzeugindustrie
Marineindustrie

Mit der Erforschung und Entwicklung von
Kleb- und Dichtstoffen aus natürlich
nachwachsenden Rohstoffen unternimmt
merz+benteli ag alles, um seinen Kunden
zukunftsweisende, nachhaltige und hochwertige Produkte anbieten zu können.

MICHELMAN®

Michelman Deutschland GmbH
Alte Grenzstraße 153
D-45663 Recklinghausen
Telefon +49 (0) 2361 6605-0
Telefax +49 (0) 2361 6605-55
E-Mail: info@michelman.com

Mitglied des IVK

Das Unternehmen

Gründungsjahr
1949
(Michelman Inc. in Cincinnati, OH, USA)

Größe der Belegschaft
> 400 weltweit

Gesellschafter
S. J. Shifman, J. Rodgers, J.-M. Verhaeghe,
R. I. Michelman, T. Schröder

Besitzverhältnisse
Familien geführtes Unternehmen

Tochterfirmen
USA, Brasilien, Belgien, Deutschland, Indien, China,
Singapur, Japan (JV)

Vertriebswege
Regionale Verkaufsbüros und globales Distributoren
Netzwerk

Ansprechpartner
Marketing und Anwendungen:
Dr. Volker Erb (Industry Manager),
E-Mail: volkererb@michelman.com

Vertrieb:
Ulrich Balke (Regional Sales Manager EMEA),
E-Mail: ulrichbalke@michelman.com

Weitere Informationen
Michelman Produkte verbessern Oberflächeneigenschaften von Beschichtungen und Druckfarben,
machen Verbundstoffe stärker, Klebstoffe einzigartig
und erweitern Papier und Folien durch funktionelle,
ästhetische und Barriere-Eigenschaften. Unser
kompetenter regionaler technischer Kundendienst
unterstützt Sie vor Ort, um zu gewährleisten, dass
unsere Produkte ihre maximale Leistung entfalten.

Michelman liefert...
- Anwendungsfertige und kundenspezifische
  Formulierungen
- Fortschrittlichste nachhaltige Technologie
- Technische Unterstützung für bessere Prozesse
  und höhere Leistung

Das Produktprogramm

Klebstofftypen
Dispersionsklebstoffe

Dichtstofftypen
Acrylatdichtstoffe
PUR-Dichtstoffe
Sonstige

Rohstoffe
Additive: Wachs- und Polymerdispersionen
Polymere: Reinacrylat-, Styrolacrylat-,
Polyvinylacetat-, PU-Dispersionen u. a.

Für Anwendungen im Bereich
Papier/Verpackung
Buchbinderei/Graphisches Gewerbe
Holz-/Möbelindustrie
Baugewerbe, inkl. Fußboden, Wand und Decke
Elektronik
Maschinen- und Apparatebau
Fahrzeug, Luftfahrtindustrie
Textilindustrie
Klebebänder, Etiketten
Hygienebereich
Haushalt, Hobby und Büro

- Globale Ausrichtung um neue Märkte bedienen zu
  können
- Auftragsproduktion zur Erweiterung Ihrer
  Kapazitäten

Ecrylic™, Ecrovin™, Ecrothan™, ProHere® und
Michem® Technologien bieten einen optimalen
Schutz, hervorragende Haltbarkeit und exzellente
Oberflächeneigenschaften für eine Vielzahl von Kleb-
und Dichtstoffen und industriell, sowie handwerklich
verwendeten Spezialbeschichtungen auf Metall,
Beton, Holz und Kunststoff.

Michem® Additive fügen Beschichtungen kritische
Funktionen wie beispielsweise Blockfestigkeit, Ab-
rieb- und Wasserbeständigkeit hinzu. Die Licomer®
Produktlinie bietet modernste Polymerdispersionen
und Wachsemulsionen für Pflege- und Wartungs-
produkte von hoch beanspruchten Oberflächen in
Boden-, Automotiv-, Möbel- und Textilanwendungen.

Minova CarboTech GmbH
Am Technologiepark 1
D-45307 Essen
Telefon +49 (0) 201 80983 500
Telefax +49 (0) 201 80983 9 500
E-Mail: info.de@orica.com
www.minovaglobal.com

Mitglied des IVK

Das Unternehmen

Mutter-Gesellschaft
Orica Ltd, 1st Nicholson Street,
3000 Melbourne, NSW, Australien

ORICA Niederlassungen weltweit
Australien, Chile, China, Deutschland,
Frankreich, Großbritannien, Indien, Italien,
Kanada, Kasachstan, Österreich, Polen,
Rumänien, Russland, Schweden, Schweiz,
Singapur, Spanien, Südafrika, Taiwan,
Tschechische Republik, Türkei, Ukraine, USA

Ansprechpartner
Geschäftsführung:
Michael J. Napoletano, Andreas Humann

Anwendungstechnik und Vertrieb:
Udo Nielbock, (Durchwahl 721,
Mobil +49 (0) 172 266 3741,
E-Mail: udo.nielbock@minovaglobal.com)

Weitere Informationen
Seit mehr als 40 Jahren verfügt Minova über
weltweite Erfahrungen in den Bereichen
Wasserabdichtung, Bodenfestigung,
Gebirgsankerung und Fußbodenklebstoffe.
Wir sind ist ein führender Lieferant von Pro-
dukten und Dienstleistungen für Berg- und
Tunnelbau, Geotechnik, Spezialtiefbau und
Fußbodentechnik. Wir bieten eine umfang-
reiche Produktpalette für:

Das Produktprogramm

Klebstofftypen
Reaktionsklebstoffe

Für Anwendungen im Bereich
Holz-/Möbelindustrie,
Baugewerbe, inkl. Fußboden,
Wand und Decke

- Ankersysteme im Berg- und Tunnelbau
  sowie Spezialtiefbau
- Harzsysteme zur Abdichtung, Gebirgs-
  sicherung und Verfestigung
- Zubehör für Injektions- und Ankertechnik
- Klebstoffe für unterschiedliche Böden und
  Beläge

MÜNZING CHEMIE GmbH
Münzingstraße 2
D-74232 Abstatt

Telefon +49 (0) 71 31-9 87-0
Telefax +49 (0) 71 31-98 72 02
E-Mail: sales.pca@munzing.com
www.munzing.com

Das Unternehmen

Gründungsjahr
1830

Größe der Belegschaft
weltweit ca. 300 Mitarbeiter

Gesellschafter
Familie Münzing

Besitzverhältnisse
Familienbesitz

Tochterfirmen
Münzing North America, Bloomfield, NJ, USA, Münzing Chemie Iberia S.A., Barcelona, Spanien, Münzing International S.a.r.l., Luxemburg, Münzing Micro Technologies GmbH, Elsteraue, Deutschland, Münzing Shanghai Co. Ltd., Shanghai, P.R. China, Magrabar, Morton Grove (IL), USA

Vertriebswege
Direkt und über Vertragshändler.

Ansprechpartner
Anwendungstechnik:
Herr Bissinger
Telefon: 0 71 31-987-174
E-Mail: p.bissinger@munzing.com

Vertrieb:
Herr Dr. Büthe
Telefon: 0 71 31-987-148
E-Mail: sales.pca@munzing.com

Das Produktprogramm

Rohstoffe
Additive

Für Anwendung im Bereich
Papier/Verpackung, inkl. Lebensmittel
Holz-/Möbelindustrie
Baugewerbe, inkl. Fußboden,
Wand und Decke
Elektronik
Maschinen- und Apparatebau
Fahrzeug, Luftfahrtindustrie
Textilindustrie
Klebebänder, Etiketten
Haushalt, Hobby und Büro

www.murexin.com

MUREXIN GmbH
Franz v. Furtenbach Straße 1
A-2700 Wiener Neustadt
Telefon +43 (0) 26 22-27 401-0
Telefax DW: 187
E-Mail: info@murexin.com
www.murexin.com

Mitglied des IVK

Das Unternehmen

Gründungsjahr
1931

Größe der Belegschaft
400 Mitarbeiter

Besitzverhältnisse
Unternehmen der
Schmid Industrie Holding

Tochterfirmen
Ungarn, Slowakei, Tschechien, Polen,
Slowenien, Russland, Frankreich

Vertriebspartner
Deutschland, Bulgarien, Belgien, Estland,
Griechenland, Lettland, Litauen, Island,
Israel, Italien, Rumänien, Kroatien, Schweden,
Schweiz, Serbien, Türkei, Ukraine

Geschäftsführung
Mag. Bernhard Mucherl

Das Produktprogramm

Grundierungen, Haftbrücken
Nivellier-, Füll- und Spachtelmassen
Klebstoffe für PVC, Textil, Linoleum, Kork
und Gummi
Klebstoffe für elektrisch leitfähige Systeme
Klebstoffe für Parkett und Holz
Klebstoffe für Wand und Decke
Parkettlacke, Pflegemittel

Für Anwendungen im Bereich
Bodenlegergewerbe
Tischler- und Zimmereigewerbe
Holz-/Möbelindustrie

NAGASE (EUROPA) GmbH

Immermannstraße 65 c
D-40210 Düsseldorf
Telefon +49 (0) 2 11-8 66 20-0
Telefax +49 (0) 2 11-3 23 70 68
E-Mail: Service@Nagase.de
www.Nagase.de

Mitglied des IVK

Das Unternehmen

Gründungsjahr
1980

Größe der Belegschaft
31 Mitarbeiter

Gesellschafter
Nagase & Co. Ltd., Tokyo, Japan

Stammkapital
1.200.000 €

Besitzverhältnisse
GmbH

Vertriebswege
Büros in London und Budapest

Ansprechpartner
Geschäftsführung:
Mr. Mitsuru Kanno (Geschäftsführer)

Anwendungstechnik und Vertrieb:
Mr. Markus Cichon

Weitere Informationen
Zusätzliche Aktivitäten in den Bereichen:
Feinchemie, Pharmazeutika, Enzymen und
Plastik

Das Produktprogramm

Klebstofftypen
Schmelzklebstoffe
Reaktionsklebstoffe
lösemittelhaltige Klebstoffe
Haftklebstoffe

Dichtstofftypen
Acrylatdichtstoffe
Sonstige

Rohstoffe
Additive
Harze
Lösemittel

Für Anwendungen im Bereich
Papier/Verpackung
Halbleiterindustrie
Fahrzeug, Luftfahrtindustrie

SINCE 1912

Nordmann, Rassmann GmbH
Kajen 2
D-20459 Hamburg
Telefon +49 (0) 40 36 87-0
Telefax +49 (0) 40 36 87-412
E-Mail: info@nrc.de
www.nrc.de

Mitglied des IVK

Das Unternehmen

Gründungsjahr
1912

Größe der Belegschaft
330

Geschäftsleitung
Edgar E. Nordmann, Irina Zschaler,
Dr. Gerd Bergmann, Carsten Güntner

Tochterunternehmen
Bulgarien, Frankreich, Italien, Österreich,
Polen, Portugal, Rumänien, Schweden, Schweiz,
Serbien, Slowakei, Slowenien, Tschechien, Türkei,
Ungarn

Ansprechpartner
Vertrieb: Henning Schild
Telefon: +49 (0) 40-36 87- 248
Telefax: +49 (0) 40-36 87- 72 48
E-Mail: henning.schild@nrc.de

Technik: Michael Herrmann
Telefon: +49 (0) 40-36 87- 463
Telefax: +49 (0) 40-36 87- 7463
E-Mail: michael.herrmann@nrc.de

Weitere Informationen
Globales Denken und lokales Handeln – das ist
die Basis für eine erfolgreiche internationale
Distribution. Als mehr als 100-jähriges Familien-
unternehmen ist NRC geprägt von Tradition,
Weltoffenheit und Pioniergeist. Innovative
Kompetenz und Zuverlässigkeit gegenüber seinen
Partnern zeichnen den Stammsitz in Hamburg
und seine 15 Tochterunternehmen aus. Die
NRC-Gruppe beliefert als international agierender
Distributor von chemischen und natürlichen
Roh- und Zusatzstoffen sowie Spezialchemikalien
unterschiedliche Branchen wie die Kosmetik-, Rei-
nigungs-, Pharma-, Lebensmittel-, Bau-, Farbe-,
Lack-, Klebstoff-, Kunststoff-, Kautschuk- und
Polyurethanindustrie

Das Produktprogramm

Rohstoffe
Additive: Antioxidantien/Stabilisatoren, Cellu-
loseether, Dispersionspulver, Entschäumer,
PVA, Verdicker, Polyolefinwachse (PE/PP) und
Copolymere, Stärkeether, Tenside, Pigmente,
Rheologieaddititve, Kohlefasern, PE-Emulsionen,
Schlagzähmodifikatoren

Polymere: Styrolblockcopolymere (SBS,
SEBS, SEP, SIS, SIBS), Isoprenkautschuk (IR),
Chloroprenkautschuk (CR)

Harze: Hydrierte und nicht-hydrierte Kohlenwasserstoffharze, Kolophoniumharze und Kolo-
phoniumharzester, Epoxidharze und -härter

Reaktivkomponenten: Polyetherpolyole, Polyesterpolyole, PTMEG, Polycaprolactone, Isocyanate
(MDI)

Weichmacher: Prozessöle - paraffinische,
naphthenische und „gas-to-liquid"

Dispersionen: Styrolbutadien, Styrolacrylat,
Acrylat, Vinylbased Emulsions, Polyurethan,
Chloroprene, Isoprene

Für Anwendungen im Bereich
Baugewerbe, inkl. Fußboden, Wand u. Decke
Buchbinderei/Graphisches Gewerbe
Elektronik
Fahrzeug-, Luftfahrtindustrie
Haushalt, Hobby und Büro
Holz-/Möbelindustrie
Hygienebereich
Klebebänder, Etiketten
Papier/Verpackung
Textilindustrie

Nynas GmbH

Marktplatz 6
D-40764 Langenfeld / Rheinland
E-Mail: thorsten.wolff@nynas.com
www.nynas.com / naphthenics

Mitglied des IVK

Das Unternehmen

Gründungsjahr
1983

Größe der Belegschaft
10

Gesellschafter
Nynas AB Stockholm

Stammkapital
76.693 €

Besitzverhältnisse
Nynas AB

Vertriebswege
Eigene Niederlassungen weltweit
(30 Büros)

Ansprechpartner
Geschäftsführer:
Dr. Ingo Nösler

Anwendungstechnik und Vertrieb:
Jan-Peter Laabs
Thorsten Wolff
Nina Lülsdorf

Das Produktprogramm

Für Anwendungen im Bereich
Hotmelts, Hygienebereich
Automotive Industry
Klebebänder, Etiketten
Papier / Verpackung
Textilindustrie
Baugewerbe, inkl. Fußboden, Wand u. Decke
Haushalt, Hobby und Büro

Omya GmbH

Poßmoorweg 2
D-22301 Hamburg
Telefon +49 (0) 221-37 75-0
Telefax +49 (0) 221-37 75-390
E-Mail: building.de@omya.com
www.omya.de

Mitglied des IVK

Das Unternehmen

Größe der Belegschaft
ca. 100 Mitarbeiter

Besitzverhältnisse
100 % Tochter der Omya AG

Ansprechpartner
Gabriele Bender

Für Anwendungen im Bereich
Papier/Verpackung
Buchbinderei/Graphisches Gewerbe
Holz/Möbelindustrie
Baugewerbe, inkl. Fußboden,
Wand und Decke
Fahrzeug-/Luftfahrt-/Textilindustrie
Dichtstoffe
Elektronik
Klebebänder, Etiketten
Haushalt, Hobby, Büro

Das Produktprogramm

Rohstoffe
Additive:
Dispergieradditive für wässrige Systeme
Rheologiehilfsmittel (PU-/Acrylatverdicker,
Bentonit, Sepiolit)
Feuchtefänger (Calciumoxid)
Wachse (mikronisiert)
Flüssiges EPDM
Triacetin (Weichmacher)
Fettsäuren (destilliert, fraktioniert)
Fettalkohole
Bromierte Flammschutzaddition

Füllstoffe:
Calciumcarbonat (GCC, MCC, PCC),
Dolomit

Funktionelle Füllstoffe:
Ultrafeine PCC
Leichtfüllstoffe
Kaolin, Glimmer, Grafit
Mineralischer Flammschutz
(ATH MDH, Zinkborat, Zinkstannat)

Polymere:
Polyvinylalkohol (PVA)
Polyvinylbutyral (PUB)
Styrol-Butadien Rubber (SBR)
Polychloropren (CR)
Duromere (Epoxidharze, Reaktivverdünner,
Härter)
Dispersionen (Acrylat-/Styrolcorylat,
Ninylacetat (co) polymere

Organik Kimya Netherlands B.V.
Chemieweg 7
3197KC Rotterdam-Botlek
Telefon +31 10 295 48 207
Telefax +31 10 295 48 29
E-Mail: organik@organikkimya.com
www.organikkimya.com

Mitglied des IVK

Das Unternehmen

Gründungsjahr
1924

Größe der Belegschaft
500 Mitarbeiter

Gesellschafter
100 % im Familienbesitz

Besitzverhältnisse
100 %

Tochterfirmen
Vertretungen weltweit, Produktionsstandorte in den Niederlanden und Türkei

Vertriebswege
Direktvertrieb
Vertretungen weltweit

Geschäftsführung
Stefano Kaslowski
Simone Kaslowski

Anwendungstechnik und Vertrieb
Oguz Kocak
Telefon (01 73) 652 22 59
E-Mail: o_kocak@organikkimya.com

Das Produktprogramm

Klebstofftypen
Dispersionsklebstoffe
Haftklebstoffe

Dichtstofftypen
Acrylatdichtstoffe

Rohstoffe
Polymere
wässrige Dispersionen:
Acrylat-Dispersionen
Styrolacrylat-Dispersionen
Vinylacetat-Polymere

Für Anwendungen im Bereich
Papier/Verpackung
Buchbinderei/Graphisches Gewerbe
Holz-/Möbelindustrie
Baugewerbe, inkl. Fußboden, Wand u. Decke
Textilindustrie
Klebebänder, Etiketten

Dichtstoffe • Klebstoffe

OTTO-CHEMIE
Hermann Otto GmbH
Krankenhausstraße 14
D-83413 Fridolfing
Telefon +49 (0) 86 84-908-0
Telefax +49 (0) 86 84-908-539
E-Mail: info@otto.chemie.de
www.otto-chemie.de

Mitglied des IVK

Das Unternehmen

Geschäftsführung
Johann Hafner
Matthias Nath

Größe der Belegschaft
410 Mitarbeiter

Ansprechpartner
Anwendungstechnik:
Nikolaus Auer
Telefon +49 (0) 86 84-908-456
E-Mail: nikolaus.auer@otto-chemie.de

Vertrieb
Vertriebsleiter Industrie:
Marc Wüst   -521

Das Produktprogramm

Dicht- und Klebstoff-Typen
1K- und 2K-Silicone
1K- und 2K-Polyurethane
MS-Hybrid-Polymere
silanterminierte Polymere
Acrylate
Hotmelt

Anwendungen im Bereich
Fahrzeugbau, Schiene, Schiffsbau,
Caravan, Aufbauten
Luft- und Raumfahrt
Elektrotechnik, Hausgeräte,
Kochmulden, Backöfen
Elektronik- und Kabel-Industrie
Glasindustrie, -fassaden, Isolierglas,
Aquarienbau
Metall, Fenster- und Türrahmen
Containerbau
Klima-, Heizungs-, Lüftungstechnik
Holz, Möbel, Sandwich-Elemente
Fußbodenbeläge
Kunststoffbau
Reinräume
Photovoltaik-Module
Warmwasser-Module
Trennwände
Fertighausbau, -garagen
Beschichtungen auf Textilien
Leuchtensysteme

Panacol-Elosol GmbH
Daimlerstraße 8
D-61449 Steinbach/Taunus
Telefon +49 (0) 61 71-62 02-0
Telefax +49 (0) 61 71-62 02-5 90
E-Mail: info@panacol.de
www.panacol.de
Ein Unternehmen der Hönle Gruppe

Mitglied des IVK

Das Unternehmen

Gründungsjahr
1978

Größe der Belegschaft
mehr als 75 Mitarbeiter

Gesellschafter
Panacol AG, Zürich

Stammkapital
250.000 €

Geschäftsführung
Florian Eulenhöfer

Vertriebswege
Direkt über eigenen Außendienst in
Deutschland
Vertriebspartner weltweit

Zertifiziert nach DIN EN 9001 : 2008

Das Produktprogramm

Klebstofftypen
Reaktionsklebstoffe
Anaerobe Klebstoffe
Cyanacrylate
Hochtemperatur-Klebstoffe
leitfähige isotrope und anisotrope
Klebstoffe
UV- und lichthärtende Epoxid- und Acrylat-
klebstoffe
Silikone
Strukturklebstoffe
1K- u. 2K-Epoxidharze

Für Anwendungen im Bereich
Elektronik/Elektrotechnik
Chip-Verguss
Maschinen- und Apparatebau
Fahrzeug-, Luftfahrtindustrie
Optik
Medizintechnik
Display-Laminierung

PCI Augsburg GmbH

Piccardstraße 11
D-86159 Augsburg
Telefon +49 (0) 8 21 59 01-0
Telefax +49 (0) 8 21 59 01-372
E-Mail: pci-info@basf.com

Mitglied des IVK

Das Unternehmen

Gründungsjahr
1950

Größe der Belegschaft
8oo Mitarbeiter

Eigentumsverhältnis
PCI Augsburg GmbH ist eine Tochter-
gesellschaft der BASF – The Chemical
Company

Tochtergesellschaften
Details siehe Webseite

Vertriebswege
indirekt/über Vertriebshändler

Kontaktpartner
Management:
siehe Webseite

Anwendungstechnik und Vertrieb:
siehe Webseite

Weitere Informationen
siehe Webseite

Das Produktprogramm

Klebstoffarten
Reaktivklebstoffe
Dispersionsklebstoffe

Dichtstoffarten
Acryldichtstoffe
PUR-Dichtstoffe
Silikondichtstoffe

Ausrüstung, Anlagen und Bauteile
zum Fördern, Mischen, Dosieren und
für Klebstoffanwendungen

**Für Anwendungen in folgenden
Bereichen:**
Baugewerbe, inkl. Fußboden, Wand u. Decke

Paramelt B.V.
Costerstraat 18
NL-1704 RJ Heerhugowaard Niederlande
Telefon +31 (0)72 5750600
Telefax +31 (0)72 5750699
E-Mail: info@paramelt.com
www.paramelt.com

Mitglied des VLK

Das Unternehmen

Gründungsjahr
1998

Größe der Belegschaft
400

Gesellschafter
in Privatbesitz

Tochterfirmen
Paramelt Veendam B.V.; Paramelt USA Inc.;
Paramelt Specialty Materials (Suzhou) Co., Ltd

Vertriebswege
Europäische Verkaufsbüros in Deutschland,
Schweden, Niederlande, VK, Frankreich und
Portugal und ein Netzwerk von spezialisierten
Distributoren.

Ansprechpartner
Geschäftsführung:
BU Verpackung: Neill Dutton
BU Bau und Montage: Wim van Praag

Über Paramelt
Paramelt wurde 1898 gegründet und hat sich
im Laufe der Jahre zu einem weltweit führenden
Spezialisten für wachsbasierte Materialien und
Klebstoffe entwickelt.
Paramelt agiert global inzwischen mit 7 Produk-
tionsstandorten in den Niederlanden, USA und
in China. Das Unternehmen verfolgt durch eine
Reihe globaler Geschäftseinheiten einen struk-
turierten Ansatz um seine Schlüsselmärkte, wie
Verpackung sowie Bau & Montage, zu bearbeiten.
Für diese Märkte bieten wir eine umfassende
Auswahl an Wachsen, wasserbasierten Klebstoffen, Hotmelts, PSA-Klebstoffen, wasserbasierten funktionellen Beschichtungen und lösemittel-
basierten PU-Klebstoffen, an.
Betreut von sowohl regionalen Verkaufsbüros als
auch einem umfassenden Netzwerk von Vertriebs-
partnern, können sich unsere Kunden sicher

Das Produktprogramm

Klebstofftypen
Schmelzklebstoffe
Reaktionsklebstoffe
lösemittelhaltige Klebstoffe
Dispersionsklebstoffe
pflanzliche Klebstoffe, Kasein-, Dextrin- und
Stärkeklebstoffe
Haftklebstoffe
Heißsiegelbeschichtungen

Dichtstofftypen
Sonstige

Für Anwendungen im Bereich
Papierverarbeitung/(Flexible) Verpackung/
Etikettierung usw.
Bau: Sandwichelemente, Dach und Fassade
Industriemontage

sein, den bestmöglichen lokalen Service und eine
umfassende Unterstützung zu erhalten.
Wir verfügen über ein umfangreiches Know-how
im Bereich der Formulierung und Entwicklung von
Klebstoffen und funktionellen Beschichtungen was
uns ermöglicht, auch kritische Maschinen- und An-
wendungsanforderungen erfolgreich zu meistern.
Das Unternehmen hat ein umfangreiches Wissen
von Leistungsaspekten aufgebaut, das genutzt
wird um unsere Produkte so effektiv wie möglich
auf allen Stufen der Wertschöpfungskette zu
gestalten.
Unsere Produkte werden in unseren lokalen Laboratorien durch umfangreiche anwendungstech-
nische Verfahren und analytische Testmethoden
abgesichert und unterstützen uns dabei, beste
Produktlösungen für Ihre Anwendung zu finden.
Aufbauend auf einer Tradition der Partnerschaft und
des Vertrauens, können wir Ihnen durch ein detail-
liertes Wissen, das wir uns über 100 Jahre erarbeitet
haben, echte Vorteile für Ihren Betrieb bieten.

PLANATOL WETZEL

Planatol Wetzel GmbH
Fabrikstraße 30 – 32
D-83101 Rohrdorf
Telefon +49 (0) 80 31- 7 20-0
Telefax +49 (0) 80 31- 7 20-1 80
E-Mail: info@planatol.de
www.planatol-wetzel.de

Niederlassung Herford:
Hohe Warth 15 – 21
D-32052 Herford
Telefon +49 (0) 52 21- 77 01-0
Telefax +49 (0) 52 21- 715 46

Mitglied des IVK

Das Unternehmen

Gründungsjahr
1932

Größe der Belegschaft
100 Mitarbeiter

Gesellschafter
Planatol Holding GmbH

Geschäftsführung
Robert Alber
Hans Mühlhauser

Vertriebsleitung
Robert Alber

Vertriebswege
Eigener Außendienst
Grafischer Fachhandel
Auslandsvertretungen weltweit
Niederlassungen im Ausland

Das Produktprogramm

Klebstofftypen
Dispersionen
Hotmelts
PUR-Klebstoffe
Harnstoffharze & Härter
Spezialklebstoffe

Für Anwendungen im Bereich
Grafische Industrie
Buchbinderei
Print Finishing
Verpackungsindustrie
Holz- & Möbelindustrie

Weitere Produkte der Firmengruppe
Klebstoffauftragssysteme für den Akzidenz-,
Tief-, Zeitungs- und Digitaldruck
Klebstoffauftragssysteme für Heißleim- und
Kaltleimanwendungen
Copybinder und Zubehör

POLY-CHEM AG
Chemiepark Bitterfeld-Wolfen
OT Greppin · Farbenstraße, Areal B,
D-06803 Bitterfeld-Wolfen
Telefon +49 (0) 34 93 - 7 54 00
Telefax +49 (0) 3493 - 7 52 05
E-Mail: contact@polychem.de
www.poly-chem.de

Mitglied des IVK

Das Unternehmen

Gründungsjahr
2000

Größe der Belegschaft
50 Mitarbeiter

Vertriebswege
Direktvertrieb zu Industriekunden

Vorstand
Dr. Jörg Dietrich

Ansprechpartner
Anwendungstechnik und Vertrieb:
Dr. Jörg Dietrich
Dr. Jan Marten

Weitere Informationen
Lohnsynthesen, Lohnformulierungen

Das Produktprogramm

Klebstofftypen
lösemittelhaltige Haftklebstoffe
lösemittelfreie Acrylathaftschmelzklebstoffe

Rohstoffe
Additive:
Vernetzer, Weichmacher, Polyacrylate

Polymere:
Polyacrylate

Für Anwendungen im Bereich
Klebebänder, Etiketten, Schutzfolien

Polymere Technologien

Polytec PT GmbH
Polymere Technologien
Polytec-Platz 1 – 7
D-76337 Waldbronn
Telefon +49 (0) 72 43-6 04-4000
Telefax +49 (0) 72 43-6 04-4200
E-Mail: info@polytec-pt.de
www.polytec-pt.de

Mitglied des IVK

Das Unternehmen

Geschäftsführung
Achim Wießler

Ansprechpartner:
Vertrieb:
Dirk Schlotter
Manuel Heidrich

Anwendungstechnik:
Jörg Scheurer

Weitere Informationen

Die Polytec PT GmbH entwickelt, fertigt und
vertreibt Spezialklebstoffe für Anwendungen
in der Elektronik, Elektrotechnik, Medizintechnik und Optik.

Die Produkte finden unter anderem Anwendung für die elektrische Kontaktierung
von elektronischen Bauelementen (z. B.
Chipmontage, Smart Card Herstellung, EMV
Abschirmung), dem Verguß von Temperatur-
sensoren oder dem Kleben von optischen
Fasern (z. B. Endoskope). Neben einer umfangreichen Palette an Standardprodukten
entwickelt und fertigt Polytec PT kundenspezifische Klebstoffe, die für spezielle
Anforderungen maßgeschneidert werden.

Polytec PT, zertifiziert nach ISO 9001:2008
ist eine Tochtergesellschaft der Polytec
GmbH, einem weltweit führenden Hersteller
optischer Messsysteme.

Das Produktprogramm

Das Produktportfolio umfasst elektrisch
und/oder thermisch leitfähige Klebstoffe,
transparente Klebstoffe für Optik und Faser-
optik, UV-härtbare Klebstoffe auf Basis von
Epoxidharzen, Acrylaten und Polyurethanen.

Klebstofftypen
Epoxidklebstoffe
Acrylate, Cyanacrylate, Methacrylate
Anaerobe Klebstoffe
Klebstoff-Filme und -Preforms
UV-härtende Klebstoffe
Keramische Hochtemperaturklebstoffe

Für Anwendungen im Bereich
Elektronik
Fahrzeug-, Luftfahrtindustrie
Medizintechnik
Telekommunikation
Bootsbau
Flugzeugbau
Maschinenbau

PRHO-CHEM GmbH

Dohlenstraße 8
D-83101 Rohrdorf-Thansau
Telefon +49 (0) 80 31-3 54 92-0
Telefax +49 (0) 80 31-3 54 92-29
E-Mail: info@prho-chem.de
www.prho-chem.de

Mitglied des IVK

Das Unternehmen

Gründungsjahr
1994

Gesellschafter
Privatbesitz

Geschäftsführung
Otto Kleinhanß

Das Produktprogramm

Klebstofftypen
Schmelzklebstoffe
Dispersionsklebstoffe
Glutinleime
Haftklebstoffe
Reaktionsklebstoffe

Für Anwendungen im Bereich
Papier/Verpackung
Graphisches Gewerbe
Klebebänder, Etiketten
Hygienebereich
industrielle Anwendungen

RAMPF
Polymer Solutions

Robert-Bosch-Straße 8-10
D-72661 Grafenberg
Telefon +49 (0) 7123 9342-0
Telefax +49 (0) 7123 9342-2444
E-Mail: polymer.solutions@rampf-gruppe.de
www.rampf-gruppe.de

Mitglied des IVK

Das Unternehmen

Gründungsjahr
1985

Gesellschafter
RAMPF Holding, Grafenberg

Besitzverhältnisse
Privatbesitz

Tochterfirmen
RAMPF Machine Systems,
RAMPF Production Systems,
RAMPF Composite Solutions,
RAMPF Eco Solutions,
RAMPF Tooling Solutions

Ansprechpartner
Geschäftsführung:
Dr. Klaus Schamel

Anwendungstechnik und Vertrieb:
Martin Hämmerle
(Leiter Anwendungstechnik),
Dr. Frank Birkelbach
(Leiter Vertrieb International)

Weitere Informationen
RAMPF Polymer Solutions ist ein führender
Entwickler und Hersteller von reaktiven
Kunststoffsystemen auf Basis von Polyu-
rethan, Epoxid und Silikon. Das Produkt-
portfolio umfasst flüssige wie thixotrope
Dichtungssysteme, Elektrogießharze und
Konstruktionsgießharze, Kantenverguss-
systeme, Filtervergusssysteme sowie
Klebstoffe. Neben unserem breiten Produkt-
portfolio bieten wir einen entscheidenden

Das Produktprogramm

Klebstofftypen
Reaktionsklebstoffe (PUR, Epoxid, Silikon)
Dichtungsmassen
Schmelzklebstoffe
Gießharze

Für Anwendungen im Bereich
Holz-/Möbelindustrie
Baugewerbe, inkl. Fußboden, Wand
und Decke
Elektronik
Sandwichelemente
Maschinen- und Apparatebau
Fahrzeug, Luftfahrtindustrie

Mehrwert: unsere Serviceleistungen. Weltweit beraten unsere Experten fachkundig
zu Technik und Produktapplikation mit dem
Ziel, hochqualitative, exakt auf Kundenbe-
dürfnisse zugeschnittene Polymersysteme
zu entwickeln und zu produzieren.

Ramsauer GmbH & Co KG
Sarstein 17
A-4822 Bad Goisern
Telefon +43 (0) 61 35-82 05
Telefax +43 (0) 61 35-83 23
E-Mail: office@ramsauer.at
www.ramsauer.at
Mitglied des IVK

Das Unternehmen

Gründungsjahr
1875

Gesellschafter
Privatbesitz

Weitere Informationen
Firmengeschichte:
Als er 1875 einen kleinen Kreidebruch in der
Nähe von Bad Goisern kaufte, besaß Ferdinand
Ramsauer bereits all jene Fähigkeiten, die für er-
folgreiche Menschen charakteristisch sind: Er war
innovativ, durchsetzungsstark und zielorientiert.
Knapp 20 Jahre später hatte er den Abbau bereits
um das Hundertfache gesteigert und die »Ischler
Bergkreide« zu einem Markenprodukt gemacht.
Ferdinand und sein Sohn Josef Ramsauer – der
eigentliche Namensgeber des Unternehmens
– dürfen aus heutiger Sicht wohl zu Recht als
Marketingpioniere bezeichnet werden. Von
Beginn an diente die Bergkreide – neben vielem
anderen – hauptsächlich zur Erzeugung von Glaserkitt. Wurde ursprünglich noch an die Hersteller
dieses wichtigen Dichtstoffes geliefert, so begann
die Firma Ramsauer 1950 Glaserkitt selbst zu
erzeugen. Die Entwicklung vom reinen Bergbau-
betrieb zum Produzenten von Dichtstoffen war
vollzogen. Mit der Entwicklung der Thermofenster
wurden neue, plastische und elastische Dichtstoffe benötigt. Diese ersten modifizierten Kitte
entwickelte die Firma Ramsauer bereits in den
Fünfzigerjahren. Später wurden die ersten wasserlöslichen Produkte, die sogenannten Acrylate,
entwickelt. Das Unternehmen startete 1972 mit
der Produktion von Dichtstoffen auf Silikonbasis,
1976 mit der Herstellung von PU-Schaum. Ein eigenes Patent für 2-Komponenten-Systeme wurde
1998 registriert. Heute stellt unsere Firma eine

Das Produktprogramm

Klebstofftypen
Reaktive Klebstoffe
(1 und 2 Komponententypen) als lösemittelbasierte Klebstoffe und Dispersionsklebstoffe, sowie silanterminierte Klebstoffe

Dichtstofftypen
Acrylbasierte Dichtstoffe, Butyldichtstoffe,
Silikondichtstoffe, Polyurethanbasierte
Dichtstoffe, silanterminierte Dichtstoffe

Für Anwendungen im Bereich
Holz/Möbelindustrie
Baubranche inklusive Boden,
Wand- und Deckenbeschichtungen
Maschinen- und Anlagenbau
Kraftfahrzeug und Luftfahrtindustrie
Reinraum und Medizinanwendungen
Haushalt, Freizeit und Büro

Vielzahl an qualitativ hochwertige Dichtstoffen,
Industrieklebern, PU-Schäumen und Spezialprodukten her und vertreibt diese in vielen Ländern
dieser Erde. Vieles hat sich in den 135 Jahren
verändert, doch das Grundlegende ist geblieben:
der Weitblick und die Innovationsfreude der
Marke Ramsauer.

Renia-Gesellschaft mbH
Ostmerheimer Straße 516
D-51109 Köln
Telefon +49 (0) 2 21-63 07 99-0
Telefax +49 (0) 2 21-63 07 99-50
E-Mail: info@Renia.com
www.Renia.com

Mitglied des IVK

Das Unternehmen

Gründungsjahr
1930

Gesellschafter
Familie Buchholz

Geschäftsführung
Heinz Buchholz

Ansprechpartner
Anwendungstechnik:
Dr. Julian Grimme

Vertrieb:
Dipl. Chem. Heinz Buchholz

Export:
Dr. Rainer Buchholz

F&E:
Dr. Martin Buchholz
Niederlassung:
Renia-USA Inc. Norcross (Atlanta) GA

Vertriebswege
Eigener Außendienst in Deutschland
Agenturen und Importeure weltweit

Das Produktprogramm

Klebstofftypen
lösemittelhaltige Klebstoffe
Dispersionsklebstoffe
2-K-Reaktionsklebstoffe

Für Anwendungen im Bereich
Maschinen- und Apparatebau
Haushalt, Hobby und Büro
Schuhindustrie
Schuhreparatur
Orthopädietechnik
Kunststoffverarbeitung
Anlagenbau

Rhenocoll-Werk e.K.
Beschichtungen und Klebstoffe

Kompetenz-Centrum
Erlenhöhe 20
D-66871 Konken
Telefon +49 (0) 63 84-99 38-0
Telefax +49 (0) 63 84-99 38-1 12
E-Mail info@rhenocoll.de

Mitglied des IVK

Das Unternehmen

Gründungsjahr
1948

Geschäftsführung
Werner Zimmermann

Vertrieb
Weltweiter Vertrieb durch Niederlassungen und Importeure

Vertriebswege
Industrie und Handel

Das Produktprogramm

Klebstofftypen
Schmelzklebstoffe
lösemittelhaltige Klebstoffe
Dispersionsklebstoffe
Haftklebstoffe

Für Anwendungen im Bereich
Papier/Verpackung
Holz-/Möbelindustrie
Baugewerbe, inkl. Fußboden, Wand u. Decke
Haushalt, Hobby und Büro

Weitere Produkte
Holzlacke und Beizen
Lasuren
Holzschutzprodukte
Speziallösungen
PVC-Beschichtungen
Metallbeschichtung
Glasbeschichtung

RUDERER KLEBETECHNIK GMBH
Harthauser Str. 2
D-85604 Zorneding (München)
Telefon +49 (0) 81 06-24 21-0
Telefax +49 (0) 81 06-24 21-19
E-Mail: info@ruderer.de
www.ruderer.de + www.technicoll.de

Mitglied des IVK

Das Unternehmen

Gründungsjahr
1987

Größe der Belegschaft
> 30 Mitarbeiter

Gesellschafter
100 % im Familienbesitz

Marke
technicoll

Vertriebswege
Direktvertrieb und Außendienstmitarbeiter
für Industrie und Handwerk
Vertrieb über den Technischen Handel
Vertriebspartner in Österreich, Schweiz,
Italien, Spanien, Niederlande

Ansprechpartner
Geschäftsführung:
Irene und Volker Ruderer

Geschäftsleitung:
Technik: Dipl.-Ing. (FH) Jens Ruderer ppa.
Bereich technicoll:
Dipl-BW (FH) Petra Ruderer ppa.

Abteilung Anwendungstechnik nur über
Telefonzentrale: 0 81 06 - 24 21-0 und über
beratung@ruderer.de

Weitere Informationen
RUDERER KLEBETECHNIK GMBH bietet
unter der renommierten Marke technicoll
ein umfangreiches und technisch äußerst
anspruchsvolles Klebstoff-Sortiment für
Industrie und Technischen Handel an.

Das Produktprogramm

Klebstofftypen
Reaktionsklebstoffe, Lösemittelhaltige
Klebstoffe, Dispersionsklebstoffe , Schmelz-
klebstoffe, Haftklebstoffe, Cyanacrylate,
Klebebänder

Dichtstofftypen
Acrylatdichtstoffe, PUR-Dichtstoffe, Silikondichtstoffe, MS/SMP-Dichtstoffe, Sonstige

Für Anwendungen im Bereich
Kernkompetenzen:
Kunststoffklebung, Flächenklebung,
Metallklebung

weitere Kompetenzen:
Automotive/Transportation, Elektro und
Elektronik, Sonderfahrzeugbau, Caravan/
Wohnmobile, Polster-/Weichschaum-
klebung, Formenbau, Hartschaumplatten,
Laden-/Möbelbau, Holzverarbeitung,
Schiff-/Bootsbau, Lüftungs-/Klimatechnik,
Verpackungen, Schuh-/Lederverarbeitung,
Maschinenbau, Geräte und Zubehör

Grundstein für den Erfolg der Marke technicoll ist die konsequente Verwendung ausschließlich hochwertiger Rohstoffe bei der
Herstellung der Produkte. Die gezielte Anpassung der Rezepturen durch die Entwicklungs-
ingenieure liefert Premium-Produkte, die bei
professionellen Anwendern gefragt sind. Die
Kombination aus technischem Know how und
individueller Beratungsqualität ist entscheidender Wettbewerbsvorteil von technicoll®.

WIR FINDEN
EINE LÖSUNG FÜR SIE
Premium-Klebelösungen für Anwendungen
in Industrie und Handwerk

RÜTGERS
Novares GmbH

Varziner Straße 49
D-47138 Duisburg
Telefon +49 (0) 2 03-42 96-02
Telefax +49 (0) 2 03-42 25 51
E-Mail: resins@raincarbon.com
www.novares.de

Mitglied des IVK

Das Unternehmen

Gründungsjahr
1849 – Rütgerswerke AG
durch Julius Rütgers

Größe der Belegschaft
148 Mitarbeiter

Ansprechpartner
Geschäftsführer:
Uwe Holland

Direktor Marketing Sales:
Thomas Reisenauer

Leiter Anwendungstechnik:
Dr. Jun Liu

Sales Manager Klebstoffe:
Mai Doan

Vertriebswege
Klebrohstoffe in Deutschland
direkt
Klebrohstoffe im Ausland
über Vertretungen, Adressen auf Anfrage

Das Produktprogramm

Rohstoffe
Harze:
aromatische Kohlenwasserstoff-Harze
aliphatisch modifizierte aromatische
Kohlenwasserstoff-Harze
Inden-Cumaron-Harze
Harze auf Basis reiner Monomere
phenol-modifizierte Harze
Spezialflüssigharze

Für Anwendungen im Bereich
Schmelzklebstoffe
Dispersionsklebstoffe
Lösemittelklebstoffe
Reaktionsklebstoffe
Dicht-, Dämm- und Dämpfstoffe

Weitere Informationen
Fertigung (Batch oder kontinuierlich) für
„maßgeschneiderte" Harze zur Herstellung
individueller Klebstoffe
Vielfältige Liefermöglichkeiten in unter-
schiedlichen Gebindeformen:
Festharze
Flüssigharze
Heißflüssig-Schmelze
als Stückgut, im TKW oder Container

SABA Dinxperlo BV

Industriestraat 3
NL-7091 DC Dinxperlo
Telefon + 31 (0) 3 15 65 89 99
Telefax + 31 (0) 3 15 65 32 07
E-Mail: sabadinxperlo@saba-adhesives.com
www.saba-adhesives.com

Mitglied des VLK

Das Unternehmen

Gründungsjahr
1933

Größe der Belegschaft
160 Mitarbeiter

Gesellschafter
Herr R. J. Baruch
Herr W. F. K. Otten

Tochterfirmen
SABA Bocholt GmbH
SABA Polska SP. z o.o.
SABA North America LLC
SABA Pacific
SABA China

Geschäftsführung
Herr W. de Zwart

Ansprechpartner
Business Unit Industry/Klebstoffe:
E-Mail: industry@saba-adhesives.com
Business Unit Building & Construction/
Dichtstoffe:
E-Mail: building@saba-adhesives.com

Das Produktprogramm

Klebstofftypen
Schmelzklebstoffe
Dispersionsklebstoffe
lösemittelhaltige Klebstoffe
Reaktionsklebstoffe
MSP Kleb- und Dichtstoffe
Polyurethanklebstoffe

**Anlagen/Verfahren/Zubehör/
Dienstleistungen**
Beratung, Installation/Implementierung,
Schulung, Anwendungstechnik

Für Anwendungen im Bereich
Möbel
Matratzen
Schaumkonfektion
PVC
Bau
Umweltschutz
Transport
Marine

Schill+Seilacher "Struktol" GmbH
Moorfleeter Straße 28
D-22113 Hamburg
Telefon +49 (0) 40-733-62-0
Telefax +49 (0) 40-733-62-297
E-Mail: polydis@struktol.de
www.struktol.de

Mitglied des IVK

Das Unternehmen

Gründungsjahr
1877

Größe der Belegschaft
ca. 230 Mitarbeiter

Besitzverhältnisse
Privatbesitz

Tochterfirmen:
Schill + Seilacher, Böblingen (BRD)
Schill + Seilacher Chemie GmbH, Pirna (BRD)
Struktol Company of America, Ohio (USA)

Vertriebswege:
Deutschland: Direkt
International: Distributeure und Agenturen

Anwendungstechnik und Vertrieb:
Meike Bénet
(Verkauf Epoxidprodukte)
Tel.: +49 (0) 40-733-62-241
E-Mail: mbenet@struktol.de

Marcel Volstorf
(Anwendungstechnik Epoxidprodukte)
Tel.: +49 (0) 40-733-62-256
E-Mail: mvolstorf@struktol.de

Sven Wiemer
(Geschäftsentwicklung Epoxidprodukte)
Tel.: +49 (0) 40-733-62-125
E-Mail: swiemer@struktol.de

Weitere Informationen::
Fertigung und Entwicklung von maßge-
schneiderten, exklusiven Epoxidprepoly-
meren in Zusammenarbeit mit unseren
Kunden

Das Produktprogramm

Rohstoffe
Epoxidharz-Prepolymere
Struktol® Polydis®
Struktol® Polycavit®
Struktol® Polyvertec®
Struktol® Polyphlox®

Die Produktreihen Struktol® Polydis®,
Polycavit® und Polyvertec® sind Kautschuk-
bzw. Elastomermodifizierte Epoxidharze,
die die mechanischen Eigenschaften, wie
Schlagzähigkeit, Schub- und Schälfestigkeit
sowie die Haftung von Epoxidharzsystemen
wesentlich verbessern.

Die Struktol® Polyphlox® Reihe besteht aus
Organophosphor modifizierten Epoxidharzen
zur flammenhemmenden Ausrüstung von
Epoxidharzsystemen.

Für Anwendungen im Bereich
Epoxidharz basierte
(Struktur-) Klebstoffe
Vergußmassen
Prepregs
Composites
Faserverbundwerkstoffe

Schlüter-Systems KG

Schmölestraße 7
D-58640 Iserlohn
Telefon (0) 23 71-97 1-0
Telefax (0) 23 71-97 1-111
E-Mail: info@schlueter.de
www.schlueter.de

Mitglied des IVK

Das Unternehmen

Gründungsjahr
1966

Größe der Belegschaft
1.100 Mitarbeiter

Gesellschafter
Das Unternehmen befindet sich im
Familienbesitz

Tochterfirmen
7 Tochterfirmen in
Frankreich, Großbritannien,
Italien, Kanada, Spanien,
Türkei, USA

Vertriebswege
Fachgroßhandel
Baustoffhandel
Baufachmärkte

Geschäftsführung
Werner Schlüter, Marc Schlüter,
Udo Schlüter

Ansprechpartner
Leiter Anwendungstechnik:
Rainer Reichelt
Leiter Vertrieb:
Günter Broeks

Das Produktprogramm

**Systemlösungen für Wand- und
Bodenbeläge**
Profile für Belagsabschlüsse am Boden
Profile für Wandecken und -abschlüsse
Profile für Treppenstufen
Bewegungsfugen- und Entspannungsprofile
Belagskonstruktionssysteme
Systeme zur Abdichtung, Entkopplung,
Entwässerung und Trittschalldämmung
Balkon- und Terrassen-Konstruktionssysteme
Keramik-Klimaboden
Fliesen-Verlegeplatten
Drainagesysteme
LED-Lichtprofiltechnik

SCHÖNOX GmbH
Alfred-Nobel-Straße 6
D-48720 Rosendahl
Telefon +49 (0) 25 47-9 10-0
Telefax +49 (0) 25 47-9 10-1 01
E-Mail: info@schoenox.de
www.schoenox.com

Mitglied des IVK

Das Unternehmen

Gründungsjahr
1891

Größe der Belegschaft
340 Mitarbeiter (Stand: 1.6.2016)

Gesellschafter
Sika Holding GmbH

Stammkapital
7.158.086 €

Besitzverhältnisse
100 %

Geschäftsführung
Joachim Straub

Ansprechpartner
Leiter Anwendungstechnik – Fußbodentechnik:
Philipp Schröder

Leiter Anwendungstechnik – Fliesentechnik:
Leo Krüppel

Leiter Marketing und Vertrieb Deutschland,
Schweiz, Österreich, Benelux:
Werner Schwerdt

Vertriebswege
Fußbodengroßhandel
Fliesengroßhandel
Objekteure
Baustoffhandel
Farbengroßhandel

Das Produktprogramm

Produktion und Vertrieb von Klebstoffen,
Spachtelmassen, Fugenmaterial etc. für die
Fliesen- und Fußbodenbranche

Schomburg GmbH & Co. KG

Aquafinstraße 2 – 8
D-32760 Detmold
Telefon +49 (0) 52 31-9 53-00
Telefax +49 (0) 52 31-9 53-1 23
E-Mail: info@schomburg.de
www.schomburg.de

Mitglied des IVK

Das Unternehmen

Gründungsjahr
1937

Größe der Belegschaft
220 (Deutschland), 580 weltweit

Geschäftsführende Teilhaber
Albert Schomburg
Ralph Schomburg
Alexander Weber

Grundkapital
3,619 Mio. €

Eigentumsverhältnisse
Familien- und Managementbetrieb

Tochtergesellschaften
31 weltweit:
Polen, Tschechien, USA, Indien, Türkei,
Luxemburg, Schweiz, Russland, Niederlande,
Slowakei, Italien usw.

Vertriebswege
Vertriebspartner

Kontaktpartner
Management:
Ralph Schomburg
Alexander Weber

Anwendungstechnik und Vertrieb:
Holger Sass
Michael Hölscher

Das Produktprogramm

Klebstoffarten
Reaktivklebstoffe
Dispersionsklebstoffe
Zementbasierte Klebstoffe

Dichtstoffarten
Acryldichtstoffe
Polysulfid-Dichtstoffe
PUR-Dichtstoffe
Silikondichtstoffe
Andere

Ausrüstung, Anlagen und Bauteile
zum Fördern, Mischen, Dosieren und für
Klebstoffanwendungen

Für Anwendungen in folgenden Bereichen
Baugewerbe, einschließlich Böden,
Wänden u. Decken
Maschinen- und Anlagenbau

schülke ⁃⊦
the plus of pure
performance

Schülke & Mayr GmbH
Robert-Koch-Straße 2
D-22851 Norderstedt
Tel. +49 (0) 40-5 21 00-0
Fax +49 (0) 40-5 21 00-2 44
E-Mail: sai@schuelke.com
www.schuelke.com

Das Unternehmen

Gründungsjahr
1889

Größe der Belegschaft
1.100 Mitarbeiter

Gesellschafter
Air Liquide Deutschland GmbH

Vertriebsweg
eigene Außendienst-Mitarbeiter

Niederlassungen in
UK | Benelux | Italien | Schweiz |
Frankreich | China

sowie weltweite Distributeure

Ansprechpartner
Marktmanager (Technical Biocides):
Ingo Krull

Weitere Informationen
Herstellung und Vertrieb von chemisch-
technischen Konservierungsmitteln sowie
Hygieneprodukten zur Reinigung und
Desinfektion

Das Produktprogramm

Rohstoffe
Additive:
Konservierungsmittel | Biozide
Sonstige:
mikrobiologische Serviceleistungen

Für Anwendungen im Bereich
Papier | Verpackung
Baugewerbe inkl. Elektronik
Maschinen- und Apparatebau
Fahrzeug
Textilindustrie
Klebebänder
Hygienebereich
Haushalt, Hobby und Büro

schülke ✛

Optimaler Schutz mit parmetol® und grotan®

Moderne Topfkonservierung für anspruchsvolle Kleb- und Dichtstoffe

Seit 1924 ist schülke national und international führend im Bereich technische Konservierung. Mit unseren innovativen Produkten und unserer technischen Kompetenz bieten wir Lösungen an, die über die allgemeinen Standards hinaus gehen. Zudem umfasst unser Mikrobiologisches Qualitätsmanagement (MQM) Produkte für die Überwachung und Kontrolle von möglichen Kontaminationsquellen und bietet individuelle technische Unterstützung. Sprechen Sie uns an – wir helfen Ihnen gern!

Biozidprodukte vorsichtig verwenden. Vor Gebrauch stets Etikett und Produktinformationen lesen.

schülke & Mayr GmbH
22840 Norderstedt | GERMANY | Tel. +49 (0) 40 - 521 00 - 0 | Fax -244
www.schuelke.com | sai@schuelke.com

the plus of pure performance

SIEMA Industrieklebstoffe GmbH
Eichelsbacher Straße 6
D-66954 Pirmasens-Gersbach
Telefon +49 (0) 63 31-9 15 67
Telefax +49 (0) 63 31-9 23 89
E-Mail: Verkauf@siema-industrieklebstoffe.de
www.siema-industrieklebstoffe.de

Mitglied des IVK

Das Unternehmen

Gründungsjahr
1975

Größe der Belegschaft
10 Festangestellte und 5 Teilzeitkräfte

Gesellschafter
Johannes Illik

Stammkapital
52.000,- €

Besitzverhältnisse
Privat

Vertriebswege
Handel und Direkt

Geschäftsführung
Johannes Illik

Anwendungstechnik und Vertrieb
Johannes Illik
Sandra Hochländer

Weitere Informationen
Flexibles Unternehmen spezialisiert auf
Sonderlösungen zu Kundenanfragen

Das Produktprogramm

Klebstofftypen
Schmelzklebstoffe
Reaktionsklebstoffe
lösemittelhaltige Klebstoffe
Dispersionsklebstoffe
pflanzliche Klebstoffe
Dextrin- und Stärkeklebstoffe
Haftklebstoffe

Für Anwendungen im Bereich
Papier/Verpackung
Buchbinderei/Graphisches Gewerbe
Holz-/Möbelindustrie
Elektronik
Maschinen- und Apparatebau
Fahrzeug, Luftfahrtindustrie
Textilindustrie
Haushalt, Hobby und Büro
Lederverarbeitung/Schuhherstellung

BUILDING TRUST

Sika Automotive GmbH
Reichsbahnstraße 99
D-22525 Hamburg
Telefon +49 (0) 40-5 40 02-0
Telefax +49 (0) 40-5 40 02-5 15
E-Mail: info.automotive@de.sika.com
www.sika-automotive.de

Mitglied des IVK

Das Unternehmen

Gründungsjahr
1928

Größe der Belegschaft
220 Mitarbeiter

Tochtergesellschaften
Schwesterfirmen in 93 Ländern

Kontaktpartner
Geschäftsführer:
James Miko

Das Produktprogramm

Klebstoffarten
Schmelzklebstoffe
Reaktivklebstoffe
Klebstoffe auf Lösemittelbasis
Dispersionsklebstoffe
Haftklebstoffe

Dichtstoffarten
PUR-Dichtstoffe
Andere

Für Anwendungen in folgenden Bereichen
Elektronik
Automobilindustrie
Textilindustrie
Klebebänder, Etiketten
Hygiene

Lösungen zur Produktivitätssteigerung
Sika ist Zulieferer und Entwicklungspartner der Automobilindustrie. Unsere hochmodernen Technologien bieten Lösungen für gesteigerte Strukturfestigkeit, erhöhten akustischen Komfort und verbesserte Produktionsprozesse. Als Spezialunternehmen für chemische Produkte konzentrieren wir unsere Kernkompetenzen auf:
Kleben – Dichten – Dämpfen – Verstärken
Als ein global tätiger Konzern sind wir Partner für unsere Kunden weltweit. Sika wird mit seinen eigenen Tochtergesellschaften in allen Ländern mit eigener Automobilproduktion vertreten, wodurch ein professioneller und schneller Service vor Ort garantiert ist.

BUILDING TRUST

Sika Deutschland GmbH
Kleb- und Dichtstoffe Industry
Stuttgarter Straße 139
D-72574 Bad Urach
Telefon +49 (0) 71 25-9 40-7 61
Telefax +49 (0) 71 25-9 40-7 63
E-Mail: industry@de.sika.com
www.sika.de

Mitglied des IVK

Das Unternehmen

Gründungsjahr
1910 von Kaspar Winkler

Größe der Belegschaft
über 17.000 weltweit

Tochtergesellschaften
in 90 Ländern

Geschäftsführung
Sika Deutschland GmbH
Joachim Straub

Marketing und Vertrieb
Bad Urach
Telefon: 0 71 25-940-761
E-Mail: industry@de.sika.com

Weitere Informationen
Spezialist für strukturelle sowie elastische
Kleb- und Dichtstoffsysteme

Das Produktprogramm

Klebstofftypen
Industrie:
1K-Polyurethan Kleb- und Dichtstoffe
2K-Polyurethan Technologie
Polyurethan-Hybrid Kleb- und Dichtstoffe
EP-Klebstoffe
Acrylat-Reaktionsklebstoffe
Epoxid-Hybrid-Technologie
Kaschierklebstoffe
Schmelzklebstoffe
Butylkautschuk-Technologie
Silikone

Bau:
PUR-, Silicon-, Polysulfid- und
Acryl-Dichtstoffe
Bandabdichtungssysteme
Elastische Klebverbindungen auf
PU-, Silicon und und EP-Basis

Für Anwendungen im Bereich
Holz-/Möbelindustrie
Baugewerbe, inkl. Fußboden, Wand u. Decke
Elektronik
Maschinen- und Apparatebau
Automobilindustrie, Fahrzeugbau
Transportation
Yacht- und Bootsbau
Hochbau im Außen- und Innenbereich
Glasversiegelungen
Fassadenplattenbau
Wohn- und Gewerbebau
Gebäudeelemente
Gleisbau
Solarmodulfertigung und -montage
Windkraftanlagenbau

Sonderhoff Chemicals GmbH
Richard-Byrd-Straße 26
D-50829 Köln
Telefon +49 221 95685-0
Telefax +49 221 95685-599
E-Mail: info@sonderhoff.com
www.sonderhoff.com

Das Unternehmen

Gründungsjahr
1958

Mitarbeiter
91 (Sonderhoff-Gruppe: >250)

Eigentümer
Sonderhoff Holding GmbH

Schwesterfirmen:
Sonderhoff Engineering GmbH, Hörbranz
(Austria)
Sonderhoff Services GmbH, Köln
Sonderhoff Polymer-Services Austria GmbH,
Dornbirn (Austria)
Sonderhoff Italia s. r. l., Oggiono (Italien)
Sonderhoff USA Copr., Elgin (USA)
Sonderhoff (Suzhou) Sealing Systems Co.
Ltd., Suzhou (China)

Vertriebskanäle
Weltweit

Ansprechpartner
Leiter Anwendungstechnik:
Stephan Morhenn

Leiter Vertrieb:
Daniel Koscielny

Weitere Informationen
Sonderhoff, der Spezialist für die Formed
In-Place-Dichtungstechnik, bietet alles aus
einer Hand an: mehr als 1.000 Rezeptu-
ren für Dichtungsschäume, Verguss und
Klebstoffe, ein auf die Fertigungsprozesse
der Kunden abgestimmter Anlagenbau
sowie mehrfach patentiertes Wissen und
Erfahrungen mit einer Vielzahl realisierter
Anwendungen aus mehr als 55 Jahren.

Das Produktprogramm

Klebstofftypen
2K-Reaktionsklebstoffe auf PUR-Basis in
unterschiedlichen Härtegraden und Visko-
sitäten (flüssig bis standfest). Gute Haftung
auf vielen Substraten. Gute Temperatur-
und Klimawechselbeständigkeit, erfüllt
Automobilanforderungen. Auch in anderen
technischen Bereichen einsetzbar.

Dichtungstypen
2K-PUR, 2K-Silikon, 1K-PVC

**Anlagen/Verfahren/Zubehör/
Dienstleistungen**
Auftragssysteme (1K-Systeme, 2K-/Mehr-
Komponenten-Systeme, Roboter), Auto-
mation für die Misch- und Dosiertechnik
für Klebeanwendungen, Dienstleistungen,
Lohnfertigung

Für Anwendungen im Bereich
Automobil-, Verpackungs-, Elektronik-,
Luftfahrt-, Filter- und Leuchtenindustrie,
Maschinen- und Apparatebau, Haushalt
(weiße Ware), Photovoltaik, Solarthermie,
Klimatechnik, Schaltschrankbau

Sopro Bauchemie GmbH
Postfach 42 01 52
D-65102 Wiesbaden
Fon   +49 6 11-17 07-0
Fax   +49 6 11-17 07-2 50
Mail info@sopro.com
www.sopro.com

Mitglied des IVK

Das Unternehmen

Gründungsjahr
1985 als Dyckerhoff Sopro GmbH
2002 umfirmiert in Sopro Bauchemie GmbH

Sitz der Gesellschaft
Wiesbaden

Tochterunternehmen in
Polen, Österreich, Schweiz, Ungarn,
Niederlande

Größe der Belegschaft
279 Mitarbeiter

Geschäftsführung
Michael Hecker
Andreas Wilbrand

Ansprechpartner
Anwendungstechnik / Objektberatung:
Mario Sommer

Zielgruppe
Baustoff-Fachhandel
Fliesen-Fachhandel
Sanitär-Fachhandel
Fliesenleger
Estrichleger
Garten- und Landschaftsbauer
Maler
Maurer
Installateure

Vertriebswege
Fliesen- und Baustoff-Fachhandel

Das Produktprogramm

Klebstofftypen
Hydraulisch erhärtende Fliesenklebstoffe
Dispersionsklebstoffe für Fliesen
Reaktionsklebstoffe für Fliesen

**Weitere bauchemische Produkte bzw.
Systeme**
Grundierungen und Haftbrücken
Spachtelmassen und Putze
Fugenmaterialien
Abdichtungssysteme
Renovierungs- und Sanierungssysteme
Schnellbauprodukte
Estriche, Bindemittel und Bauharze
Verlege- und Vielzweckmörtel
Bitumen, Dichtungsschlämmen und
Verkieselung
Mörtel- und Estrichzusätze
Reinigungs- und Pflegemittel
Tiefbau und Schachtsanierung
Vergussmörtel
Blitzzemente
Montagekleber
Betoninstandsetzung
Drainagemörtel
Pflasterfugenmörtel

STAUF
Klebstoffwerk GmbH

Oberhausener Straße 1
D-57234 Wilnsdorf
Telefon +49 (0) 27 39-3 01-0
Telefax +49 (0) 27 39-3 01-2 00
E-Mail: info@stauf.de
www.stauf.de

Mitglied des IVK

Das Unternehmen

Gründungsjahr
1828

Größe der Belegschaft
70 Mitarbeiter

Besitzverhältnisse
100 % Familie Stauf

Geschäftsführung
Wolfgang Stauf
Volker Stauf
Dr. Frank Gahlmann

Produkttechnik
Dr. Frank Gahlmann

Verkaufsleitung
Volker Stauf

Vertriebswege
weltweit
eigener Außendienst
eigene Auslieferungslager
Händlernetzwerk

Das Produktprogramm

Produkttypen
Dispersionsklebstoffe
Lösemittelklebstoffe
Polyurethanklebstoffe
SMP-Klebstoffe
SPUR-Klebstoffe
Pulverklebstoffe
Montageklebstoffe
PVAc-Leime
Grundierungen
Spachtelmassen
Zubehörartikel
Lacke und Öle zur Oberflächenbehandlung

Für Anwendungen im Bereich
Parkett
Holzpflaster
Kunstrasen
Sportböden
elastische und textile Bodenbeläge
Wandbeläge
Decken
Etiketten
Industrielle Anwendungen
Untergrundvorbereitung
Oberflächenbehandlung

Stockmeier Urethanes GmbH & Co. KG
Im Hengstfeld 15
32657 Lemgo
Telefon +49 (0) 52 61 – 66 0 68 -0
Telefax +49 (0) 52 61 – 66 0 68 -29
E-Mail: urethanes.ger@stockmeier.com
www.stockmeier-urethanes.com

Mitglied des IVK

Das Unternehmen

Gründungsjahr
1991

Größe der Belegschaft
rund 150 Mitarbeiter

Besitzverhältnisse
Mitglied der Stockmeier Gruppe

Tochterfirmen
Stockmeier Urethanes USA Inc, Clarksburg/USA, Stockmeier Urethanes France S.A.S.,Cernay/Frankreich, Stockmeier Urethanes Ltd., Sowerby Bridge/UK

Vertriebswege
BtoB, Handel

Ansprechpartner
Geschäftsführung:
Stefan Baumann

Anwendungstechnik und Vertrieb:
Frank Steegmanns

Weitere Informationen
Stockmeier Urethanes ist ein führender internationaler Hersteller von Polyurethan-Systemen und verfügt über vier Produktionsstätten in Europa und den USA. Dort entwickeln und produzieren wir bereits seit 1991 als Spezialist innerhalb der traditionsreichen Stockmeier Gruppe Polyurethan-Systeme als Kleb- und Dichtstoffe für industrielle Anwendungen, Elastische Böden für Sport und Freizeit, sowie Vergussmassen für Elektrotechnik und Elektronik. Außerdem produzieren wir widerstandfä-

Das Produktprogramm

Klebstofftypen
Reaktionsklebstoffe

Dichtstofftypen
PUR-Dichtstoffe

Für Anwendungen im Bereich
Holz-/Möbelindustrie
Baugewerbe, inkl. Fußboden, Wand und Decke
Elektronik
Maschinen- und Apparatebau
Fahrzeug, Luftfahrtindustrie

hige Beschichtungen für Innen- und Außenanwendungen. Unser Geschäftsbereich Klebstoffe umfasst ein umfangreiches Produktportfolio für verschiedenste Anwendungen in den Märkten Industriebatterien, Automobil- und -Industriefiltration, Sandwichpanel, Fahrzeugbau, Caravan, Möbelindustrie, sowie kundenspezifische Produkte für andere industrielle Anwendungen. Unsere bekannten Markennamen sind: Stobielast, Stobicoll, Stobicast und Stobicoat.

Mehr Informationen unter:
www.stockmeier-urethanes.com

Synthomer Deutschland GmbH
Werrastraße 10
D-45768 Marl
E-Mail: info.europe@synthomer.com
www.synthomer.com

Das Unternehmen

Synthomer ist ein weltweit führender Hersteller von Emulsionen und Spezialpolymeren, die in vielen Materialien und Industriesegmenten eingesetzt werden, z. B. für Klebstoffe, technische Textilien, Beschichtungen, Baustoffe, Papier und dünne Schutzhandschuhe.
Unsere Produkte entwickeln wir in enger Zusammenarbeit mit unseren Kunden, gestützt auf ein globales Vertriebs- und Produktionsnetzwerk und eine intensive Unterstützung durch unseren technischen Service. Wichtige Service- und Entwicklungszentren befinden sich in Harlow (England, Stammsitz), Marl (Deutschland), Kuala Lumpur (Malaysia) und Shanghai (China).

Kontakt
Dr. Martin Conrads
Head of Application Technology
SBU Functional Solutions
Tel.:   +49 (0) 2365-49 59 77
E-Mail: martin.conrads@synthomer.com

Ying Ho Lee
Marketing Manager SBU Functional Solutions
Tel.:   +49 (0) 2365-49 19 875
E-Mail: yingho.lee@synthomer.com

Das Produktprogramm

Rohmaterialien
Flüssige Dispersionen für Klebebänder, Etiketten, Schutzfolien, Holzkleber, Verpackungskleber

Reinacrylate *Plextol*®
Styrol-Acrylate *Revacryl*®

Vinylacetate
Homo- und Copolymere *Emultex*®

Additive
Verdickungsmittel *Rohagit*®

Synthopol Chemie
Alter Postweg 35
D-21614 Buxtehude
Telefon +49 (0) 41 61-7 07 10
Telefax +49 (0) 41 61-8 01 30
E-Mail: info@synthopol.com
www.synthopol.com

Mitglied des IVK

Das Unternehmen

Gründungsjahr
1957

Größe der Belegschaft
190 Mitarbeiter

Gesellschafter
Dr. G. Koch
L.-M. Koch

Besitzverhältnisse
Familienunternehmen

Vertriebswege
Weltweit durch Außendienstmitarbeiter

Ansprechpartner
Geschäftsführung:
Herr Dr. Ziemer
Herr H. Starzonek

Anwendungstechnik:
Herr Jack
Tel.: 0 41 61-70 71-1 71
E-Mail: rjack@synthopol.com

Das Produktprogramm

Rohstoffe
für die Herstellung von Dispersions-,
Lösemittel-, reaktive Reaktionsklebstoffe
und Klebebänder

Für Anwendungen im Bereich
Papier/Verpackung
Holz-/Möbelindustrie
Baugewerbe, inkl. Fußboden, Wand u. Decke
Fahrzeug
Textilindustrie
Klebebänder, Etiketten
Haushalt, Hobby und Büro

TER HELL & Co. GmbH

Börsenbrücke 2
D-20457 Hamburg
Telefon +49 (0) 40-30 05 01-0
Telefax +49 (0) 40-33 50 50
E-Mail: info@tergroup.com
www.terchemicals.com

Mitglied des IVK

Das Unternehmen

Gründungsjahr
1908

Größe der Belegschaft
135 Mitarbeiter

Geschäftsführung
Christian A. Westphal
Thomas Sprock
Oliver Zimmermann

Anwendungstechnik und Vertrieb
Jens Vinke
Telefon +49 (0) 40-30 05 01-80 13
E-Mail: j.vinke@tergroup.com

Tanja Loitz
Telefon +49 (0) 40-30 05 01-81 30
E-Mail: t.loitz@tergroup.com

Lieferanten
Exxon Mobil, Royal Adhesives, Sumitomo
Bakelite, Evonik, Dorfner, Clariant, Kuraray,
TSRC

Das Produktprogramm

Rohstoffe für
Schmelzklebstoffe
Reaktionsklebstoffe
lösemittelhaltige Klebstoffe
Dispersionsklebstoffe
Haftklebstoffe
Butyldichtstoffe
Polysulfiddichtstoffe
PUR-Dichtstoffe
Sonstige

Rohstoffe
Wachse (FT und PE)
Kaoline
Kohlenwasserstoffharze, Phenolharze,
Balsamharze, Harzester
APAO, Butylkautschuk, EVA, SIS & SBS, SEBS
Polyesterpolyole
Kasein, technisch
Polyvinylalkohol
Dispersionen (VAM, VAE, Acrylat)
PIB (Polyisobutylene versch. Mw)

Für Anwendungen im Bereich
Papier/Verpackung
Buchbinderei (Graphisches Gewerbe)
Holz-/Möbelindustrie
Baugewerbe inkl. Fußboden, Wand u. Decke
Elektronik
Maschinen- und Apparatebau
Fahrzeug-, Luftfahrtindustrie, Textilindustrie
Klima- und Lüftungstechnik
Klebebänder, Etiketten
Hygienebereich
Haushalt, Hobby und Büro

tesa SE

Hugo-Kirchberg-Straße 1
D-22848 Norderstedt
Telefon +49 (0) 40 88899-0
Telefax +49 (0) 40 88899-6060
E-Mail: tesa-industrie@tesa.com
www.tesa.com

Mitglied des IVK

Das Unternehmen

Gründungsjahr
- tesa ist ein Unternehmen der **Beiersdorf-Gruppe,** Hersteller international erfolgreicher Kosmetikmarken, u. a. NIVEA
- seit 2001 als **eigenständige Aktiengesellschaft** erfolgreich
- seit 2009 **europäische Aktiengesellschaft SE** (Societas Europaea)

Größe der Belegschaft
4.100 Mitarbeiter, davon etwa 2.100 in Deutschland

Gesellschafter
Beiersdorf AG

Besitzverhältnisse
Die Beiersdorf AG hält direkt und indirekt
100 % der Anteile

Tochterfirmen
scribos GmbH, Labtec GmbH
sowie über 50 Tochtergesellschaften der
tesa SE, sowie 8 Produktionsstandorte

Vertriebswege
tesa SE ist weltweit in mehr als 100 Ländern vertreten, davon in über 50 mit Tochtergesellschaften

Ansprechpartner
Geschäftsführung:
Wir bitten um Kontaktaufnahme über die 3 genannten Adressen in Deutschland, Österreich und der Schweiz. Dort wird man Ihr Anliegen in die richtigen Hände weitergeben.
Der Vorstand der tesa SE ist mit Herrn Dr. Robert Gereke (Vorstandsvorsitzender), Herrn Jan Christoph Teetz (Vorstand Finanzen) und Herrn Oliver Höfs (Vorstand Handelsgeschäft) besetzt.

Anwendungstechnik und Vertrieb:
Wir bitten um Kontaktaufnahme über die 3 genannten Adressen in Deutschland, Österreich und der Schweiz. Dort wird man Ihr Anliegen in die richtigen Hände weitergeben.

Geschäftsbereich Zentral Europa
Deutschland:
tesa SE
Telefon +49 (0) 40 88899-0, Telefax -6060
E-Mail: tesa-industrie@tesa.com

Das Produktprogramm

Österreich:
tesa GmbH
Leopold-Böhm-Straße 10, A-1030 Wien
Telefon +43 (0) 1 614 00-0, Telefax +43 (0) 1 61400 455
E-Mail: industrie-austria@tesa.com

Schweiz:
tesa tape Schweiz AG
Industriestrasse 19, CH-8962 Bergdietikon
Telefon +41 (0) 4 47 44 34 44, Telefax +41 (0) 4 47 41 26 72
E-Mail: industrie-ch@tesa.com

Weitere Informationen
Ausführliche Informationen zu unseren verschiedenen Aktivitäten finden Sie auf der Homepage www.tesa.com. Hier wird auf die Produkt- und Branchenschwerpunkte eingegangen und hier stehen viele Informationen zum Download bereit.

Die tesa SE: einer der weltweit führenden Hersteller selbstklebender Systemlösungen für Industrie, Gewerbe und Konsumenten

Für Anwendungen im Bereich
Befestigungssysteme:
Konstruktives Befestigen
Permanentverklebungen
Klischeeverklebungen
Endlosverklebung mit repulpierbaren und nicht repulpierbaren Klebebändern
Teppichverlegebänder

Verpacken:
Aufreißstreifen
Bündeln
Palettensicherung
Innenverpackung
Kartonverschluss
Abroller/Geräte

Abdecken:
Isolieren
Malen
Lackieren
Schützen
Reparieren
Markieren

tremco illbruck GmbH & Co. KG

Von-der-Wettern-Straße 27
51149 Köln
Telefon +49 (0) 22 03-57 55-0
Telefax +49 (0) 22 03-57 55-90
E-Mail: info.de@tremco-illbruck.com
www.tremco-illbruck.com

Mitglied des VLK

Das Unternehmen

Gründungsjahr
tremco 1928

Größe der Belegschaft
> 1.000

Vertriebskanal
Fachhandel
Direkt KAM Industrie

Ansprechpartner
Anwendungstechnik und Vertrieb:
Andres Klapper

Weitere Informationen
www.tremco-illbruck.com

Das Produktprogramm

Klebstofftypen
Schmelzklebstoffe
Reaktive Klebstoffe
Lösemittelbasierende Klebstoffe
Dispersionsbasierende Klebstoffe
Druckempfindliche Klebstoffe/
Selbsthaftende Klebstoffe

Dichtstofftypen
Acrylatdichtstoffe
Butyldichtstoffe
PUR-Dichtstoffe
Silikondichtstoffe

Für Anwendungen im Bereich
Holz- und Möbel-Industrie
Bau-Industrie, incl. Fußboden,
Wand und Decke
Elektroindustrie
Automotive-Industrie, Flugzeug-Industrie
Hausgeräte

TSRC (Lux.) Corporation S.a.r.l.

34 – 36 Avenue de la Liberté
L-1930, Luxembourg
Telefon + 352 - 26 29 72 -1
Telefax + 352 - 26 29 72 - 39
E-Mail: info.europe@tsrc-global.com
www.tsrcdexco.com

Mitglied des IVK

Das Unternehmen

Gründungsjahr
2011
(für die europäische Niederlassung
in Luxembourg)

Größe der Belegschaft
11

Ansprechpartner
Management:
Dr. Jürgen Schneider

Marketing:
Dr. Olaf Breuer

Anwendungstechnik und Vertrieb:
Christine Richter
Beverley Weaver
Jürgen Bettenbühl

Das Produktprogramm

Klebstofftypen
Schmelzklebstoffe
Haftklebstoffe
Lösemittelhaltige Klebstoffe

Dichtstofftypen
Sonstige
(Styrol Blockcopolymere)

Rohstoffe
Polymere:
Styrol Blockcopolymere
(für Anwendung unter 1. & 2.)

Für Anwendungen im Bereich
Papier / Verpackung
Buchbinderei / Graphisches Gewerbe
Holz-/Möbelindustrie
Baugewerbe, inkl. Fußboden,
Wand und Decke
Fahrzeug, Luftfahrtindustrie
Klebebänder, Etiketten
Hygienebereich
Haushalt, Hobby und Büro

Türmerleim GmbH

Arnulfstraße 43
D-67061 Ludwigshafen/Rhein
Telefon +49 (0) 6 21-56 10 70
Telefax +49 (0) 6 21-5 61 07 122
E-Mail: info@tuermerleim.de

Mitglied des IVK

Das Unternehmen

Gründungsjahr
1889

Größe der Belegschaft
120 Beschäftigte

Stammkapital
3.1 Mio. €

Tochterfirmen
Türmerleim AG
Hauptstrasse 15, CH-4102 Binningen

Geschäftsführung
Matthias Pfeiffer
Dr. Thomas Pfeiffer
Martin Weiland

Ansprechpartner
Technik:
Matthias Pfeiffer

Vertrieb:
Dr. Thomas Pfeiffer

Zertifiziert nach DIN EN ISO 9001
und 14001

Das Produktprogramm

Klebstofftypen
Schmelzklebstoffe
Dispersionsklebstoffe
Dextrin- und Stärkeklebstoffe
Caseinklebstoffe
Haftklebstoffe
UF- und MUF-Harze

Für Anwendungen im Bereich
Papier/Verpackung
Holz-/Möbelindustrie
Konstruktive Holzverleimung
Hygienetücher
Etikettierung
Zigarettenherstellung

Türmerleim AG

Hauptstrasse 15
CH-4102 Binningen
Telefon +41 (0) 61 271 21 66
Telefax +41 (0) 61 271 21 74
E-Mail: info@tuermerleim.ch
www.tuermerleim.ch

Mitglied des FKS

Das Unternehmen

Gründungsjahr
1992

Größe der Belegschaft
8 Beschäftigte

Geschäftsführung
Marcel Leder-Maeder

Das Produktprogramm

Klebstofftypen
Schmelzklebstoffe
Dispersionsklebstoffe
Dextrin- und Stärkeklebstoffe
Caseinklebstoffe
UF- und MUF-Harze

Für Anwendungen im Bereich
Papier/Verpackung
Etikettierung
Holz-/Möbelindustrie
Hygienetücher

UHU
GmbH & Co. KG

Herrmannstraße 7
D-77815 Bühl
Telefon +49 (0) 72 23-2 84-0
Telefax +49 (0) 72 23-2 84-2 88
E-Mail: info@uhu.de
www.UHU.de
www.UHU-profi.de

Mitglied des IVK

Das Unternehmen

Gründungsjahr
1905

Größe der Belegschaft
ca. 450 Mitarbeiter

Gesellschafter
Bolton Group B.V., Amsterdam

Tochterfirmen
UHU Austria Ges.m.b.H., Wien (A)
UHU France S.A.R.L., Courbevoie (F)
UHU-BISON Hellas LTD, Pireus (GR)
UHU Ibérica Adesivos, Lda., Lisboa (P)

Geschäftsführung
Werner Panter und Danny Witjes

Ansprechpartner
Anwendungstechnik:
Domenico Verrina
Vertrieb: Stefan Hilbrath

Vertriebswege
Technischer Handel
Eisenwarenhandel
Baumärkte
Modellbaugeschäfte
Lebensmittelhandel
Papier-, Büro-, Schreibwarenhandel
Kaufhäuser

Das Produktprogramm

Klebstofftypen
2K-Epoxidharzklebstoffe
Cyanacrylatklebstoffe
lösungsmittelhaltige Klebstoffe
Dispersionsklebstoffe
Konstruktions-/Montageklebstoffe
Dichtstoffe

**Für Anwendungen in Handwerk
und Industrie**
Metallverarbeitung
Holzverarbeitung
Elektrotechnik
Automobil
Papier/Verpackung
u. v. a.

UNITECH Deutschland GmbH
Kaiserstraße 100
D-52134 Herzogenrath
Telefon +49 (0) 2407 5 56 90 88
Telefax +49 (0) 2407 5 56 90 90
E-Mail: cheolkim@unitech99.co.kr
www.unitech99.co.kr/eng

Mitglied des IVK

Das Unternehmen

Gründungsjahr
1999

Ansprechpartner
Geschäftsführung:
Dr.rer.nat Cheol Kim

Das Produktprogramm

Klebstofftypen
Schmelzklebstoffe

Für Anwendungen im Bereich
Elektronik
Fahrzeug, Luftfahrtindustrie

Uzin Tyro AG

Uzin Tyro AG
Ennetbürgerstrase 47
CH-6374 Buochs
Telefon +41 41 624 48 88
Fax +41 41 624 48 89
E-Mail: info@uzin-tyro.ch
www.uzin-tyro.ch

Mitglied des FKS

Das Unternehmen

Das Produktprogramm

Gründungsjahr
1933 Gründung der Gesellschaft
(1998 Übernahme durch Uzin Utz AG)

Anzahl Mitarbeiter
53

Geschäftsführer
Vitus Meier

Eigentumsverhältnis
Aktiengesellschaft

Tochterunternehmen
DS Derendinger AG, Thörishaus

Vertriebswege
Direktverkauf und Vertrieb über Grosshandel

Kontaktpartner
Geschäftsführer
Vitus Meier

Leiter Vertrieb Schweiz
Hans Gallati

Klebstoffe
Dispersions-Klebstoffe
Reaktionsharz-Klebstoffe
Lösemittelbasierte Klebstoffe
Klebstoffe auf Spezial-Folienträger

Ausrüstung, Anlagen und Komponenten
für Handling, Lagerung, Mischen, Dosieren
für Oberflächenvorbehandlung
Labor, Messungen und Tests

Anwendungen im Bereich
Bauindustrie (Boden, Sockel, Wände)
Transport (LKW, Busse, Bahn, Schiffe)

Weitere Informationen
Die Uzin Tyro AG steht für geballte Bodenkompetenz und hat sich seit ihrer Gründung 1933 zu einem führenden Komplettanbieter für Bodensysteme in der Schweiz entwickelt.

Mit den Marken UZIN, WOLFF, Pallmann, codex, RZ, Derendinger und collfox bietet die Uzin Tyro AG ein umfassendes Sortiment.

Uzin Utz AG

Uzin Utz AG
Dieselstraße 3
D-89079 Ulm
Telefon +49 (0) 731 40 97-0
Telefax +49 (0) 731 40 97-1 10
E-Mail: info@uzin-utz.com
www.uzin-utz.de

Mitglied des IVK

Das Unternehmen

Gründungsjahr und Ort
1911 in Wien

Größe der Belegschaft
1.034 Mitarbeiter weltweit (2015)

Gesellschaftsform
Aktiengesellschaft

Vorsitzender des Vorstands
Thomas Müllerschön

Mitglied des Vorstands
Beat Ludin
Heinz Leibundgut

Grundkapital
15.133 TEUR (zum 31.12.2015)

Tochtergesellschaften in
Schweiz, Frankreich, Niederlande, Belgien, Groß-
britannien, Polen, Tschechien, Österreich, USA,
China, Indonesien, Neuseeland, Slowenien,
Kroatien, Ungarn, Serbien, Norwegen

Vertriebsbüros in
Dänemark, Ukraine, Weißrussland

Lizenznehmer & Vertretungen in
Finnland, Griechenland, Island, Italien, Slowakei,
Spanien, Türkei, Portugal, Schweden

Vertriebswege
Bodenbelags-Fachgroßhandel
Fliesen-Fachgroßhandel
Parkett-Fachgroßhandel
Baustoffhandel

Ansprechpartner
Leitung Forschung & Entwicklung:
Dr. Johannis Tsalos

Leitung Vertrieb Deutschland:
Michael Abraham

Das Produktprogramm

Produktgruppen
Untergründe vorbereiten
Bodenbeläge kleben
Bodenbeläge kleben mit
switchTec®-Klebetechnologie
Parkett verlegen
Oberflächenschutz für gewerbliche und
industrielle Böden

Produkte
Klebstoffe
Spachtelmassen
Grundierungen
Estriche
Renovierungssysteme
Abdichtungssysteme
Dämmunterlagen
Reinigungs- und Pflegesysteme
Maschinen und Spezialwerkzeuge
für die Bodenverlegung

Versalis International SA

Zweigniederlassung Deutschland

Düsseldorfer Straße 13
D-65760 Eschborn
Postfach 56 26, D-65731 Eschborn
Telefon +49 (0) 61 96-4 92-0
Telefax +49 (0) 61 96-4 92-2 18
E-Mail: international.germany@
    versalis.eni.com

Mitglied des IVK

Das Unternehmen

Gründungsjahr
1981

Größe der Belegschaft
40 Mitarbeiter

Gesellschafter
Versalis International SA, Brüssel

Stammkapital
15.449.173,88 €

Besitzverhältnisse
versalis s.p.a., Italien

Branch Manager
Hartmut Dux

Vertrieb
Elastomere:
H. Dux
F. Merkel

Lösungsmittel:
B. Haupt-Gött

EVA-Copolymere:
A. Mayr

Vertriebswege
Eschborn

Das Produktprogramm

Rohstoffe
Elastomere
Lösungsmittel
EVA-Copolymere

Rohstoffe für
Schmelzklebstoffe
Haftklebstoffe

Für Anwendungen im Bereich
Papier/Verpackung
Buchbinderei/Graphisches Gewerbe
Fahrzeug-, Luftfahrtindustrie
Textilindustrie
Klebebänder, Etiketten
Hygienebereich
Haushalt, Hobby und Büro

Vinavil S.p.A.

Via Valtellina, 63
I-20159 Milano, Italy
Telefon + 39-02-69 55 41
Telefax + 39-02-69 55 48 90
E-Mail: vinavil@vinavil.it
www.vinavil.com

Mitglied des IVK

Das Unternehmen

Gründungsjahr
1994

Größe der Belegschaft
300 Mitarbeiter

Gesellschafter
Mapei S.p.A.

Produktionsstandorte
Villadossola und Ravenna in Italien, Suez
in Ägypten, Chicago in USA und Laval in
Kanada

Geschäftsführung
Taako Brouwer

Vertriebsleitung
Silvio Pellerani
Hauptverwaltung Mailand
E-Mail: s.pellerani@vinavil.it

Beratung und Verkauf
Dr. Peter Langensee
Vinavil Vertretung Deutschland
Telefon +49 (0) 86 71-88 49 82
Telefax +49 (0) 86 71-8 83 97 32
E-Mail: peter.langensee@vinavil.de

zertifiziert nach OHSAS 18001,
DIN EN ISO 9001 und 14001

Das Produktprogramm

Rohstoffe
Redispergierbare Pulver, Festharze und
Polymerdispersionen
Ravemul®, Vinavil®, Crilat®, Raviflex® and
Vinaflex® auf Basis:
Vinylacetat
Vinylacetat-Copolymere
Vinylacetate/Ethylen
Reinacrylat
Styrol/Acrylat

Für Anwendungen im Bereich
Klebstoff:
Holz-/Möbelindustrie,
Papier/Verpackung, Baugewerbe
einschl. Boden/Wand/Decke,
Buchbinderei/Graphisches Gewerbe,
Haftklebstoffe, Automobil, Leder/Textil

Beschichtung/Bau:
Innen- und Fassadenfarben,
Dispersionslacke, Holzlasuren,
Grundierungen, Putze, WDVS,
Fliesenklebstoffe

VITO Irmen GmbH & Co. KG
Mittelstraße 74 – 80
D-53424 Remagen
Telefon +49 (0) 26 42 40 07-0
Telefax +49 (0) 26 42 42 913
E-Mail: info@vito-irmen.de
www.vito-irmen.de

Mitglied des IVK

Das Unternehmen

Gründungsjahr
1907

Größe der Belegschaft
85 Mitarbeiter

Gesellschafter
Irmen-Verwaltungs GmbH, Remagen

Vertriebswege
Fachhandel, Direktbelieferung
Eigene Außendienstmitarbeiter
Vertriebspartner weltweit

Ansprechpartner
Geschäftsführung:
Dipl.-Ing. Ralf Heiligtag

Anwendungstechnik und Vertrieb
Vertriebsleiter:
Erich Dochow

Das Produktprogramm

Klebstofftypen
Schmelzklebstoffe
Lösemittelhaltige Klebstoffe
Dispersionsklebstoffe
Haftklebstoffe

Für Anwendungen im Bereich
Klebebänder
Holz-/Möbelindustrie
Baugewerbe inkl. Fußboden
Wand und Decke
Isolierglasherstellung und -verarbeitung
Fassadengestaltung (Structural Glazing)
Elektronik
Maschinen- und Apparatebau
Fahrzeug-, Luftfahrtindustrie
Solarindustrie
Medizintechnik

 **Ihr Partner für Selbstklebetechnik**

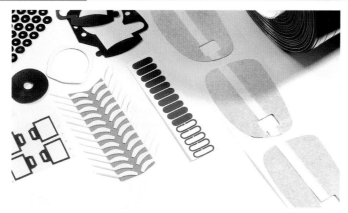

VITO Irmen GmbH & Co. KG
Mittelstraße 74-80, D-53424 Remagen
Telefon +49 (0) 2642 4007-0, Telefax +49 (0) 2642 42913
Mail: info@vito-irmen.de, Internet: www.vito-irmen.de

Wacker Chemie AG
Hanns-Seidel-Platz 4
D-81737 München
Telefon +49 (0) 89-62 79-0
Telefax +49 (0) 89-62 79-17 70
E-Mail: info@wacker.com
www.wacker.com

Mitglied des IVK

Das Unternehmen

Gründungsjahr
1914

Größe der Belegschaft
rund 17.000 (Stand: 2015)

Gesellschafter
Aktiengesellschaft

Tochterfirmen
25 Produktionsstätten und mehr als 100
Repräsentanzen weltweit.

Das Produktprogramm

Rohstoffe/Polymere
Silanterminierte Polymere
Vinylacetat-Polymere
(Dispersionen, Dispersionspulver,
Festharze)
Vinylacetat-Ethylen-Co und Terpolymere
(Dispersionen, Dispersionspulver)
VC-Copolymere
Silicone

Rohstoffe/Additive
Pyrogene Kieselsäuren (HDK®)
Silane, organofunktionelle Silane,
Haftvermittler, Vernetzer
(GENIOSIL®)
Entschäumer, Silicontenside

Dicht- und Klebstofftypen
Siliconkautschuke (RTV-1, RTV-2, LSR)
Silicongele, Siliconschäume,
UV-härtende Systeme
Hybriddicht- und -klebstoffe

Wakol GmbH
Bottenbacher Straße 30
D-66954 Pirmasens
Telefon +49 63 31-80 01-0
Telefax +49 63 31-80 01-8 90
www.wakol.com

Mitglied des IVK

Das Unternehmen

Gründungsjahr
1934

Größe der Belegschaft
200 Mitarbeiter (Gruppe)

Umsatz
61,3 Mio. €

Tochterfirmen
Wakol GmbH, A-6841 Mäder
Wakol Adhesa AG, CH-9410 Heiden
Wakol Foreco srl,
I-20010 Marcallo con Casone
Loba-Wakol Polska Sp. z o.o.,
PL-05-850 Ożarów Mazowiecki
Loba-Wakol LLC,
USA-28134 Pineville N.C.

Geschäftsführung
Christian Groß
Dr. Frederic Holzbaur
Dr. Martin Schäfer

Vertriebswege
Direktvertrieb
Fachhandel

Das Produktprogramm

Klebstofftypen
Dispersionsklebstoffe
Haftklebstoffe
Lösemittelhaltige Klebstoffe
Reaktionsklebstoffe

Für Anwendungen im Bereich
Baugewerbe (Fußboden, Wand)
Automobilzulieferindustrie
(Fahrgastsitzherstellung)
Bauzulieferindustrie
Schaumstoffverarbeitende Industrie
Schuhindustrie

Weitere Produkte
Sealing Compounds für die Emballagen-
industrie

WEICON GmbH & Co. KG
Königsberger Straße 255
48157 Münster, Deutschland
Telefon +49 (0) 2 51-93 22-0
Telefax +49 (0) 2 51-93 22-2 44
E-Mail: info@weicon.de
www.weicon.de

Mitglied des IVK

Das Unternehmen

Gründungsjahr
1947

Größe der Belegschaft
200

Tochterfirmen
WEICON Middle East LLC, Dubai, V.A.E.
WEICON Inc., Kitchener, Kanada
WEICON Kimya Sanayi Tic. Ltd. Sti.,
Istanbul, Türkei
WEICON Romania SRL, Targu Mures,
Rumänien
WEICON SA Pty Ltd., Kapstadt, Südafrika
WEICON South East Asia Pte Ltd., Singapur
WEICON Czech Republic s.r.o., Teplice,
Tschechische Republik

Vertriebswege
Technischer Handel, Großindustrie

Ansprechpartner
Geschäftsführung:
Ralph Weidling

Anwendungstechnik und Vertrieb:
Holger Lütfring
Produktmanager

Martin Adämmer
Vertriebsleiter Inland

Vitali Walter
Vertriebsleiter International

Das Produktprogramm

Klebstofftypen
2-Komponenten Klebstoffe
Basis: Epoxydharz, PUR, MMA
1-Komponenten Klebstoffe
Basis: Cyanacrylat, PUR, MMA, POP
Reaktionsklebstoffe
lösemittelhaltige Klebstoffe

Dichtstofftypen
PUR-Dichtstoffe
Silikondichtstoffe
MS/SMP-Dichtstoffe

Für Anwendungen im Bereich
Papier/Verpackung
Holz- und Möbelindustrie
Baugewerbe, inkl. Fußboden, Wand u. Decke
Elektro, Elektronik
Maschinen- und Apparatebau
Fahrzeug-, Luftfahrtindustrie
Haushalt, Hobby und Büro
Metall- und Kunststoffindustrie
Automobilindustrie

**Weiss Chemie + Technik
GmbH & Co. KG**
Hansastraße 2
D-35708 Haiger
Telefon +49 (0) 27 73-8 15-0
Telefax +49 (0) 27 73-8 15-2 00
E-Mail: ks@weiss-chemie.de
www.weiss-chemie.de

Mitglied des IVK

Das Unternehmen

Gründungsjahr
1815

Größe der Belegschaft
300 Mitarbeiter in der Firmengruppe

Gesellschafter
WBV – Weiss Beteiligungs- und
Verwaltungsgesellschaft mbH

Standorte
Haiger
Herzebrock
Niederdreisbach
Monroe, NC (USA)

Stammkapital
2 Mio. €

Besitzverhältnisse
Familiengesellschafter

Geschäftsführung
Jürgen Grimm

Ansprechpartner
Zentrale:
+49 (0) 27 73-815-0

Vertrieb:
+49 (0) 27 73-815-219

Anwendungstechnik:
+49 (0) 27 73-815-255

Einkauf:
+49 (0) 27 73-815-241

Vertriebswege weltweit
Eigener Außendienst, Handel, Industrie
und Handwerk

Das Produktprogramm

Geschäftsbereich Klebstoffe

Klebstofftypen
Lösemittelhaltige Klebstoffe
Reaktionsklebstoffe (PUR, Epoxi)
Cyanacrylatklebstoffe
Hybridklebstoffe
Dispersionsklebstoffe
Schmelzklebstoffe
Haftklebstoffe

Für Anwendungen u. a. in den Bereichen
Fenster- und Türenindustrie
(Kunststoff, Metall, Holz)
Holz-/Möbelindustrie
Brandschutz
Luftdichte Gebäudehülle gem. EnEV
Trockenbau
Transportation/Nutzfahrzeuge, Schiffsbau,
Schienenfahrzeuge, Caravanindustrie,
Containerbau
Klima- und Lüftungstechnik
Sandwichelemente
Baugewerbe
Elektronik

Geschäftsbereich Sandwichelemente
Leichte Sandwich-Konstruktionen als
wärme- und schalldämmende Elemente in
Einsatzbereichen wie Türen, Fenster, Tore,
Messebau, Fahrzeugaufbauten etc.

Willers, Engel & Co.

Lippeltstraße 1
D-20097 Hamburg
Telefon +49 (0) 40-33 79 67
Telefax +49 (0) 40-33 19 80
E-Mail: office@willersengel.de
www.drt.fr

Mitglied des IVK

Das Unternehmen

Gründungsjahr
1910

Größe der Belegschaft
9 Mitarbeiter

Gesellschafter
Les Dérivés Résiniques et Terpéniques

Stammkapital
400.000 €

Besitzverhältnisse
100 %

Geschäftsführung
Jens Döhle

Anwendungstechnik und Vertrieb
Rüdiger Heidorn,
Lars-Olaf Jessen

Das Produktprogramm

Rohstoffe
Harze:
Polyterpenharze, Terpenphenolharze
Harzdispersionen
Balsamharze und Derivate,
Tallharzderivate

Lösemittel:
Terpenkohlenwasserstoffe,
Terpenalkohole

Worlée-Chemie GmbH
Grusonstraße 22
D-22113 Hamburg
Telefon +49 (0) 40-733 33-0
Telefax +49 (0) 40-733 33-11 70
E-Mail: service@worlee.de
www.worlee.de

Mitglied des IVK

Das Unternehmen

Gründungsjahr
1962
(Gründung als Tochtergesellschaft der
E. H. Worlée & Co., eines im Jahre 1851
gegründeten Handelshauses)

Größe der Belegschaft
Insgesamt ca. 300 Mitarbeiter
(Produktionsstätten in Lauenburg und
Lübeck sowie deutscher Außendienst und
Niederlassungen im Ausland)

Gesellschafter
Dr. Albrecht von Eben-Worlée
Reinhold von Eben-Worlée

Besitzverhältnisse
im Familienbesitz derer von Eben-Worlée
Tochterfirmen:
E. H. Worlée & Co. B. V., Kortenhoef (NL)
E. H. Worlée & Co. (UK) Ltd.,
Newcastle-under-Lyme (GB)
Worlée-Chemie (India) Private Limited,
Mumbai (IND)
Worlée Italia S.R.L, Mailand (I)
Varistor AG, Lengnau (CH)
Worlée (Shanghai) Trading Co., Ltd., Shanghai (CN)

Vertriebswege
Deutscher Außendienst, Tochterfirmen im
Ausland, Niederlassungen, Vertretungen

Geschäftsführung
Dr. Albrecht von Eben-Worlée
Reinhold von Eben-Worlée
Joachim Freude

Marketing und Vertrieb
Klaus Köhler (Bereich Rohstoffe)
Sarah Suhr (Bereich Handelsprodukte)

Das Produktprogramm

Rohstoffe
Additive
Acrylatharze
Acrylatdispersionen
Alkydharze
Alkydemulsionen
Polyester
Polyesterpolyole
Maleinatharze
Hartharze phenolmodifiziert
Haftvermittler/Special Primer
Pigmente
Farbruße
Leitfähige Ruße

Handelsprodukte
XSBR – wässrige Dispersion eines carboxyl-
gruppenhaltiges Styrol-Butadien-Copolymerisates
HS-SBR – wässrige Dispersion eines Styrol-Butadien-
Copolymerisat (High-Solid)
NBR – wässrige Dispersion eines Acrylnitril-
Butadien-Copolymerisates
PSBR – wässrige Copolymerdispersion bestehend
aus Butadien-Styrol und 2-Vinylpyridin
CR – wässrige Polymerdispersion aus Basis von
2-Chlorbutadien
ABS – wässrige Dispersion eines Copolymers aus
Styrol, Butadien und Acrylnitril
VA – Vinylacetat Copolymer Dispersion
Alipatische Polyisocyanate
Polythiole

WULFF
GmbH u. Co. KG

Wersener Straße 3
D-49504 Lotte
Telefon +49 (0) 54 04 - 881- 0
Telefax +49 (0) 54 04 - 881- 849
E-Mail: industrie@wulff-gmbh.de

Mitglied des IVK

Das Unternehmen

Gründungsjahr
1890

Größe der Belegschaft
170 Mitarbeiter

Gesellschafter
Familie Israel, Ernst Dieckmann

Vertriebswege
Direktvertrieb, Großhandel

Ansprechpartner
Geschäftsführung:
Alexander Israel
Jan-Steffen Entrup

Weitere Informationen
Großhandel für das Lackierhandwerk,
Malerhandwerk, Tischlerhandwerk

Das Produktprogramm

Grundierungen
Dispersions-, Pulver- und 2K Grundierungen

Spachtelmassen
Zement- und Calciumsulfat-Spachtelmassen,
selbstverlaufende, standfeste und Spezial-
Spachtelmassen

Klebstoffe
Dispersions- und SMP-Klebstoffe

Dichtstoffe
Acryl- und SMP-Dichtstoffe

Für Anwendungen im Bereich
Baugewerbe: Verlegewerkstoffe für
Bodenbeläge und Parkett
Zulieferer für die Belagsindustrie

zelu.
Polyurethan Schaumsysteme
Klebstofftechnik

ZELU CHEMIE GmbH
Robert-Bosch-Straße 8
D-71711 Murr
Telefon +49 (0) 71 44 82 57-0
Telefax +49 (0) 71 44 82 57-30
E-Mail: info@zelu.de
www.zelu.de

Mitglied des IVK

Das Unternehmen

Gründungsjahr
1889

Größe der Belegschaft
50 Mitarbeiter

**Ansprechpartner für Entwicklung/
Anwendungstechnik**
Herr Dr. Stefan Kissling

Ansprechpartner techn. Vertrieb
Nathalie Uhrich
Mustafa Türken

Vertriebswege
Direktvertrieb
Handelsvertretungen im In- und Ausland
weltweiter Vertrieb

Das Produktprogramm

Klebstofftypen
Dispersionsklebstoffe
Haftklebstoffe/Latex Klebstoffe
Lösemittelhaltige Klebstoffe (SBS, CR, TPU)
Reaktionsklebstoffe
Schmelzklebstoffe

Für Anwendungen im Bereich
Interior/Automotive Kaschierung
Polstermöbel
Sitzmöbel/Bürostühle
Schaumstoffkonfektionierer
Matratzenfertigung
Kfz- und Industriefilter
Bauindustrie
Lederwarenfertigung

Weitere Produkte
Systemformulierungen auf Basis
PUR Weichschaum, Integralschaum,
Hartschaum, Halbhartschaum,
Gießsysteme, Vergussmassen,
Elastomere, Dichtungsschäume

Anwendungsbeispiele
Energieabsorptionsschaum im KFZ-Bereich
für passive Sicherheit, Bürostühle und
KFZ Bestuhlung, Fertigung von Luft- und
Kraftstofffiltern, technische Teile, Gehäuse-
elemente, Lärm- und Schallabsorption,
Dämmindustrie, Kopfstützen, Knieschoner,
Dichtungen für Schaltschränke, Raumfilter,
Gehäuseteile

FIRMENPROFILE

Geräte- und Anlagenhersteller

ⅠⅠ BÜHNEN

Bühnen GmbH & Co. KG
Hinterm Sielhof 25
D-28277 Bremen
Telefon +49 (0) 4 21-51 20-0
Telefax +49 (0) 4 21-51 20-2 60
E-Mail: info@buehnen.de
www.buehnen.de

Mitglied des IVK

Das Unternehmen

Gründungsjahr
1922

Größe der Belegschaft
70 Mitarbeiter

Besitzverhältnisse
Privatbesitz

Tochterfirmen
BÜHNEN, Polen

Ansprechpartner
Geschäftsführung:
Hanno Pünjer

Vertriebsleitung D/A/CH:
Hans-Gerhard Hartje

Marketing:
Valentino Di Candido

Vertriebswege
Außendienst-Fachberater, Distributoren

Das Produktprogramm

**Anlagen/Verfahren/Zubehör/
Dienstleistungen**
Schmelzklebstoff-Tankanlagen mit
Kolben- und Zahnradpumpen
PUR- und POR-Tankanlagen
PUR-und POR-Fassschmelzanlagen
Handpistolen für Sprüh- und Raupenauftrag
Walzenauftragsgeräte
Auftragsköpfe für Raupen-, Flächen-,
Sprüh-, Punkt-, Spiralauftrag und Sonder-
auftragsköpfe nach individuellen Kunden-
anforderungen
handgeführte Schmelzklebstoff-
Auftragsgeräte
PUR- und POR-Handauftragsgeräte
umfangreiches Applikationszubehör
kundenorientierte Anwenderlösungen

Schmelzklebstoffe
Die Produktpalette umfasst eine Vielzahl
unterschiedlicher Schmelzklebstoff-Aus-
führungen und Qualitäten für nahezu jede
Anwendung.
Lieferform als Patronen, Kerzen, Granulat,
Blockware, Kartuschen, Gebinde, Hobbocks

Anwendungsbeispiele
Automobilindustrie, Automobilzulieferindustrie, Verpackung, Displayherstellung,
Elektroindustrie, Baugewerbe, Ausgießen
von Bauteilen, Fixieren von Spulendrahten-
den, Möbelindustrie, Polstermöbelindustrie,
Filterindustrie, Schuhindustrie, Schaum- und
Textilverklebungen, Kofferindustrie, Sanitär-
industrie, Floristikbedarf, etc.

Drei Bond GmbH
Carl-Zeiss-Ring 17
D-85737 Ismaning
Telefon +49 (0) 89-962427 0
Telefax +49 (0) 89-962427 35
E-Mail: info@dreibond.de
www.dreibond.de

Mitglied des IVK

Das Unternehmen

Gründungsjahr
1979

Größe der Belegschaft
48

Gesellschafter
Drei Bond Holding GmbH

Stammkapital
50.618 €

Tochterfirmen
Drei Bond Polska sp.z o.o. in Krakau

Vertriebswege
Direkt in die Automobilindustrie
(OEM + Tier 1/Tier 2), indirekt
über Handelspartner sowie ausgewähltes Private
Label Geschäft

Ansprechpartner
Geschäftsführung: Herr Thomas Brandl

Anwendungstechnik Klebe- u. Dichtstoffe:
Sven Schepers, Christian Eicke

Anwendungstechnik Dosiertechnik:
Sebastian Schmid, Norbert Frank,
Marco Hein

Vertrieb Klebe- u. Dichtstoffe:
Sven Schepers, Christian Eicke

Vertrieb Dosiertechnik:
Norbert Frank, Marco Hein

Weitere Informationen
Drei Bond ist Zertifiziert nach ISO 9001-2008 und
ISO 14001-2009

Das Produktprogramm

Geräte-, Anlagen und Komponenten
- Drei Bond Compact Dosieranlagen → halbau-
  tomatischer Auftrag von Klebe- u. Dichtstoffen,
  Fetten und Ölen Dosiertechnik: Druck/Zeit
  und Volumetrisch
- Drei Bond Inline Dosieranlagen → vollauto-
  matischer Auftrag von Klebe- u. Dichtstoffen,
  Fetten und Ölen
  Dosiertechnik: Druck/Zeit und Volumetrisch
- Drei Bond Dosierkomponenten:
  Behältersysteme: Tanks, Kartuschen,
  Fasspumpen
  Dosierventile: Exzenterschneckenpumpen,
  Membranventile, Quetschventile, Sprühventile,
  Rotorspray

Klebstoff-/Dichstofftypen
- Cyanacrylat Klebstoffe
- Anaerobe Klebe- u. Dichtstoffe
- UV Licht härtende Klebstoffe
- 1K/2K – Epoxidklebstoffe
- 2K – MMA Klebstoffe
- 1K/2K – PUR Klebstoffe
- 1K – MS Hybridklebe- u. Dichtstoffe
- 1K – synthetische Klebe- u. Dichtstoffe
- 1K – Silikondichtstoffe

Ergänzende Produkte:
- Aktivtoren, Primer, Cleaner

Für Anwendungen Im Bereich
- Automobil -/Automobilzulieferindustrie
- Elektronikindustrie
- Elastomer -/Kunststoff -/Metallverarbeitung
- Maschinen- u. Apparatebau
- Motoren- u. Getriebebau
- Gehäusebau (Metall- und Kunststoff)

Gößl + Pfaff GmbH

Münchener Straße 13
D-85123 Karlskron
Telefon +49 8450 932-0
Telefax +49 8450 932-13
E-Mail: info@goessl-pfaff.de
www.goessl-pfaff.de

Mitglied des IVK

Das Unternehmen

Gründungsjahr
1984

Größe der Belegschaft
22

Gesellschafter
Roland Gößl, Josef Pfaff

Stammkapital
50.000

Vertriebswege
Technischer Vertrieb, Web-Shop

Ansprechpartner
Geschäftsführung:
Roland Gößl, Josef Pfaff

Anwendungstechnik und Vertrieb:
Kathrin Pfaff, Martina Reithmeier

Das Produktprogramm

Klebstofftypen
Reaktionsklebstoffe

Geräte-/Anlagen und Komponenten
zum Fördern, Mischen, Dosieren und für
den Klebstoffauftrag

Für Anwendungen im Bereich
Holz-/Möbelindustrie
Baugewerbe, inkl. Fußboden, Wand und
Decke
Elektronik
Maschinen- und Apparatebau
Fahrzeug, Luftfahrtindustrie

HARDO-Maschinenbau GmbH
Grüner Sand 78
D-32107 Bad Salzuflen
Telefon +49 (0)5222/93015
Telefax +49 (0)5222/93016
E-Mail: thermo@hardo.eu
www.hardo.eu

Das Unternehmen

Gründungsjahr
1935

Größe der Belegschaft
70 Mitarbeiter

Vertriebswege
Direktvertrieb und Agenturen weltweit

Ansprechpartner
Geschäftsführer:
Dipl.-Wirt.-Ing. Ingo Hausdorf

Vertrieb und Anwendungstechnik:
Hauke Michael Immig
Ralf Drexhage
Reinhard Kölling
Carsten Schoeler

Weitere Informationen
System- und Indivduallösungen für
die Applikation von Klebstoffen.
Vorschmelzgeräte mit sehr hohen
Schmelzleistungen.

Das Produktprogramm

Auftragssysteme für:
Schmelzklebstoffe
Reaktive-Schmelzklebstoffe
Dispersionsklebstoffe
Primer
Diverse Substanzen

Vorschmelzgeräte für:
Schmelzklebstoffe
Reaktive-Schmelzklebstoffe

Kaschierwalzenstationen
Durchlaufpressen
Plattenpressen
Wickelstationen

Neben Einzelmaschinen liefert Fa. Hardo
auch komplette Beschichtungsanlagen für
unterschiedlichste Anwendungen
und Branchen.

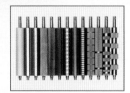

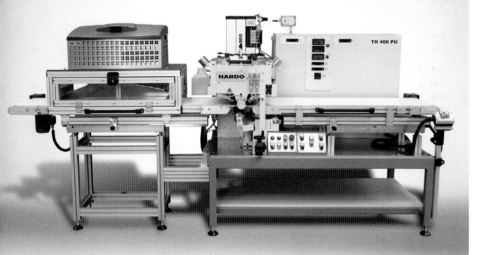

Dr. Hönle AG
UV-Technologie
Lochhamer Schlag 1
D-82166 Gräfelfing/München
Telefon +49 (0) 89-85 60 80
Telefax +49 (0) 89-85 60 81 48
E-Mail: uv@hoenle.de
www.hoenle.de

Das Unternehmen

Gründungsjahr
1976

Jahresumsatz
92,1 Mio. Euro

Vorstand
Norbert Haimerl
Heiko Runge

Tochterfirmen im Klebstoffbereich
D: Panacol-Elosol GmbH Deutschland
        (Klebstoffe) – Steinbach/Taunus
        Aladin GmbH (UV-Strahlerproduktion) –
        Rott am Inn
F: Honle UV France S.a.r.l., F-Bron
        Eleco Produits S.A.S.,
        F-Gennevillers Cedex
USA: Tangent Industries Inc, Torrington CT
KOR: SKC Panacol, KR-Gyeonggi-do
I: Hönle Italy, Sales Office
BeNeLux: Panacol Elsosol GmbH,
            NL-Zevenbergen

Vertrieb
Dieter Stirner
Florian Diermeier

Vertriebswege
Eigener Außendienst und Vertriebspartner
weltweit

Das Produktprogramm

UV-/UV-LED-Strahlungstechnologie
zur Härtung UV-reaktiver und lichthärtender
Kleb- und Kunststoffe
zur Trocknung und Härtung UV-reaktiver
Farben und Lacke
zur Entkeimung mit UVC-Strahlung
zur Fluoreszenzanregung
zur Sonnensimulation

Klebstoffe
Über Panacol: UV-reaktive Klebstoffe,
Reaktionsklebstoffe, Anaerobe Klebstoffe,
Cyanacrylate, Hochtemperatur-Klebstoffe,
leitfähige isotrope und anisotrope Klebstoffe,
UV- und lichthärtende Epoxid- und Acrylat-
klebstoffe, Silikone, Strukturklebstoffe,
1K- u. 2K-Epoxidharze

Für Anwendungen im Bereich
Elektronikfertigung
Conformal Coating/Chip-Verguss
Feinmechanik
Maschinen- und Apparatebau
Fahrzeug-, Luftfahrtindustrie
Haushalt, Hobby, Büro
Glasindustrie
Optik
Medizintechnik
Photovoltaik

Druck- und Beschichtungstechnik
Entkeimung von Verpackungsmaterialien
Qualitätskontrolle
Beschleunigte Materialalterung
Prüfung von Photovoltaik Modulen

Hönle — UV / UV-LED-Aushärtungssysteme

Als UV-Spezialist mit über 40 Jahren Erfahrung bietet Hönle hocheffiziente Aushärtungslösungen für Kleb- und Verguss-anwendungen — immer perfekt abgestimmt auf die Anforderungen des Kunden.

Unsere Technologie wird in den unterschiedlichsten industriellen Fertigungsprozessen eingesetzt, zum Beispiel in der Elektronik, Optik und Optoelektronik, in Medizintechnik und in der Automobil-industrie.

Industrial Solutions. Hönle Group.   **www.hoenle.de**

Hilger u. Kern GmbH
Dosiertechnik
Käfertaler Straße 253
D-68167 Mannheim
Telefon +49 (0) 6 21-37 05-0
Telefax +49 (0) 6 21-37 05-2 00
E-Mail: info@hilger-kern.de
www.dopag.de

Das Unternehmen

Gründungsjahr
1927

Größe der Belegschaft
> 250 weltweit

Vertrieb international
DOPAG Dosiertechnik und Pneumatik AG, Schweiz
DOPAG S.A.R.L. Frankreich
DOPAG UK Ltd, England
DOPAG Italia S.r.l. Italien
DOPAG (US) Ltd., USA
DOPAG India Pvt. Ltd.
DOPAG (Shanghai) Metering Technology Co.,
Ltd., China

Das Produktprogramm

DOPAG Dosiertechnik
Dosier- und Mischanlagen
aller gängigen Verfahrenskonzepte
(Schuss-Pumpen-, Kolben-Pumpen-,
Zahnrad-Pumpen und Elektronische
Dosier- und Mischanlagen) für
Polymere und 1K-Medien wie Fette,
Öle, Pasten und Klebstoffe.
Spezialanlagen zur Herstellung von
Composits und Rotorblättern für Wind-
kraftanlagen

Komponenten
wie Dosier- und Auslassventile,
Förderpumpen für nieder- bis hochviskose
Medien, Materialdruck-Reduzierventile,
Statistische-, statisch-dynamische
und dynamische Mischsysteme,
Mischwendelüberwachung für
statisch-dynamische Mischsysteme

Weitere Unternehmensbereiche
Hilger u. Kern Industrietechnik

**Innotech Marketing und
Konfektion Rot GmbH**
Hermann-Löns-Str. 1a
D-76669 Bad Mingolsheim
Telefon 0 72 53 - 988 85 50
E-Mail: jr@innotech-rot.de
www.innotech-rot.de

Mitglied des IVK

Das Unternehmen

Gründungsjahr
1995

Größe der Belegschaft
21

Gesellschafter/Inhaber
Joachim Rapp

Stammkapital
100.000 €

Besitzverhältnisse
Tochterfirmen: Adhetek GmbH

Vertriebswege
Fachhandel, Klebstoffhersteller, Industrie, weltweiter
Export, Internet, Direktvertrieb

Ansprechpartner
Geschäftsführung:
Joachim Rapp, Anja Gaber – jr@innotech-rot.de

Technik/Applikationsgeräte:
Martin Deutsch – service@innotech-rot.de

Applikationslösungen/Klebstoffzubehör:
Nadine Knörr – verkauf@innotech-rot.de

Internet: www.innotech-rot.de

Weitere Informationen
Innotech bietet den Komplettservice rund um das
Thema Kleben und Dichten, speziell in der Handappli-
kation.
• Deutschlandweit die größte Auswahl an Klebepisto-
  len unterschiedlichster Hersteller mit kompetentem
  Beratungs- und Reparaturservice, Sonderpistolen-
  fertigung
• Stationäre Pistolenanwendung, Baukastenlösungen
• Verkauf und Vertrieb von Klebstoffzubehör
  (Mischer, Düsen, Kartuschen, ...)
• Heiztechnik für Klebstoffe, beheizte Pistolen,
  Heizkoffer
• Klebeberatung und Schulung zum Thema Kleben und
  Dichten
• Lohnverklebungen (Marketingmuster)
• Klebstoffmusterlogistik

Das Produktprogramm

Klebstofftypen
Schmelzklebstoffe, Haftklebstoffe

Dichtstofftypen
Acrylatdichtstoffe, Silicondichtstoffe,
MS/SMP-Dichtstoffe. Sonstige

Rohstofftypen
Lösemittel, Polymere

Geräte-, Anlagen und Komponenten
Zum Fördern, Mischen, Dosieren und für den Klebstoffauftrag; zur Oberflächenvorbehandlung; Klebstoffhärtung
und -trocknung; Mess- und Prüftechnik

Für Anwendungen im Bereich
Baugewerbe (inkl. Fußboden, Wand und Decke)
Maschinen- und Apparatebau; Fahrzeug, Luftfahrtindustrie
Herstellung/Vertrieb von Normprüfkörpern und Bearbei-
tung von Kundenmaterial zu Prüfblechen

Kartuschenpistolen
(Hand-, druckluft- oder akku-betrieben, eigene Service-
werkstatt)
Über 500 Modelle, 15.000 Geräte und 200.000 Ersatzteile von 11 Herstellern. Einige Klebstoffhersteller und
Großkunden nutzen Just-In-Time Lieferservice, um
eigene Lagerbestände zu minimieren. Leistungsstarke
beheizte Akkupistolen bis 220 Grad Celsius und 5 kN
Druckkraft.

Klebstoffzubehör
Breites Sortiment mit weltweitem Vertrieb von Klebstoff-
zubehör wie Mischer, Kartuschen, Düsen, Haftvermittler,
Heiztechnik

Klebstoffmusterlogistik
Angebot der kompletten Bemusterungslogistik für Kleb-
stoff- bzw. Dichtstoffhersteller

• Lagerhaltung, Konfektionierungen für Außendienstmitarbeiter, Abfüllung der Muster, Pickup Service,
  spezieller Partnerzugang mit aktuellen Beständen auf
  der Webseite und weltweiter Versand

Lohnverklebungen
Herstellung von Prüfkörpern, Marketingmustern
(Messe, Außendienst, Schulungen)

IST METZ GmbH
Lauterstraße 14 – 18
D-72622 Nürtingen
Telefon +49 (0) 0 70 22 - 6 00 20
Telefon +49 (0) 0 70 22 - 6 00 276
E-Mail: info@ist-uv.com
www.ist-uv.de

Mitglied des IVK

Das Unternehmen

Gründungsjahr
1977

Größe der Belegschaft
500 Mitarbeiterinnen und Mitarbeiter
weltweit

Tochterfirmen
eta plus electronic GmbH
gerhard metz metallbau GmbH
S1 Optics GmbH
Integration Technology Ltd.
IST France sarl
IST Italia S.r.l.
IST (UK) Limited
IST Nordic AB
IST Benelux B.V.
UV-IST Ibérica SL
IST America Corp.
IST METZ SEA Co., Ltd.
IST METZ UV Equipment China Ltd. Co.
IST East Asia K.K.

Ansprechpartner
Geschäftsführung:
Christian-Marius Metz, Holger Kühn,
Dr. Robert Sänger
Renate Metz

Anwendungstechnik und Vertrieb:
Arnd Riekenbrauck

Das Produktprogramm

Geräte-/Anlagen und Komponenten
zur Klebstoffaushärtung
Klebstoffhärtung und -trocknung
Mess- und Prüftechnik

Für Anwendungen im Bereich
Papier/Verpackung
Baugewerbe, inkl. Fußboden, Wand und
Decke
Elektronik
Fahrzeug, Luftfahrtindustrie
Klebebänder, Etiketten

Nordson Deutschland GmbH
Heinrich-Hertz-Straße 42
D-40699 Erkrath
Telefon +49 (0) 2 11-92 05-0
Telefax +49 (0) 2 11-25 46 58
E-Mail: info@de.nordson.com
www.nordson.de

Das Unternehmen

Gründungsjahr
1967

Größe der Belegschaft
450 Mitarbeiter mit Nordson Engineering (Lüneburg)

Gesellschafter
Nordson Corporation, USA

Ansprechpartner
Geschäftsführung:
Axel Wenz, Ulrich Bender und
Srinivas Subramanian

Vertrieb
Gesamtverkaufsleitung:
Georg Gillessen
Betreuung OEMs:
Christian Schwär
Verpackungs-/Montageanwendungen:
Georg Gillessen

Industrielle Anwendungen:
Jörg Klein

Nonwoven: Kai Kröger

Industrial Coating Systems: Michael Lazin

Container: Ralf Scheuffgen

Automotive: Volker Jagielki

Vertriebswege
Durch Außendienstmitarbeiter der
Nordson Deutschland GmbH

Weitere Informationen
Entwicklungszentren und Produktionsstätten
(ISO-zertifiziert) in den USA und Europa,
über 6.600 Mitarbeiter, Niederlassungen auf allen
Kontinenten. In Zusammenarbeit mit dem Kunden
entwickelt Nordson Komplettlösungen mit
integrierten Systemen und aufeinander abgestimmten
Komponenten, die mit den Anforderungen der
Kunden mitwachsen.

Das Produktprogramm

Anlagen und Systeme zur Applikation von Kleb- und
Dichtstoffen und zur Obeflächenbeschichtung mit Lacken,
anderem flüssigen Material oder Pulver. Nordson Anlagen
können in vorhandene Anlagen integriert werden.

Verpackungs- und Montageanwendungen
Komplette Klebstoffauftragssysteme (Hot Melt/Kalt-
leim) zur Ausrüstung von Verpackungslinien. Im Bereich
Montageanwendungen optimiert Nordson Fertigungsprozesse in vielen verschiedenen Industriezweigen.

Industrielle Anwendungen
Kleb- und Dichtstoffanwendungen für unterschiedlichste
Industriebereiche z. B. Automobil-Produktion sowie Luft-
und Raumfahrt, Elektronik, Mobilgeräte, Holzverarbeitung
etc. sowie Präzisions-Dosiersysteme und Ventile zum
Auftrag von Klebern und Schmierstoffen, zum Abdichten,
Vergießen, Einkapseln und Ausformen.

Nonwoven
Nonwoven (Maßgeschneiderte Anlagen zum Auftragen
von Klebstoff und superabsorbierendem Pulver zur
Herstellung von Babywindeln, Slipeinlagen, Damenbinden
und Inkontinenzartikeln).

Pulver- und Nasslackbeschichtungen
Anlagen und Systeme zur Oberflächenbeschichtung mit
Lacken, anderen flüssigen Materialien und Pulver.

Containerbeschichtungen
Anlagen und Systeme zur Beschichtung und Kennzeichnung von Dosen, Containern und anderen Behältnissen.

Electronics
Automatische Beschichtungs- und Dosieranlagen für
die Elektronikindustrie zur präzisen Applikation von
Klebstoffen, Vergussmassen, Lötpasten, Flussmitteln,
Schutzlacken etc.

Reinhardt-Technik GmbH
a Member of WAGNER-Group

Waldheimstraße 3
D-58566 Kierspe
Telefon +49 (0) 23 59-6 66 -0
Telefax +49 (0) 23 59-6 66 -1 29
E-Mail: info@reinhardt-technik.de
www.reinhardt-technik.de

Das Unternehmen

Gründungsjahr
1962

Größe der Belegschaft
ca. 100 Mitarbeiter

Geschäftsführer
Everton Francisco

Vertriebswege
Außendienstmitarbeiter, Vertreter und Händler

Öffentlichkeitsarbeit
Michel Foterek
m.foterek@reinhardt-technik.de

Unternehmensprofil
Die Reinhardt-Technik GmbH ist spezialisiert auf die
Bereiche Kleben, Dichten und Vergießen inklusive
Spritzguss. Das Unternehmen bietet ein umfassendes Maschinenprogramm für Dosier- und Mischtechnik, mit der kalt- oder warmverarbeitende 1K-Mate-
rialien und mehrkomponentige Flüssigkunststoffe wie
Polyurethane, Polysulphide, Epoxyharze, Silikone und
LSR (Liquid Silicone Rubber) verarbeitet werden
können. Dabei kommen alle gängigen Verfahrenskonzepte – von der pneumatisch angetriebenen
Kolbenpumpe über Zahnradanlagen bis hin zu hydraulisch und elektrisch geregelten Kolbendosierern
sowie Exzenterschneckendosierer – zum Einsatz.
Darüber hinaus liefert Reinhardt-Technik als System-
lieferant Komplettsysteme wie Fertigungszellen mit
Robotern, gepaart mit Werkstücktransportsystemen
als Insellösungen oder als Integration in einer
Fertigungsstraße.

Das Produktprogramm

Dosier- und Vergusssysteme
Hochpräzise und zuverlässige Dosiersysteme für
verschiedenste Anwendungsbereiche:
• Kolben-Dosiersysteme
• Zahnrad- Dosiersysteme
• Exzenterschnecken-Dosiersysteme

Automatisierte Fertigungszellen
Komfortable, einfache wie auch sichere Bedienung
der Dosier- und Mischsysteme sowie Integrierung in
vor- und nachgelagerte Prozesse:
• Standardisierte Roboterzellen (eZbotic)
• Individuelle und anwendungsspezifische
  Fertigungszellen

Materialaufbereitung und -förderung
Modular aufgebaute und konfigurierbare Aufberei-
tungs- und Fördersysteme:
• Rührwerke für schnell sedimentierende Materialien
• Optionale Materialbeheizung
• 1K- oder 2K-Kompenten
• Optionale Boosterzugabe
• 20 und 200 Ltr. Zuführeinheiten mit robusten
  Arbeitszylinder im Verbund mit leistungsstarken
  Schöpfkolbenpumpen für niedrigviskose Materialien
• Optional Materialdruckgefäße
• Zuverlässige Materialentleerung mit geringem
  Restmaterial

Mischsysteme
Wartungsarme und leistungsfähige Mischsysteme
zur individuellen Verarbeitung:
• Statische Mischsysteme
• Dynamische Mischsysteme
• Inkl. Rücksaugventil

Kundenservice
• Anwendungstechnikum
• Schulungen
• Hotline
• Fernwartung
• Onlineshop (Ersatz- sowie Verschleißteile)
• Ersatzteilverfügbarkeit
• Weltweite Serviceeinsätze
• Anlagemodernisierungen bzw. -umbauten
• Prozessoptimierung

N
E U
G I E
R I G ?

J E T Z T T
D I E N E U E
D I M E N S I O N
E R L E B E N

REINHARDT-TECHNIK BIETET IN DER DOSIERTECHNIK NEUE MÖGLICHKEITEN
PRÄZISION SOWIE ZUVERLÄSSIGKEIT BEI VERSCHIEDENSTEN ANWENDUNGEN UND BEDINGUNGEN

Robatech
Gluing Technology

Robatech AG
Pilatusring 10
CH-5630 Muri AG/Schweiz
Telefon (+41) 5 66 75 77 00
Telefax (+41) 5 66 75 77 01
E-Mail: info@robatech.ch
www.robatech.ch

Mitglied des IVK

Das Unternehmen

Gründungsjahr 1975

Größe der Belegschaft
über 580 Mitarbeiter weltweit

Gesellschafter
Robatech AG, CH-5630 Muri, Schweiz

Besitzverhältnisse
Robatech AG, CH-5630 Muri, Schweiz

Tochterfirmen
Tochtergesellschaft in Deutschland:
Robatech GmbH, Im Gründchen 2
65520 Bad Camberg
Telefon +49 (0) 64 34-94 11 0
E-Mail info@robatech.de

Vertreten in über 60 Ländern weltweit

Vertriebswege
via Headoffice, Tochtergesellschaften
und Agenturen

Geschäftsführung
Robatech AG, Schweiz:
Marcel Meyer
Robatech GmbH Deutschland:
Eberhard Schlicht, Andreas Schmidt

Anwendungstechnik und Vertrieb
Robatech AG, Schweiz
Direktor Verkauf: Kishor Butani
Direktor Marketing: Kevin Ahlers
Robatech GmbH, Deutschland:
Geschäftsführer: Eberhard Schlicht

Weitere Informationen
Produktionsstätten in der Schweiz,
Deutschland, Frankreich und Hongkong

Das Produktprogramm

**Produktions- bzw. Vertriebsprogramm
des Unternehmens**
• Klebstoff-Auftragssysteme mit Kolben-
  pumpen und Zahnradpumpen für Hotmelt
  und Dispersionen, inklusive notwendigem
  Zubehör (Gesamtsystemlösungen)
• Mittlere Heißleimauftragssysteme von
  5 bis 30 Liter Klebstoff-Tankvolumen
• Große Heißleimauftragssysteme von 55
  bis 160 Liter Klebstoff-Tankvolumen
• Heißleimauftragssysteme für
  PUR-Klebstoffe von 2 bis 30 Liter
  Klebstoff-Tankvolumen
• Fassschmelzanlagen von 50 bis 200 Liter
  Klebstoff-Tankvolumen
• Auftragsmethoden: Raupenauftrag,
  Flächenauftrag, Sprühauftrag, Spezialitäten
• Walzenauftragssysteme
• Kaltleim-Auftragssysteme:
  Druckbehälter, Pumpen-Systeme,
  Auftragstechnik, Steuerungen und
  Auftragskontrolle

**Robatech bietet für mehrere
Industrien Lösungen an:**
Verpackungs-Industrie, Packmittel-Industrie,
Druck-Industrie, Hygiene-Industrie, Holz-
Industrie, Bauzuliefer-Industrie, Automobil-
Industrie und weitere Industrien.

Part of the Atlas Copco Group

SCA Schucker GmbH & Co. KG
Gewerbestraße 52
D-75015 Bretten
Telefon +49 (0) 7252 5560-0
Telefax +49 (0) 7252 5560-5100
E-Mail: info@sca-solutions.com
www.sca-solutions.com

Das Unternehmen

Gründungsjahr
1986. Seit 2011 Teil der Atlas-Copco-Gruppe

Größe der Belegschaft
über 550 Mitarbeiter

Besitzverhältnisse
Atlas Copco Holding GmbH, Essen
(SCA ist Teil der Atlas-Copco-Gruppe seit 2011)

Tochterfirmen
Niederlassungen und Servicestellen in 27 Ländern.
Ansprechpartner weltweit finden Sie unter
www.sca-solutions.com

Vertriebswege
Direktvertrieb

Ansprechpartner
Geschäftsführung:
Olaf Leonhardt und Dieter Eltschkner,
Geschäftsführer der SCA Schucker
GmbH & Co. KG

Anwendungstechnik und Vertrieb:
Olaf Leonhardt

Weitere Informationen
SCA entwickelt und fertigt Systeme und Anlagen zur
Applikation von Kleb- und Dichtstoffen. Das Produktprogramm umfasst von der Materialversorgung bis zur Auf-
tragsdüse alle Komponenten zur Förderung des Kleb- oder
Dichtstoffs, zur geregelten Klebstoffapplikation sowie
für den Datenaustausch mit dem Roboter, die
Systemdiagnose und Speicherung der Prozessdaten.
Das Unternehmen ist für herausragende Qualität
bekannt, insbesondere in der Automobilindustrie. Durch
die Zugehörigkeit zum Atlas-Copco-Konzern kann SCA
komplexe Fügetechnikaufgaben lösen, indem mehrere
Fügetechniken kombiniert werden: Atlas Copco ist weltweit führend bei den Fügetechniken Kleben (SCA),
Schrauben (Atlas Copco Tools) und Stanznieten (Henrob).
Über Partnerunternehmen kommen weitere Kompetenzen
ins Team, wie Schweißen oder Fließlochschrauben.
SCA ist in der Lage, die klassischen Fügetechniken so mit
einem Klebeprozess zu kombinieren, dass die Vorteile
der einzelnen Techniken genutzt und deren Nachteile ausgeschlossen werden. Kunden profitieren vom umfassenden Prozessverständnis im Konzern.

Das Produktprogramm

Verarbeitung folgender Klebstofftypen
• Reaktionsklebstoffe
• Lösemittelhaltige Klebstoffe
• Dispersionsklebstoffe

Verarbeitung folgender Dichtstoffe
• Acryl
• Butyl
• PUR
• Silikone
• (Modifizierte) Polymere

**Anlagen/Verfahren/Zubehör/
Dienstleistungen**
• Auftragssysteme (1-K-Systeme, 2-K-Systeme) für
  Kleb- und Dichtstoffe
• Komponenten für die Förder-, Misch- und Dosier-
  technik
• Oberflächenvorbehandlung
• Mess- und Prüftechnik
• Roboterzellen
• Hybridfügetechnologien
• Simulationen neuer Klebstoffe und Verfahren
• Weltweit umfassender Service: Erstversuche,
  Projektplanung, Projektmanagement, Installation und
  Inbetriebnahme, Wartung, Reparatur, vorbeugende
  Instandhaltung, Prozessoptimierungen, Trainings u. a.

Für Anwendungen im Bereich
• Automobilindustrie
• Luftfahrtindustrie
• Transportwesen
• Maschinen- und Apparatebau
• Haus- und Haushaltsgerätebau
• Elektronik

Scheugenpflug AG
Gewerbepark 23
D-93333 Neustadt a.d. Donau
Telefon +49 (0) 94 45-95 64-0
Telefax +49 (0) 94 45-95 64-40
E-Mail: vertrieb.de@scheugenpflug.de
www.scheugenpflug.de

Das Unternehmen

Gründungsjahr
1990

Größe der Belegschaft
ca. 400 (weltweit)

Geschäftsführung
Erich Scheugenpflug (CEO)
Johann Gerneth (COO)

Kontakt
E-Mail: vertrieb.de@scheugenpflug.de
www.scheugenpflug.de

Tochterfirmen
Scheugenpflug Resin Metering
Technologies Co., Ltd., China
E-Mail: info@scheugenpflug.com.cn

Scheugenpflug Inc., USA
E-Mail: sales.usa@scheugenpflug-usa.com

Scheugenpflug México, S. de R.L. de C.V., Mexiko
E-Mail: marcelo.ortiz@scheugenpflug-mexico.com

Vertriebspartner weltweit:
Siehe Homepage > Unternehmen > Kontakt zu uns >
Vertriebspartner

Unternehmensprofil
Die Scheugenpflug AG ist ein führender Hersteller
von technologisch hochwertigen Anlagen und Systemen für effiziente Klebe-, Dosier- und Verguss-pro-
zesse. Die Produkt- und Technologiepalette reicht
von modernsten Materialaufbereitungs- und -förder-
anlagen über leistungsstarke Handarbeitsstationen
bis hin zu modularen, speziell auf Kundenwünsche
zugeschnittenen Inline- und Automatisierungslösungen. Systeme und Anlagen von Scheugenpflug
kommen in der Automobil- und Elektronikindustrie
ebenso zum Einsatz wie in der Telekommunikation,
der Medizintechnik, dem Maschinen- und Anlagenbau sowie der Chemieindustrie. Scheugenpflug
verfügt über vier weitere Niederlassungen in den
USA, China und Mexiko sowie zahlreiche Service-
standorte und Vertriebspartner weltweit.

Das Produktprogramm

Klebe-, Dosier- und Vergusssysteme
• Volumetrische Kolbendosierer
• Alternierende volumetrische Kolbendosierer
• Volumetrische Kolbendosierer speziell für Wärme-
  leitmaterialien
• Zahnraddosierer
• Kleinmengen- und Mikrodosierer

Materialaufbereitung und -förderung
Aufbereitungs- und Förderanlagen für
• fließfähige bzw. selbstnivellierende Verguss-
  materialien
• hochviskose und/oder hochabrasive Verguss-
  medien
• Anwendungen mit hohem Materialverbrauch
• den Einsatz von Kartuschen

Fertigung und Verguss unter Atmosphäre
• Handarbeitsplatz mit Materialaufbereitung und
  -förderung sowie Dosiersystem auf einem Stativ
  oder zur Integration
• Prozessmodule zur Integration
• Produktionszellen und -systeme für Matrix- und
  Raupenapplikation

Fertigung und Verguss unter Vakuum
• Vakuumvergussanlagen für Klein- und Prototypen-
  fertigung
• Vakuumvergussanlagen für komplexe Bauteile und
  Serienfertigung

Individuelle Produktionslinien
Maßgeschneiderte Automatisierungslösungen für
unterschiedlichste Klebe-, Dosier- und Vergussan-
wendungen, basierend auf dem Scheugenpflug-
Baukastensystem

Service
• Anwendertechnikum / Dosierversuche
• Technischer Support / Wartung / Hotline
• After Sales / Ersatzteile
• Schulungen
• Leihanlagen
• Lohnverguss
• SISS-Tutorials: Interaktive Videoschulungen für
  Anlagenbediener

Sonderhoff Engineering GmbH
Allgäustraße 3
A-6912 Hörbranz
Telefon +43 55 73-8 29 91
Telefax +43 55 73-8 29 46
E-Mail: info@sonderhoff.com
www.sonderhoff.com

Das Unternehmen

Gründungsjahr
1988

Mitarbeiter
91 (Sonderhoff-Gruppe: > 250)

Eigentümer
Sonderhoff Holding GmbH

Schwesterfirmen
Sonderhoff Chemicals GmbH, Köln
Sonderhoff Services GmbH, Köln
Sonderhoff Polymer-Services Austria GmbH,
Dornbirn (Austria)
Sonderhoff Italia s.r.l., Oggiono (Italien)
Sonderhoff USA Copr., Elgin (USA)
Sonderhoff (Suzhou) Sealing Systems Co.
Ltd., Suzhou (China)

Vertriebskanäle
Weltweit

Ansprechpartner
Hans-Jürgen Gläser (Geschäftsführer)
Holger Hülsken (Geschäftsführer)

Weitere Informationen
Entwicklung, Herstellung und Vertrieb von
Niederdruck- Misch- und Dosieranlagen
sowie Automationskonzepten für teil- und
vollautomatisierte Anlagen oder Stand-
alone-Lösungen für die Verarbeitung und
Dosierung von 1-K- und 2-K polymeren
Dichtungs-, Verguss- und Klebesystemen.

Das Produktprogramm

Klebstofftypen
2K-Reaktionsklebstoffe auf PUR-Basis

Dichtungstypen
2K-PUR, 2K-Silikon, 1K-PVC

**Anlagen/Verfahren/Zubehör/
Dienstleistungen**
Auftragssysteme (1K-Systeme, 2K-/Mehr-
Komponenten-Systeme, Roboter), Auto-
mation für die Misch- und Dosiertechnik
für Klebeanwendungen, Dienstleistungen,
Lohnfertigung

Für Anwendungen im Bereich
Automobil-, Verpackungs-, Elektronik-,
Luftfahrt-, Filter- und Leuchtenindustrie,
Maschinen- und Apparatebau, Haushalt
(weiße Ware), Photovoltaik, Solarthermie,
Klimatechnik, Schaltschrankbau

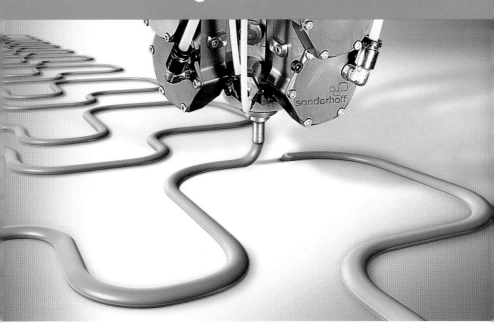

Sulzer Mixpac AG
Rütistraße 7
CH-9469 Haag
Telefon +41 81 772 20 00
Telefax +41 81 772 20 01
E-Mail: mixpac@sulzer.com
www.sulzer.com

Das Unternehmen

Gründungsjahr
2007

Größe der Belegschaft
700 Mitarbeiter

Vertriebswege
Direktvertrieb an Klebstoffhersteller
Im Handel über offizielle regionale
Vertriebspartner

Europa
Sulzer Mixpac AG
E-Mail: mixpac@sulzer.com

England
Sulzer Mixpac UK
E-Mail: mixpac@sulzer.com

USA
Sulzer Mixpac USA Inc.
E-Mail: info@SulzerMixpacUSA.com

Das Produktprogramm

**Auf Kartuschen basierende
2-Komponenten Misch- und
Austragsysteme**
Kartuschen mit Volumen von
2.5 ml, 5 ml, 10 ml, 50 ml, 200 ml
sowie 400 ml und mit Verhältnissen
von 1 : 1, 2 : 1, 4 : 1 bis 10 : 1
Pneumatische, batteriebetriebene und
manuelle Austraggeräte

Einwegmischer aus Kunststoff
Marken MIXPAC™, QUADRO™ und
STATOMIX™
Mischverhältnisse 1 :1, 2 : 1, 4 :1 und 10 :1

2-K Beschichtungsgeräte
Marke Sulzer MixCoat™: Handgeräte für
Beschichtungs- und Reparaturarbeiten
im Schiffsbau, bei Pipelines und weiteren
Stahlkonstruktionen

TechconSystems
Eagle Close, Chandlers Ford
Hampshire SO53 4NF
Telefon +49 3222 109 1900
Telefax +44 2380 489 109
E-Mail: Europe@techconsystems.com
www.techconsystems.com

Das Unternehmen

Gründungsjahr
1961

Größe der Belegschaft
225 Mitarbeiter

Besitzverhältnisse
Techcon ist eine Marke von OK International und
gehört zum Dover Konzern

Vertriebswege
TechconSystems vertreibt seine Produkte sowohl
über Distributoren und Reseller in den einzelnen
Ländern, als auch im Direktvertrieb bei verschiedenen Großkonzernen und Materialherstellern.

Ansprechpartner
Vice President
Bryan Gass
E-Mail: bgass@techconsystems.com

Regional Sales Manager Southern- and Eastern
Europe
Domenico Carluccio
Tel.: +49 172 6185 212
E-Mail: dcarluccio@techconsytems.com

Packaging Materials Manager
Laurens Koch
Tel.: +49 172 618 52 76
E-Mail: lkoch@techconsystems.com

Technical Support Engineer
Ian Jennings
Tel.: +44 (0) 2380 489005
E-Mail: ijennings@techconsystems.com

Das Produktprogramm

**Anlagen/Verfahren/Zubehör/
Dienstleistungen**
Auftragssysteme
(1-K-Systeme, 2-K-Systeme, Roboter)
Komponenten für die Förder-, Misch- und
Dosiertechnik, Automation,

Verbrauchsartikel:
Kartuschen, Spritzen, Düsen, Nadeln und
Adapter

Für Anwendungen im Bereich
Verpackung von Kleb-, Dicht- und Dosiermedien
Elektronik-, Fahrzeug-, Luftfahrtindustrie
Maschinen- und Apparatebau

Weitere Informationen
Ihr Ziel ist Kostenreduzierung oder Prozessverbes-
serung? Wir bieten Ihnen eine passende Lösung für
Ihre Anwendung!

Techcon Systems Produktprogramm umfasst:
1- und 2K System-Kartuschen (Techkit) bis zu
595ml, Dosierspritzen von 3-55cc, Dosiernadeln,
Tischdosierroboter, Dosiergeräte, Controller, Präzisions-Dosiersysteme, Ventile, Drucktanks, Zu-
leitungen und eine Vielzahl an Adaptern für Klebstoffe, Dichtmassen, Pasten, Lacke und Flüssigkeiten für die unterschiedlichsten Anwendungen in
den Bereichen der Luft- und Raumfahrt, Material-
verpackung, industriellen Montage, Medizintechnik, Militär sowie Elektronikindustrie.

Seit über 55 Jahren hilft Techcon Systems Herstellprozesse zu optimieren und leistet so einen
wesentlichen Beitrag zur Steigerung der Genauig-
keit, Effizienz und Qualität einhergehend mit ge-
ringerer Mitarbeiterbelastung und Arbeitsschritten.

Sehr gern bieten wir Ihnen auch kundenspezifische
Lohnabfüllungen an.

t-s-i.de Misch- und Dosiertechnik GmbH
Bitscher Straße 6
D-66957 Vinningen
Telefon +49 (0) 0 63 35 - 9 16 40
Telefax +49 (0) 0 63 35 - 91 64 20
E-Mail: info@t-s-i.de
www.t-s-i.de

Das Unternehmen

Gründungsjahr
1998

Größe der Belegschaft
20 Mitarbeiter

Gesellschafter
Thomas Schwartz

Stammkapital
75 000 €

Besitzverhältnisse
GmbH

Ansprechpartner
Geschäftsführung:
Thomas Schwartz

Anwendungstechnik und Vertrieb:
Thomas Schwartz

Weitere Informationen
Unser Kerngeschäft ist die innovative Anla-
gentechnik zur Verarbeitung von Dicht- und
Klebstoffen – vom Bau von Standardmaschi-
nen bis hin zur Fertigung von individuellen
Komplettlösungen inklusive Beratung,
Wartung und Ersatzteilbelieferung. Unsere
Mission ist es, unseren Kunden als verläss-
licher Partner zur Seite zu stehen.

Das Produktprogramm

**Anlagen/Verfahren/Zubehör/
Dienstleistungen**
Auftragssysteme (1-K-Systeme,
2-K-Systeme, Roboter)
Komponenten für die Förder-, Misch- und
Dosiertechnik

Für Anwendungen im Bereich
Holz-/Möbelindustrie
Baugewerbe, inkl. Fußboden, Wand und
Decke
Elektronik
Maschinen- und Apparatebau
Fahrzeug, Luftfahrtindustrie
Haushalt, Hobby und Büro

op-Magazin für den eichtbau bewegter Massen

Vieweg GmbH
Dosier- und Mischtechnik
Gewerbepark 13
D-85402 Kranzberg
Telefon +49 8166 6784-0
Telefax +49 8166 6784-20
E-Mail: info@dosieren.de
www.dosieren.de
www.facebook.com/dosieren

Das Unternehmen

Gründungsjahr
1976

Größe der Belegschaft
32 Mitarbeiter

Gesellschafter
Till Vieweg

Vertriebswege
Europaweit, eigener Außendienst in
Deutschland, Österreich, Tschechische
Republik und Rumänien, Onlineshop:
www.dosieren.de, eigenes Auslieferungslager. Vertrieb an Privat- und Geschäfts-
kunden.

Ansprechpartner
Geschäftsführung:
Till Vieweg

Weitere Informationen
Vieweg liefert Dosier- und Mischsysteme
für 1 und 2-Komponenten-Produkte, u. a.
Dosiergeräte, Ventile, Roboter, Verbrauchs-
material (Nadeln, Kartuschen etc.) und
Zubehör vom einfachen Handsystem bis zu
In-Line fähigen 4-Achs-Dosierrobotern.

Das Produktprogramm

**Anlagen/Verfahren/Zubehör/
Dienstleistungen**
Auftragssysteme (1K-Systeme,
2K-Systeme, Roboter)
Komponenten für die Förder-,
Misch- und Dosiertechnik
Dienstleistungen

Für Anwendungen im Bereich
Elektronik
Maschinen- und Apparatebau
Fahrzeug-, Luftfahrtindustrie
Textilindustrie
Medizintechnik

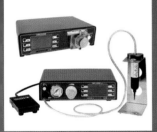

WALTHER
Spritz- und Lackier-systeme GmbH

Kärntner Straße 18-30
D-42327 Wuppertal
Telefon +49 2 02-7 87-0
Telefax +49 2 02-7 87-22 17
E-Mail: info@walther-pilot.de
www.walther-pilot.de

Das Unternehmen

Größe der Belegschaft
145 Mitarbeiter

Niederlassungen
Wuppertal-Vohwinkel /
Neunkirchen-Struthütten

Geschäftsführung
Wilhelm W. Schmidts
Martin Kürzinger

Verkaufsleitung
Erik Niehaus

Anwendungstechnik
Torsten Bröker
Benno Burggräf

Vertriebswege
Außendienst sowie Vertretungen
im gesamten Bundesgebiet,
Vertretungen in Europa und Übersee.

A Member of WAGNER GROUP

Das Produktprogramm

Systeme und Komponenten zur
Applikation von Kleb- und Dichtstoffen
sowie Lacken. Als Systemanbieter
erarbeitet WALTHER PILOT maßgeschneiderte Komplettlösungen,
die im Hinblick auf Wirtschaftlichkeit,
Anwenderfreundlichkeit und Schonung
der Umwelt beste Ergebnisse auf
Dauer garantieren.

Applikation
Klebstoff-Spritzpistolen und
-automaten
Extrusionspistolen
Dosierventile
Feinspritzgeräte für den randscharfen
Klebstoffauftrag
Mehrkomponenten-Dosier- und
Mischanlagen

Materialförderung
Druckbehälter
Membranpumpen
Kolbenpumpen
Pumpsysteme für hochviskose Medien
Zentrale Dickstoffversorgung
Systeme für den Transfer
scherempfindlicher Materialien

Sprühnebel-Absaugung
Kleberspritztische und -stände
Filtertechnik
Belüftungssysteme

FIRMENPROFILE

Klebtechnische
Beratungsunternehmen

ChemQuest Europe

Bilker Straße 27
D-40213 Düsseldorf
Telefon +49 (0) 2 11-4 36 93 79
Telefax +49 (0) 2 11-14 88 23 86 46
www.chemquest.com

Mitglied des IVK

Das Unternehmen

Ansprechpartner
Europäische Repräsentanz

Geschäftsführung:
Dr. Jürgen Wegner
E-Mail: jwegner@chemquest.com
Telefon +49 (0) 2 11-4 36 93 79
Telefax +49 (0) 2 11-14 88 23 86 46
Mobil-Tel. (01 71) 3 41 38 38

Das Produktprogramm

Die ChemQuest Inc. ist ein international
tätiges Beratungsunternehmen mit
Hauptsitz in Cincinnati/Ohio (USA) sowie
Regionalbüros in Düsseldorf und Guang-
zou/China.

Beratungsschwerpunkte sind Hersteller
von Kleb- und Dichtstoffen, Beschichtungs-
materialien und bauchemischen Produkten
einschließlich deren Zulieferer und Auftrags-
technologien entlang der gesamten Wertschöpfungskette.

Unser Beratungsservice umfasst
alle Formen von Management
Consulting, der Erstellung kundenspezifischer
Markt- und Trendanalysen und der Vermittlung
und Begleitung von M&A Aktivitäten.
Weitere Informationen unter
www.chemquest.com

Hinterwaldner Consulting GbR
Marktplatz 9
D-85614 Kirchseeon
Telefon +49 (0) 80 91-53 99-0
Telefax +49 (0) 80 91-53 99-20
E-Mail: info@HiwaConsul.de
www.HiwaConsul.de

Mitglied des IVK

Das Unternehmen

Gründungsjahr
1956

Geschäftsführung
Dipl.-Chem. Rudolf Hinterwaldner
Dipl.-Kfm. Stephan Hinterwaldner

Ansprechpartner
Dipl.-Kfm. Stephan Hinterwaldner

Die Beratungstätigkeit

Globale Fachberatung in Forschung,
Entwicklung und Technologie.

Kongressveranstaltungen in der Welt der
Klebstoffe

- Rohstoffe, Inhaltstoffe, Intermediates, Additive
- Formulierung, Anwendung, Produktentwicklung, Verfahrenstechnik, Feasibility Studien
- Klebstoffe, Klebbänder, Kitte, Leime, Beschichtung, Trennpapiere, Dichtungsmassen
- Haftklebstoffe, Schmelzklebstoffe, Chemisch und Strahlenhärtende Klebstoffsysteme, Strukturelles Kleben und Verglasen
- Technologien für das Fügen mit Klebstoffen, Beschichtungen, Converting, Film und Folie, Etiketten, Laminate, Druck, Leichtbau, Metallisierung, Verpackung, Dichtung, Oberflächen
- Polymer, Petrobasierte, Chemische, Strahlenhärtende, Biobasierte und Grüne Chemie
- Kosmetik, Hygieneprodukte, Schönheits- und Körperpflegemittel, Wasch- und Reinigungsmittel
- Natürliche, Erneuerbare, Nachhaltige, Biobasierte und Biologisch Zertifizierte Produkte

Veranstalter/Co-Veranstalter
- Münchener Kleb- und Veredelungs-Symposium (www.mkvs.de)
- in-adhesives Symposium (www.in-adhesives.com)
- European Coatings Congress

MUNICH
ADHESIVES AND FINISHING
SYMPOSIUM "MKVS"

Klebtechnik
Dr. Hartwig Lohse e.K.

Hofberg 4
D-25597 Breitenberg
Telefon +49 (0) 48 22-9 51 80
Telefax +49 (0) 48 22-9 51 81
E-Mail: hl@hdyg.de
www.how-do-you-glue.de

Mitglied des IVK

Das Unternehmen

Gründungsjahr
2009

Ansprechpartner
Dr. Hartwig Lohse
E-Mail: hlohse@hdyg.de

Weitere Informationen
Die Fachkompetenz unseres Beratungsun-
ternehmens resultiert aus einer langjährigen
Tätigkeit im Bereich der Entwicklung, der
Anwendungstechnik und dem Marketing
von Industrieklebstoffen. Ergänzt wird
diese durch ein umfangreiches, internationales, das weite Feld der verschiedenen
Klebstofftechnologien und -anwendungen
umfassendes Netzwerk. Ziel der Bera-
tungstätigkeit ist es für unseren Kunden die
jeweils beste Lösung für seine spezifische
Aufgabe zu erarbeiten. Hierzu können wir
auf unser eigenes klebtechnisches Labor
zurückgreifen und arbeiten ggf. auch eng
mit den jeweiligen Anbietern von Klebstoffen, der entsprechenden Anlagentechnik
oder anderen externen Partnern zusammen,
bleiben aber bewusst unabhängig.

Die Beratungstätigkeit

Kunden aus den verschiedenen Bereichen
entlang der Wertschöpfungskette Kleben
schätzen unsere erfolgsorientierte, projekt-
bezogene und auf die jeweiligen individuellen Belange angepasste Arbeitsweise.

**Im Einzelnen beinhaltet unser
Leistungsangebot**
- die klebtechnische Beratung bei der
  Optimierung bestehender oder der
  Planung und Realisierung neuer Kleb-
  prozesses (neutrale, herstellerunabhän-
  gige Klebstoffauswahl; klebgerechte
  Bauteilkonstruktion; Oberflächenvorbehandlung; Auswahl der Anlagentechnik;
  Qualitätssicherung; Arbeitssicherheit; ...)
- Unterstützung bei der Implementieren
  der DIN 2304-1 in die klebtechnische
  Fertigung (Fehlerprophylaxe durch Adap-
  tion des QMS an die Besonderheiten des
  Fügeverfahrens Kleben)
- die Durchführung von Schadens-
  analysen, Auffinden und Beseitigen von
  Fehlerquellen („Troubleshooting")
- die Beratung bei der gezielten Entwicklung
  von Kleb- und Klebrohstoffen
- die Planung und Durchführung von
  projekt- und anwendungsspezifische
  Mitarbeiterschulungen
- Unterstützung bei der Expansion in neue
  Marktsegmente
- das Erstellen von kundenspezifischen
  Marktanalysen

FIRMENPROFILE

Forschung
und Entwicklung

IFAM

Fraunhofer-Institut
für Fertigungstechnik und Angewandte
Materialforschung IFAM
– Klebtechnik und Oberflächen –

Wiener Straße 12
D-28359 Bremen
Telefon +49 (0) 4 21-22 46-0
Telefax +49 (0) 4 21-22 46-3 00
E-Mail: info@ifam.fraunhofer.de
www.ifam.fraunhofer.de

Mitglied des IVK

Das Unternehmen

Gründungsjahr 1968

Größe der Belegschaft
580 Mitarbeiter

Gesellschafter
Fraunhofer-Gesellschaft zur Förderung
der angewandten Forschung e. V.
mit 67 Instituten und
Forschungseinrichtungen

Ansprechpartner
Institutsleiter:
Prof. Dr. Bernd Mayer

Stellvertreter:
Prof. Dr. Andreas Hartwig

Die Arbeitsgebiete

Klebtechnische Fertigung
Dr. Holger Fricke
Telefon: +49 (0) 4 21 / 22 46 - 6 37
E-Mail: holger.fricke@ifam.fraunhofer.de

Klebstoffe und Polymerchemie
Prof. Dr. Andreas Hartwig
Telefon: +49 (0) 4 21 / 22 46 - 4 70
E-Mail: andreas.hartwig@ifam.fraunhofer.de

Werkstoffe und Bauweisen
Dr. Markus Brede
Telefon: +49 (0) 4 21 / 22 46 - 4 76
E-Mail: markus.brede@ifam.fraunhofer.de

Plasmatechnik und Oberflächen – PLATO
Dr. Ralph Wilken
Telefon: +49 (0) 4 21 / 22 46 - 4 48
E-Mail: ralph.wilken@ifam.fraunhofer.de

Die Arbeitsgebiete

Lacktechnik
Dr. Volkmar Stenzel
Telefon: +49 (0) 4 21 / 22 46 - 4 07
E-Mail: volkmar.stenzel@ifam.fraunhofer.de

Adhäsions- und Grenzflächenforschung
Dr. Stefan Dieckhoff
Telefon: +49 (0) 4 21 / 22 46 - 4 69
E-Mail: stefan.dieckhoff@ifam.fraunhofer.de

Weiterbildung und Technologietransfer
Prof. Dr. Andreas Groß
Telefon: +49 (0) 4 21 / 22 46 - 4 37
E-Mail: andreas.gross@ifam.fraunhofer.de
• Weiterbildungszentrum Klebtechnik
  www.kleben-in-bremen.de
• Weiterbildungszentrum
  Faserverbundwerkstoffe
  www.faserverbund-in-bremen.de

**Automatisierung und
Produktionstechnik**
Dr. Dirk Niermann
Telefon: +49 (0) 41 41 / 7 87 07-101
E-Mail: dirk.niermann@ifam.fraunhofer.de

Business Development
Prof. Dr. Bernd Mayer
Telefon: +49 (0) 4 21 / 22 46 - 4 01
E-Mail: bernd.mayer@ifam.fraunhofer.de

Anerkannte Stelle nach DIN 6701
Dipl.-Ing. (FH) Frank Stein
Telefon: +49 (0) 4 21 / 22 46 - 6 55
E-Mail: frank.stein@ifam.fraunhofer.de

Chemie der Faserverbundkunststoffe
Dr. Katharina Koschek
Telefon: +49 (0) 421 / 22 46 - 6 98
E-Mail: katharina.koschek@ifam.fraunhofer.de

ZHAW
School of Engineering

Institut für Material- und Verfahrenstechnik (IMPE)

Labor für Klebstoffe und Polymere Materialien

Technikumstrasse 9
CH-8401 Winterthur/Schweiz
Telefon +41 (0) 58 934 6586
E-Mail: christof.braendli@zhaw.ch
www.zhaw.ch/impe

Mitglied des FKS

Das Unternehmen

Gründungsjahr
School of Engineering: 1874, Institut: 2007

Größe der Belegschaft
School of Engineering: 580, Institute: 40

Gesellschafter
School of Engineering: Prof. Dr. Martina Hirayama,
Tel.: +41 58 934 73 26,
E-Mail: martina.hirayama@zhaw.ch

Institut für Material- und Verfahrenstechnik (IMPE):
Prof. Dr. Andreas Amrein, Tel: +41 58 934 73 51,
E-Mail: andreas.amrein@zhaw.ch

Labor für Klebstoffe und Polymere
Materialien: Dr. Christof Brändli, Tel.: +41 58 934 65 86,
E-Mail: christof.braendli@zhaw.ch

Besitzverhältnisse
Teil der Zürcher Hochschule für Angewandte Wissenschaften (ZHAW)

Ansprechpartner
Geschäftsführung:
Labor für Klebstoffe und Polymere Materialien:
Dr. Christof Brändli, Tel.: +41 58 934 65 86
E-Mail: christof.braendli@zhaw.ch

Weitere Informationen
Angewandte Forschung und Entwicklung im Bereich Klebstoffe. Klebstoffentwicklungen. Klebetests. Umfangreiche Kompetenzen einschließlich Klebstoffchemie und Analyse.

Synthese und Formulierung
• Klebstoffformulierung und -Synthese
  – Batchreaktor für komplexe Formulierungen
  – Kontinuierliche Extrusion für Schmelzklebstoffe
  – Film-, Granulat- und Pulververarbeitung
  – Breitschlitzbeschichtungsanlage für Klebefilme
• Polymercompoundierung und -Extrusion
  – Reaktive Extrusion zur Modifizierung von Polymeren
  – Pfropfreaktionen für innovative Funktionalisierungen/Modifizierungen
  – Mischungen (Blends) von thermoplastischen Polymeren
  – Chillrollanlage zur Herstellung von Filmen
• Online-Reaktionskontrolle mit IR-Spektroskopie
• Funktionalisierung von Nanopartikel

Das Produktprogramm

Klebstofftypen
Schmelzklebstoffe
Reaktionsklebstoffe
lösemittelhaltige Klebstoffe
Dispersionsklebstoffe
Haftklebstoffe

Geräte-, Anlagen Und Komponenten
zum Fördern, Mischen, Dosieren und für den Klebstoffauftrag
zur Oberflächenvorbehandlung
zur Klebstoffaushärtung
Klebstoffhärtung und -trocknung
Mess- und Prüftechnik

Für Anwendungen im Bereich
Papier/Verpackung
Baugewerbe, inkl. Fußboden, Wand und Decke
Elektronik
Maschinen- und Apparatebau
Fahrzeug, Luftfahrtindustrie
Textilindustrie
Klebebänder, Etiketten

Charakterisierung
• Klebstoffeigenschaften
• Aushärtestudien
• Thermische und mechanische Analyse
• Bestimmung der Fliesseigenschaften mittels rheologischen Methoden
• Morphologie- und Oberflächenanalysen

Anwendungen
• Klebstoffentwicklungen
  – Formulierungen und Prozessoptimierungen von Schmelz- und Haftklebstoffen (PSA)
  – Latent-reaktive PU-Klebstoffe
  – Schrumpfverhalten von Epoxidklebstoffen
• Polymerentwicklungen
  – Pfropfreaktionen an Polymeren für verbesserte Adhäsion und Kompatibilitätsstudien
  – Reaktive Extrusion für effiziente Prozesse
  – Thermoplastische Polymermischungen
  – Emulsionspolymerisationen
  – Analyse der Degradation von Polymeren
• Nanomodifizierung von Ton für Verbundwerkstoffe

INSTITUTE UND FORSCHUNGSEINRICHTUNGEN

Forschung und Entwicklung

Die Klebtechnik leistet wesentliche Beiträge zur Entwicklung innovativer Produkte und bietet der Industrie branchenübergreifend in allen Bereichen die Voraussetzung für die Erschließung neuer, zukunftsorientierter Märkte. Auch kleinen und mittelständischen Unternehmen wird durch Einsatz dieses Fügeverfahrens die Möglichkeit gegeben, sich ihrem Wettbewerb durch Schaffung innovativer Produkte zu stellen.

Um die Vorteile der Klebtechnik im Vergleich zu anderen Fügeverfahren erfolgreich nutzen zu können, muss der gesamte Prozess von Produktplanung über die Qualitätssicherung bis hin zur Mitarbeiterqualifizierung sachgerecht umgesetzt werden.

Dies lässt sich allerdings nur erreichen, wenn Forschung und Industrie eng zusammenarbeiten, sodass die Forschungsergebnisse zügig und unmittelbar in die Entwicklung innovativer Produkte und Produktionsprozesse einfließen können.

Im Folgenden sind alle bekannten Forschungsstellen bzw. Institute aufgeführt, die es sich zur Aufgabe gemacht haben, klebtechnische Probleme aus den verschiedensten Bereichen gemeinsam mit industriellen Partnern zu lösen.

Deutsches Institut für Bautechnik
Kolonnenstraße 30 B
D-10829 Berlin

Kontakt:
Dr. Patricia Döring
Telefon: +49 (0) 30 78730 220
Fax: +49 (0) 30 78730 11220
E-Mail: pdo@dibt.de
www.dibt.de

FH Aachen - University of Applied Sciences
Füge- und Trenntechnik
Goethestraße 1
D-52064 Aachen

Kontakt:
Prof. Dr.-Ing. Markus Schleser
Telefon: +49 (0) 241 6009 52385
Fax: +49 (0) 241 6009 52368
E-Mail: schleser@fh-aachen.de
www.fh-aachen.de

Fogra Forschungsgesellschaft Druck e.V.
Streitfeldstraße 19
D-81673 München

Kontakt:
Dr. Eduard Neufeld
Telefon: +49 (0) 89 43182 112
Fax: +49 (0) 89 43182 100
E-Mail: info@fogra.org
www.fogra.org

FOSTA Forschungsvereinigung
Stahlanwendung e.V.
Stahl-Zentrum
Sohnstraße 65
D-40237 Düsseldorf

Kontakt:
Dr.-Ing. Hans-Joachim Wieland
Telefon: +49 (0) 211 67078 26
Fax: +49 (0) 211 67078 40
E-Mail: info@stahl-online.de
www.stahl-online.de

Fraunhofer-Institut für Fertigungstechnik und Angewandte Materialforschung – IFAM
Wiener Straße 12
D-28359 Bremen

Kontakt:
Prof. Dr. Bernd Mayer
Telefon: +49 (0) 421 2246 419
Fax: +49 (0) 421 2246 774401
E-Mail: bernd.mayer@ifam.fraunhofer.de
Prof. Dr. Andreas Groß
Telefon: +49 (0) 421 2246 437
Fax: +49 (0) 421 2246 605
E-Mail: andreas.gross@ifam.fraunhofer.de
www.ifam.fraunhofer.de

Fraunhofer-Institut für Holzforschung – Wilhelm-Klauditz-Institut – WKI
Bienroder Weg 54 E
D-38108 Braunschweig

Kontakt:
Dr. Heike Pecher
Telefon: + 49 (0) 531 2155 206
E-Mail: heike.pecher@wki.fraunhofer.de
www.wki.fraunhofer.de

Fraunhofer-Institut für Werkstoff- und Strahltechnik – IWS
(Klebtechnikum an der TU Dresden, Institut für Fertigungstechnik,Professur für Laser- und Oberflächentechnik)
Winterbergstraße 28
D-01277 Dresden

Kontakt:
Dr. Irene Jansen
Telefon: +49 (0) 351 463 35210
Fax: +49 (0) 351 463 37755
E-Mail: irene.jansen@iws.fraunhofer.de
www.iws.fraunhofer.de

Fraunhofer-Institut für Zerstörungsfreie Prüfverfahren – IZFP
Campus E3.1
D-66123 Saarbrücken

Kontakt:
Prof. Dr.-Ing. Bernd Valeske
Telefon: +49 (0) 681 9302 3610
Fax: +49 (0) 681 9302 11 3610
E-Mail: bernd.valeske@izfp.fraunhofer.de
www.izfp.fraunhofer.de

Johann Heinrich von Thünen Institut (vTI)
Bundesforschungsistitut für Ländliche Räume, Wald und Fischerei
Institut für Holzforschung
Leuschnerstraße 91
D-21031 Hamburg

Kontakt:
Dr. Dr. h.c. Uwe Schmitt
Telefon: +49 (0) 40 73962 601
Fax: +49 (0) 40 73962 699
E-Mail: hf@tuenen.de
www.thuenen.de/de/hf

Hochschule München
Institut für Verfahrenstechnik Papier e.V. (IVP)
Schlederloh 15
D-82057 Icking

Kontakt:
Prof. Dr. Stephan Kleemann
Telefon: +49 (0) 89 1265 1668
Fax: +49 (0) 89 1265 1560
E-Mail: kleemann@hm.edu
www.hm.edu

Hochschule für nachhaltige Entwicklung
Eberswalde (FH)
Fachbereich Holzingenieurwesen
Schlickerstraße 5
D-16225 Eberswalde

Kontakt:
Prof. Dr.-Ing. Ulrich Schwarz
Telefon: +49 (0) 3334 657 371
Fax: +49 (0) 3334 657 372
E-Mail: ulrich.schwarz@hnee.de
www.hnee.de/holzingenieurwesen

IFF GmbH
Induktion, Fügetechnik, Fertigungstechnik
Gutenbergstraße 6
D-85737 Ismaning

Kontakt:
Prof. Dr.-Ing. Christian Lammel
Telefon: +49 (0) 89 9699 890
Fax: +49 (0) 89 9699 8929
E-Mail: info@iff-gmbh.de
www.iff-gmbh.de

ift Rosenheim GmbH
Institut für Fenstertechnik e.V.
Theodor-Gietl-Straße 7 – 9
D-83026 Rosenheim

Kontakt:
Prof. Ulrich Sieberath
Telefon: +49 (0) 80 31261 0
Fax: +49 (0) 80 31261 290
E-Mail: info@ift-rosenheim.de
www.ift-rosenheim.de

ihd – Institut für Holztechnologie
Dresden GmbH
Zellescher Weg 24
D-01217 Dresden

Kontakt:
Dr. rer. nat. Steffen Tobisch
Telefon: +49 (0) 351 4662 257
Fax: +49 (0) 351 4662 211
Mobil: +49 (0) 1622 696330
E-Mail: steffen.tobisch@ihd-dresden.de
www.ihd-dresden.de

Institut für Holzbiologie und Holztechnologie
Büsgenweg 4
D-37077 Göttingen

Kontakt:
Prof. Dr. Holger Militz
Telefon: +49 (0) 551 393558
Fax: +49 (0) 551 399646
E-Mail: hmilitz@gwdg.de
www.holz.uni-goettingen.de

Institut für Oberflächen- und Fertigungstechnik
Professur Fügetechnik und Montage
TU Dresden
George-Bähr-Straße 3c
D-01069 Dresden

Kontakt:
Prof. Dr.-Ing. habil. Uwe Füssel
Telefon: +49 (0) 351 46337 615
Fax: +49 (0) 351 46337 249
E-Mail: fuegetechnik@tu-dresden.de
https://tu-dresden.de/die_tu_dresden/
fakultaeten/fakultaet_maschinenwesen/if/
fue

IVLV - Industrievereinigung für Lebens-
mitteltechnologie und Verpackung e.V.
Giggenhauser Straße 35
D-85354 Freising

Kontakt:
Dr.-Ing. Tobias Voigt
Telefon: +49 (0) 8161 491140
Fax: +49 (0) 8161 491142
E-Mail: office@ivlv.org
www.ivlv.org

iwb – Anwenderzentrum Augsburg
Technische Universität München
Beim Glaspalast 5
D-86153 Augsburg

Kontakt:
Johannes Glasschröder
Telefon: +49 (0) 821 56883 53
Fax: +49 (0) 821 56883 50
E-Mail: info@iwb.tum.de
www.iwb.tum.de

Kompetenzzentrum Werkstoffe der Mikrotechnik
Universität Ulm
Albert-Einstein-Allee 47
D-89081 Ulm

Kontakt:
Prof. Dr. Hans-Jörg Fecht
Telefon: +49 (0) 731 50254 90
Fax: +49 (0) 731 50254 88
E-Mail: info@wmtech.de
www.wmtech.de

Leibniz-Institut für Polymerforschung
Dresden e.V.
Hohe Straße 6
D-01069 Dresden

Kontakt:
Prof. Dr. Edith Mäder
Telefon: +49 (0) 351 46583 05
Fax: +49 (0) 351 46583 62
E-Mail: emaeder@ipfdd.de
www.ipfdd.de

Naturwissenschaftliches und Medizinisches
Institut an der Universität Tübingen
Markwiesenstraße 55
D-72770 Reutlingen

Kontakt:
Dipl.-Ing. Sebastian Wagner
Telefon: +49 (0) 7121 51530 523
Fax: +49 (0) 7121 51530 62
E-Mail: sebastian.wagner@nmi.de
www.nmi.de

ofi Österreichisches Forschungsinstitut
für Chemie und Technik
Institut für Klebetechnik
Viktor-Kaplan-Straße 2 / Bauteil E
A-2700 Wiener Neustadt

Kontakt:
Ing. Jochen Kammerer
Telefon: +43 (0) 1798 1601 202
Fax: +43 (0) 1798 1601 303
E-Mail: jochen.kammerer@ofi.at
www.ofi.at

Papiertechnische Stiftung PTS
Heßstraße 134
D-80797 München

Kontakt:
Dr. rer. nat. Frank Miletzky
Telefon: +49 (0) 89 12146 184
Fax: +49 (0) 89 12146 36
E-Mail: frank.miletzky@ptspaper.de
www.ptspaper.de

Prüf- und Forschungsinstitut Pirmasens e.V.
Marie-Curie-Straße 19
D-66953 Pirmasens

Kontakt:
Dr. rer. nat. Gerhard Nickolaus
Telefon: +49 (0) 6331 2490 0
Fax: +49 (0) 6331 2490 60
E-Mail: gerhard.nickolaus@pfi-germany.de
www.pfi-pirmasens.de

RWTH Aachen
ISF - Institut für Schweißtechnik und
Fügetechnik
Pontstraße 49
D-52062 Aachen

Kontakt:
Prof. Dr. -Ing. Uwe Reisgen
Telefon: +49 (0) 241 80 93870
Fax: +49 (0) 241 80 92170
E-Mail: office@isf.rwth-aachen.de
www.isf.rwth-aachen.de

Technische Universität Berlin
Fügetechnik und Beschichtungstechnik im
Institut für Werkzeugmaschinen und
Fabrikbetrieb
Pascalstraße 8 - 9
D-10587 Berlin

Kontakt:
Prof. Dr.-Ing. Driss Bartout
Telefon: +49 (0) 30 3142 1082
E-Mail: info@fbt.tu-berlin.de
www.fbt.tu-berlin.de

Technische Universität Braunschweig
Institut für Füge- und Schweißtechnik
Langer Kamp 8
D-38106 Braunschweig

Kontakt:
Univ.-Prof. Dr.-Ing. Prof. h.c. Klaus Dilger
Telefon: +49 (0) 531 391 95500
Fax: +49 (0) 531 391 95599
E-Mail: k.dilger@tu-braunschweig.de
www.ifs.tu-braunschweig.de

Technische Universität Kaiserslautern
Fachbereich Maschinenbau und
Verfahrenstechnik
Arbeitsgruppe Werkstoff- und Oberflächen-
technik Kaiserslautern (AWOK)
Gebäude 58, Raum 462
Erwin-Schrödinger-Straße
D-67663 Kaiserslautern

Kontakt:
Univ.-Prof. Dr.-Ing. Paul Ludwig Geiß
Telefon: +49 (0) 631 205 4117
Fax: +49 (0) 631 205 3908
E-Mail: geiss@mv.uni-kl.de
www.mv.uni-kl.de/awok

TechnologieCentrum Kleben
TC-Kleben GmbH
Carlstraße 50
D-52531 Übach-Palenberg

Kontakt:
Dipl.-Ing. Julian Band
Telefon: +49 (0) 2451 9712 00
Fax: +49 (0) 2451 9712 10
E-Mail: post@tc-kleben.de
www.tc-kleben.de

Universität Kassel
Institut für Werkstofftechnik, Kunststofffüge-
techniken, Werkstoffverbunde
Mönchebergerstraße 3
D-34125 Kassel

Kontakt:
Prof. Dr.-Ing. H.-P. Heim
Telefon: +49 (0) 561 80436 70
Fax: +49 (0) 561 80436 72
E-Mail: heim@uni-kassel.de
www.uni-kassel.de/maschinenbau

Universität Kassel
Fachgebiet Trennende und Fügende Fertigung-
verfahren
Kurt-Wolters-Straße 3
D-34125 Kassel

Kontakt:
Prof. Dr.-Ing. Prof. h.c. Stefan Böhm
Telefon: +49 (0) 561804 3141
Fax: +49 (0) 561804 2045
E-Mail: s.boehm@uni-kassel.de
www.tff-kassel.de

Universität des Saarlandes
Adhäsion und Interphasen in Polymeren
Campus, Geb. C6.3
D-66123 Saarbrücken

Kontakt:
Prof. rer. nat. Wulff Possart
Telefon: +49 (0) 681 302 3761
Fax: +49 (0) 681 302 4960
E-Mail: w.possart@mx.uni-saarland.de
www.uni-saarland.de/fak8/wwthd/

Universität Paderborn
Laboratorium für Werkstoff- und Fügetechnik
Pohlweg 47 – 49
D-33098 Paderborn

Kontakt:
Prof. Dr.-Ing. Gerson Meschut
Telefon: +49 (0) 5251 603031
Fax: +49 (0) 5251 603239
E-Mail: gerson.meschut@lwf.upb.de
www.lwf-paderborn.de

Wehrwissenschaftliches Institut für Werk- und
Betriebsstoffe - WIWeB
Institutsweg 1
D-85435 Erding

Kontakt:
Dr. Jürgen von Czarnecki
Telefon: +49 (0) 81 229590 0
Fax: +49 (0) 81 229590 3902
E-Mail: wiweb@bundeswehr.org
www.baainbw.de/portal/a/baain

Westfälische Hochschule Abteilung
Recklinghausen
Fachbereich Wirtschaftsingenieurwesen
Organische Chemie und Polymere
August-Schmidt-Ring 10
D-45665 Recklinghausen

Kontakt:
Prof. Dr. Klaus-Uwe Koch
Telefon: +49 (0) 2361 915 456
Fax: +49 (0) 2361 915 751
E-Mail: klaus-uwe.koch@w-hs.de
www.w-hs.de/erkunden/fachbereiche/
wirtschaftsingenieurwesen/portrait-des-
fachbereichs/

Industrieverband
Klebstoffe e.V.
Innovationen erkleben

JAHRESBERICHT 2016

Konjunkturbericht

Die deutsche Klebstoffindustrie konnte auch in den Jahren 2014 und 2015 ihren Wachstumskurs fortsetzen. Im Jahr 2014 erzielte die Branche im Inland über alle Klebstoffsysteme – d. h. Klebstoffe, Dichtstoffe, zementäre Baustoffe und Klebebänder – ein nominales Umsatzplus von 2,8 Prozent. Darüber hinaus begünstigten innovative Technologien und Wechselkurseffekte das Exportgeschäft: der Umsatz stieg um 9 Prozent. Im Jahr 2015 konnte die deutsche Klebstoffindustrie ihren Inlandsumsatz erneut um 2,2 Prozent nominal auf 3,71 Milliarden Euro steigern und im Exportgeschäft noch einmal 3 Prozent auf 1,6 Milliarden Euro zulegen. Für das Jahr 2016 erwartet die deutsche Klebstoffindustrie ein weiteres Inlandswachstum um bis zu 1,2 Prozent, wobei die gute Konjunktur in der Bauindustrie als ein wesentlicher Wachstumstreiber gilt.

Die deutsche Klebstoffindustrie ist sowohl europäisch als auch international sehr gut aufgestellt. Mit einem globalen Marktanteil von ca. 18 Prozent ist sie Weltmarktführer, und auch in Europa belegt die Branche mit einem Klebstoffverbrauch von 27 Prozent und einem Klebstoffproduktionsanteil von über 36 Prozent jeweils die ersten Plätze.

Weltweit werden mit Kleb- & Dichtstoffen, Klebebändern und Systemprodukten jährlich etwa 60 Milliarden Euro (nicht wechselkursbereinigt) umgesetzt. Die überwiegend mittelständisch geprägte deutsche Klebstoffindustrie agiert international: Ein Großteil der Unternehmen produziert in Deutschland und exportiert weltweit; und darüber hinaus bedienen etwa 20 Prozent der Unternehmen die Weltmärkte aus ihren lokalen Klebstofffabriken außerhalb von Deutschland heraus.

Mit beiden Geschäftsmodellen generiert die deutsche Klebstoffindustrie weltweit einen Umsatz von fast 11,3 Milliarden Euro. Aus Deutschland heraus werden mehr als 1,6 Milliarden Euro Export getätigt, weitere 7,9 Milliarden Euro Umsatz generieren deutsche Klebstoffhersteller lokal aus ihren ausländischen Produktionswerken. Der deutsche Markt hat ein Umsatzvolumen von mehr als 3,7 Milliarden Euro/Jahr. Durch den Einsatz von „Klebstoffsystemen erdacht in Deutschland" in fast allen produzierenden Industriebranchen und in der Bauwirtschaft partizipierte die Klebstoffindustrie an einer indirekten Wertschöpfung von deutlich über 400 Milliarden Euro im Inland. Weltweit beläuft sich die Wertschöpfung auf mehr als 1 Billion Euro.

Diese starke Position resultiert unmittelbar aus innovativen technologischen Entwicklungen, beispielsweise für den Maschinen- und Anlagenbau. Dort bietet die Klebstoffindustrie als Systempartner praxisorientierte und wertschöpfende Lösungen an.

Stärkere Entkopplung von Rohölpreis und Basisklebrohstoffen

Der Rohölpreis lässt sich nicht mehr direkt auf die Endprodukte übertragen – es hat quasi eine Entkopplung stattgefunden. Die zahlreichen Veredlungsstufen entlang der Wertschöpfungskette (s. Grafik „Rohstoffströme") und die Verfügbarkeit eines Rohstoffs am Markt werden immer stärker preisbestimmend. Die Preisverknüpfung einer Reihe von Basisrohstoffen und Rohöl wird sich noch weiter entkoppeln. Ein Vergleich der Preisentwicklungen von Rohöl und den Produkten Essigsäure, VAM, Ethylen sowie Methanol (s. Grafik „Preisentwicklung Rohöl & Basisrohstoffe") macht diese Entkopplung überdeutlich: Während der Rohölpreis im Jahr 2015 kontinuierlich fiel,

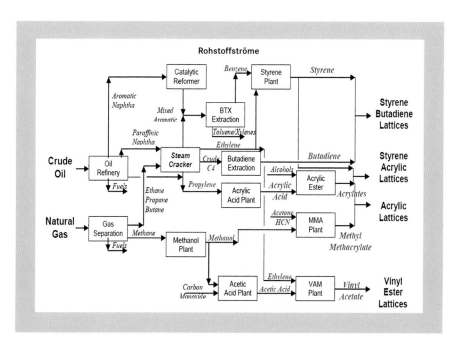

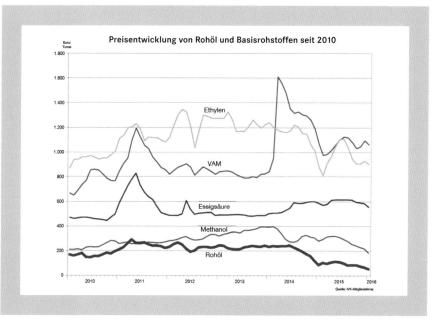

blieben die Preise der vorgenannten Rohstoffe weitgehend stabil oder wurden wesentlich durch die regionale Angebots- und Nachfragesituation bestimmt. Insbesondere bei hochwertigen Klebstoffen ist die Preisentwicklung alleine deswegen entkoppelt, da zwischen dem Rohöl und den Klebrohstoffen zur Herstellung von beispielsweise PUR-, Epoxidharz- und Acrylatklebstoffen bis zu 10 Verarbeitungsstufen liegen können.

Aus der Gremienarbeit

Mitgliederversammlung

Die Jahrestagungen 2015 in Bremen und 2016 in Berlin standen im Zeichen einer positiven gesamtwirtschaftlichen Konjunkturlage. Wie die Markdaten für das erste Quartal 2016 zeigten, verringert sich das konjunkturelle Tempo durch leicht stagnierende Auftragseinträge bei allerdings leicht wachsenden Exporten. Die Klebstoffunternehmen erwarten aber für das Wirtschaftsjahr 2016 einen weiterhin stabilen Verlauf der Marktlage, der Exporte und der Umsätze bei etwa gleichbleibender Beschäftigtenzahl.

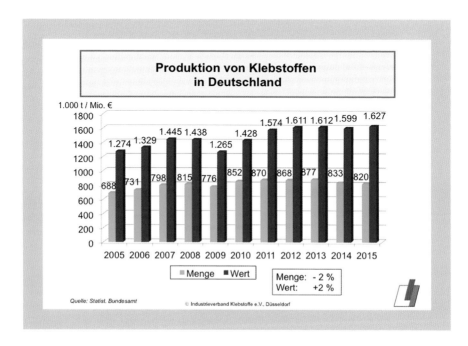

In Deutschland werden 820 Tausend Tonnen Klebstoffe im Wert von über 1,6 Milliarden herge-stellt, was zeigt, dass die deutsche Klebstoffindustrie insgesamt gut aufgestellt ist.

Der Exportanteil wuchs 2015 um 3 % auf 1.608 Mio., der Klebstoffimport stieg 2015 mit 661 Mio. € um 15 %. Der Grund für den Importanstieg liegt in der Verlagerung von Dispersions-kapazitäten ins Ausland. Die deutsche Klebstoffindustrie wuchs in 2015 um 2,2 % nominal. Für das Jahr 2016 wird ein nominales Wachstum um bis zu 1,2 % prognostiziert, wobei der wesent-liche Wachstumstreiber die Bauindustrie ist.

Die Arbeit des Industrieverband Klebstoffe als Service für seine Mitglieder konzentriert sich schwerpunktmäßig auf die drei Themenfelder:
• Technik
• Kommunikation
• Zukunftsinitiativen

Technische Themen genießen im Industrieverband Klebstoffe weiterhin höchste Priorität, weil eine gemeinsame Bearbeitung und Implementierung insbesondere gesetzlicher Anforderungen an die Unternehmen für den Erfolg der Branche wesentliche Bedeutung haben. Das gilt für die Themen REACH, Kennzeichnung (GHS/CLP), zugelassene Biozide, (mandatierte) Normung, Nachhaltigkeit sowie Merkblätter, Seminare und Tagungen sowie Kontakte zu Kundenorgani-sationen.

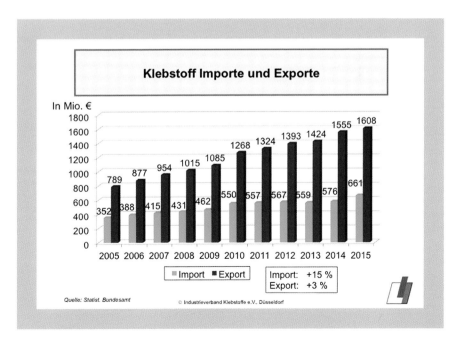

Besonders die in Kooperation mit dem Umweltbundesamt erarbeitete Information „Hygienische Beurteilung von anaeroben Klebstoffen im Kontakt mit Trinkwasser" stieß auf positive Resonanz bei den Mitgliedsunternehmen. Nachdem das Umweltbundesamt 2005 seine Leitlinien und Positivlisten zurückgezogen hatte, bestand für die Hersteller anaerob härtender Gewindedichtmittel keine Möglichkeit mehr, die vom Markt geforderten Trinkwasserzulassungen (KTW-Zertifikate) zu erhalten. Die damalige Praxis der Prüfinstitute, mit praxisfernen Prüfmethoden zumindest angenähert Aussagen über den Einfluss der ausgehärteten Klebstoffe auf Trinkwasser zu machen und dann Prüfzeugnisse in Anlehnung an die zurückgezogenen Leitlinien zu erstellen, war mehr als unzureichend. Der IVK hat deshalb 2013 eine Arbeitsgruppe aus betroffenen Klebstoffherstellern gegründet, um gemeinsam mit dem UBA eine allgemein gültige Rechtsgrundlage zu schaffen und somit eine praxisnahe Prüfung sowie fairen Wettbewerb und Kundenzufriedenheit zu erreichen.

Inzwischen hat das UBA die Gruppe der „marginalen Produkte" eingeführt, unter der nicht zuletzt aufgrund der engen Kooperation der IVK-ad-hoc Gruppe mit dem UBA auch die anaerob härtenden Klebstoffe fallen. Wichtig hierbei ist, dass die Ausgangsstoffe dieser Produkte in diesem Fall nicht bewertet werden müssen, d. h. es gibt für marginale Produkte keine Positivliste mehr. Darüber hinaus gibt es auch keine rezepturspezifischen Einzelstoff- oder sonstige Zusatzanforderungen. Allerdings müssen die Gewindedichtmittel der mit dem UBA abgestimmten Rahmenrichtrezeptur entsprechen.

Das Umweltbundesamt hat die Information „Hygienische Beurteilung von anaeroben Klebstoffen im Kontakt mit Trinkwasser" auf seiner Webseite veröffentlicht: (http://www.umweltbundesamt.de/themen/wasser/trinkwasser/trinkwasser-verteilen). Eine Konformitätsbestätigung für anaerobe Klebstoffe sieht das UBA als nicht erforderlich an. Die gleichbleibende Qualität der Rezeptur der anaeroben Klebstoffe und die Nachverfolgbarkeit dieser Produkte kann durch eigene Qualitätsmanagementsysteme sichergestellt werden. Optional kann der Nachweis der Übereinstimmung der Rezeptur eines anaeroben Klebstoffs mit der angegebenen Richtrezeptur durch eine unabhängige Stelle erfolgen. Damit sind anaerob härtende Gewindedichtmittel wieder trinkwasserrechtlich geregelt, allerdings wesentlich unbürokratischer und zu sehr viel geringeren Kosten.

Bekanntermaßen liegen *Muster-EPDs* (Muster-Umwelterklärungen für Bauklebstoffe) und Leitfäden auf der IVK-Homepage in deutsch und englisch unter http://epd.klebstoffe.com/ vor und wurden auf Basis europäischer Daten nun auch unter Mitwirkung von Thinkstep durch IBU zertifiziert und bei der FEICA veröffentlicht: http://www.feica.eu/our-priorities/key-projects/epds.aspx. Sie werden überwiegend in Europa anerkannt, teilweise jedoch unter Anforderung weiterer Daten. An der stärkeren Anerkennung auch durch andere nationale Programmhalter arbeitet IBU über die eco-Plattform: http://www.eco-platform.org/eco-epd-40.html. Auch der US-amerikanische Verband ASC arbeitet derzeit an einer PCR für Silikondichtstoffe und will nach deutschem Vorbild hieraus eine Muster-EPD ableiten. Hierzu bittet er um Bereitstellung der Rahmenrezepturen und Hintergrundberichte, die im Eigentum der deutschen Konsortialverbände stehen. Da dieser Ansatz auch deutschen Unternehmen hilft Kosten zu sparen und Einfluss auf international aufgestellte Nachhaltigkeitssysteme wie LEED und BREEAM hat, unterstützt der IVK den amerikanischen Schwesterverband.

Darüber hinaus gibt es eine Fülle von Themen und Projekten, die der Verband und seine Gremien im Rahmen eines bedarfsorientierten Service-Portfolios aktiv bearbeiten. Hierzu gehören unter anderem:

- Einführung der DIN 2304 „Qualitätsanforderungen an Klebprozesse"
- Fortentwicklung des EMICODE der IVK-„Tochter" GEV mit der Einstufung EC1^{PLUS} für „sehr emissionsarme" Produkte u. a. für Estriche und Montageklebstoffe
- Veröffentlichung der Mitteilungen über die Genehmigung verschiedener Topfkonservierer, sich hieraus resultierender Kennzeichnungsänderungen und die zugehörigen Fristen

Der Bereich *Kommunikation* ist durch eine Vielzahl von Aktivitäten gekennzeichnet:

- Die Zeitschrift „Kleben fürs Leben" mit einem interessanten Themenmix rund um das Kleben. Auch als interaktives E-Paper verfügbar, wird die Zeitschrift als gemeinschaftliche Publikation der deutschsprachigen Klebstoffindustrie veröffentlicht.
- Regelmäßige Presseinformationen, die eine breite Medienresonanz erzielen. Zahlreiche Artikel zum Kleben wurden über Druck- und Internetmedien, das IVK-Presseportal www.klebstoff-presse.com und die sozialen Netzwerke in die Öffentlichkeit gebracht.
- Veröffentlichung eines neuen Imagefilms über die deutsche Klebstoffindustrie. Unter dem Titel „Faszination Kleben" werden die umfangreichen Anwendungsbereiche und Einsatzgebiete von Klebstoffsystemen gezeigt und über die sozialen Netzwerke kommuniziert.
- Die Technischen Kommissionen haben insgesamt 47 Merkblätter veröffentlicht. Fast alle sind auch in englischer Sprache verfügbar. Die Merkblätter bilden eine wichtige und sehr geschätzte Informationsquelle für die Kunden der Klebstoffindustrie.
- Konferenzen und Seminare für Mitglieder und deren Kunden zu verschiedenen technischen und regulatorischen Themen. Diese dienen gleichzeitig als Plattform, Netzwerke zu knüpfen, zu erweitern und zu pflegen.
- Anlässlich seines 70. Geburtstages wurde die Chronik „Auf der Höhe der Zeit" herausgegeben. Darin werden die wichtigen und zukunftsweisenden Entwicklungsphasen des Branchenverbandes im wirtschafts-, politik- und gesellschaftsgeschichtlichen Kontext aufgezeichnet. Die gestal-

Kleben auf der Höhe der Zeit

tende, aktive Rolle des Industrieverband Klebstoffe in einem von technischem Fortschritt, europäischer Integration, wachsendem Umweltbewusstsein und dynamischer Globalisierung geprägten Markt wurde umfänglich recherchiert und erstmalig geschichtswissenschaftlich dokumentiert.

Zu den Herausforderungen für die Zukunft gehört es, genügend Fachkräfte zur Verfügung zu haben. Durch die Veröffentlichung des neu aufgelegten Lehr- und Unterrichtsmaterials „Die Kunst des Klebens", welches landesweit an fast 17.000 Fachlehrer/-innen übergeben wurde, leistet die deutsche Klebstoffindustrie einen wertvollen Beitrag zur Förderung der schulischen Ausbildung und bringt so das Thema Kleben auch der jungen Öffentlichkeit näher. Das neue E-Paper „Berufsbilder" macht Schüler und Studierende dazu auch auf die vielfältigen Berufsmöglichkeiten in der deutschen Klebstoffindustrie aufmerksam. Das animiert die Klebstoffexperten von morgen, sich mit der Branche und ihrer Vielfalt bereits heute vertraut zu machen.

Im Rahmen der Mitgliederversammlungen 2015 und 2016 wurden die nachstehend genannten Unternehmen als Mitglieder des Industrieverband Klebstoffe aufgenommen:
• Intoplan GmbH Bauchemie
• ARPADIS Deutschland GmbH
• Brenntag GmbH
• Michelman Deutschland GmbH
• cph Deutschland Chemie Produktions- und Handelsgesellschaft mbH
• Drei Bond GmbH
• UNITECH Deutschland GmbH
• Gößl + Pfaff GmbH
• BLUFIXX GmbH

Nachhaltigkeit

Nachhaltigkeit – eine Übersetzung des englischen Begriffs „Sustainability" – ist der Erhalt eines Systems zum Wohle nachfolgender Generationen. Nachhaltiges Wirtschaften ist also nicht am kurzlebigen Erfolg eines Produktes oder einer Dienstleistung orientiert, sondern auf einen insgesamt dauerhaft positiven Beitrag ausgerichtet. Dabei sind ökologische, soziale und wirtschaftliche Aspekte zu berücksichtigen.

Im IVK wurde lange diskutiert, ob und wie Nachhaltigkeitsaspekte mit einem Mehrwert für Gesellschaft und Wirtschaft betrachtet werden können, ohne in Aktionismus und unnötige Kosten zu verfallen. Doch seit Politik und Normung das Thema aufgegriffen haben, sind die Weichen gestellt. Auch bei einzelnen Bereichen der Wirtschaft, z. B. größeren Bauprojekten, werden gelegentlich Nachweise für ein „nachhaltiges" Bauen verlangt. In der Bauprodukten-verordnung EU/305/2011 ist das Ziel des Ressourcen-effizienten Bauens verankert (BRCW 7).

Ziel nachhaltigen Bauens ist die ganzheitliche Betrachtung und Optimierung von Gebäuden zur Steigerung der Umweltqualität sowie der sozialen und ökonomischen Qualität über deren gesamten Lebenszyklus. Derzeit liegt der Fokus noch eindeutig auf der Bewertung ökologischer

Aspekte des Energie- und Ressourcenverbrauchs. Eine Vielzahl von Organisationen hat bereits das Feld besetzt, wie Nachhaltigkeit attestiert und zertifiziert werden kann. In Deutschland ist die DGNB für die Zertifizierung von Gebäuden einschlägig, für Behördenbauten die BNB. Im Ausland sind HQE, BREEAM, LEED und andere Systeme etabliert. Da bei der Nachhaltigkeitsbewertung von Gebäuden maßgeblich auch die eingesetzten Produkte, deren Vorprodukte und Herstellverfahren einfließen, müssen diese selbst auch bewertet werden. Für die Berechnung von Ökobilanzen für Bauprodukte verfügt das Beratungsunternehmen Thinkstep über die erforderlichen Daten (z. B. für Primärenergieverbrauch und Wirkungsindikatoren, wie Treibhauseffekt, Ozonabbau-, Versauerungs- und Eutrophierungspotential) zur Erstellung von Ökobilanzen und zur Durchführung von Lebenszyklusanalysen, die nach der EN 15804 wesentlicher Bestandteil der sog. *EPDs (Environmental Product Declarations)* sind. In Deutschland ist das Institut Bauen und Umwelt e.V. (IBU) als Initiative von Bauproduktenherstellern führend in der Entwicklung und Vergabe von EPDs. IBU unterhält ein EPD-Programm, das die Erstellung, die Prüfung auf Vollständigkeit und Plausibilität und die Prüfung durch unabhängige Dritte einschließt. Der IVK ist Mitglied bei IBU und hat seit 2010 in enger Kooperation mit den Schwesterverbänden Deutsche Bauchemie und Verband der deutschen Lackindustrie (VdL) an einer Branchenlösung für die Erstellung von sog. Muster-EPDs gearbeitet, durch die Hersteller auf einfache Weise in die Lage versetzt werden, die erforderlichen Informationen für die Gebäudezertifizierung zu liefern. Für eine Vielzahl von Bauprodukten – darunter auch für Bauklebstoffe - wurden Muster-EPDs erarbeitet, die fast das gesamte Branchenangebot abdecken. Nunmehr liegen Muster-EPDs und Leitfäden für
- Reaktionsharzprodukte auf EP-Basis
- Reaktionsharzprodukte auf PU-Basis
- kunststoffmodifizierte Mörtel sowie
- wasserbasierte Produkte

vor und wurden vom IBU verifiziert und auf der IVK-Homepage veröffentlicht: http://epd. klebstoffe.com. Auch englischsprachige Versionen stehen zur Verfügung. Nach diesem Vorbild wurden über die FEICA europäische Muster-EPDs etabliert: http://www.feica.eu/our-priorities/key-projects/epds.aspx. Namhafte Zertifizierer unterstützen das Projekt, das auch von der eco-Plattform (http://www.eco-platform.org/) mit seinem Logo unterstützt wird, in der die führenden europäischen Programmhalter organisiert sind. Damit soll der „wesentlichen Anforderung" aus der Bauprodukteverordnung zum nachhaltigen Bauen nachgekommen werden. Auch der US-amerikanische Klebstoffverband ASC ist an diesem Ansatz interessiert und hat mit dem IVK intensiven Austausch gehabt, um eine erste EPD für Dichtstoffe zu entwickeln.

Für den industriellen Bereich eher geeignet sind sog. *„(Product) Carbon Footprint" (PCF),* als ein Versuch, die Nachhaltigkeitsbewertung auf einen einzigen Wert – die CO_2-Bilanz eines Produktes – zu reduzieren. Dieser z. T. auch politisch motivierte Ansatz wird inzwischen von vielen Experten abgelehnt. Für Klebstoffe als Halbfabrikate ist die Angabe eines PCF wenig sinnvoll, da sie nie singulär eingesetzt, sondern immer nur als Systemkomponente mit meist marginalem Einfluss auf den PCF des Endproduktes verwendet werden. Ein gemeinsam mit dem Bundesverband Druck & Medien durchgeführtes Projekt zur Ermittlung des Einflusses von Klebstoffen auf die CO_2-Bilanz bei der Herstellung von Büchern hat deutlich gezeigt, dass je nach eingesetzter Klebstoffart (Dispersion, Hot Melt) der auf den Klebstoff entfallende Anteil zwischen

0,06 und 0,5 % beträgt und damit im Vergleich zum Papiereinsatz vernachlässigbar ist. Es kann also grundsätzlich davon ausgegangen werden, dass der CO_2-Fußabdruck von Klebstoffen sehr klein ist im Vergleich zu den damit hergestellten Produkten. Obwohl also die Menge an Klebstoff, die zur Herstellung von Produkten eingesetzt wird, in der Regel sehr klein ist, werden auch Klebstoffhersteller nach den PCF-Werten der von ihnen gelieferten Klebstoffe gefragt. Viele Untersuchungen in den letzten Jahren haben gezeigt, dass sich der PCF-Wert von Klebstoffen im Anlieferungszustand (cradle to gate) mit Blick auf die Fehlergrenzen von PCF-Berechnungen innerhalb bestimmter Produktgruppen zusammenfassen lässt. Auf Initiative des Technischen Ausschusses wurden deshalb für folgende Produktgruppen PCF-Werte (cradle to gate) abgeleitet:

• Klebstoffe auf Basis von wässrigen Kunststoffdispersionen
• Thermoplastische Schmelzklebstoffe
• Lösemittelbasierende Klebstoffe
• Reaktive Klebstoffe

Die zugehörigen PCF-Bänder sowie nähere Informationen zu den einzelnen Produktgruppen und der Datenbasis finden Sie im IVK-Informationsblatt „Typische ‚Product Carbon Footprint' (PCF)-Werte für Industrieklebstoffe" (http://www.klebstoffe.com/fileadmin/redaktion/ivk/M-RS_2014-19_Anl_Product_Carbon_Footprint___www__.pdf).

Viel wichtiger als die Angabe des PCF für einen Klebstoff und der Nachweis seines nur marginalen Einflusses auf die CO_2-Bilanz des Endproduktes ist es, zu zeigen, dass sich durch Kleben im Vergleich zu alternativen Fügetechniken „nachhaltigere" Produktlösungen ergeben. Ressourcenschonender Leichtbau in der Fahrzeugtechnik ist ein markantes Beispiel für den positiven Einfluss von Klebstoffen. Die Herstellung von Rotorblättern für Windkraftanlagen mit Epoxidharzen ist ein Weiteres und macht deutlich, wie sich die CO_2-Bilanz durch Einsatz moderner Werkstofftechnologie verbessern lässt. Die nationalen Bemühungen sollen auch europäisch einheitlich und anerkannt sein, daher werden die EU-Verbände FEICA, CEPE und EFCC in die Arbeiten einbezogen. Dies bietet Marktchancen, da hierdurch nachhaltige Lösungen für ausgewählte Anwendungen präsentiert werden können, ohne jeweils Einzelanalysen zu liefern. Beispiele hierzu finden Sie unter http://www.feica.eu/our-priorities/sustainable-development.aspx.

Leitfaden „Kleben – aber richtig"

Eine belastbare Klebung herzustellen bedeutet mehr als nur den richtigen Klebstoff auszuwählen. So sind beispielsweise Werkstoffeigenschaften, Oberflächenbehandlung, ein klebgerechtes Design oder der Nachweis der Gebrauchssicherheit wichtige Parameter, über die es zu entscheiden gilt. Der Industrieverband Klebstoffe hat in Zusammenarbeit mit dem Fraunhofer Institut IFAM den interaktiven Leitfaden „Kleben – aber richtig" entwickelt. Er ist für Handwerks- bzw. Industriebetriebe konzipiert, die zusätzliche Informationen rund um die Klebtechnik benötigen.

Der Einsatz von Klebstoffen ist heutzutage so vielfältig, dass es Klebstoffherstellern kaum mehr möglich ist, alle und vor allem die speziellen Einsatzgebiete in den Datenblättern zu berücksichtigen. Mit dem Leitfaden „Kleben – aber richtig" haben der Industrieverband Klebstoffe und das Fraunhofer Institut IFAM eine praktische Hilfestellung für Handwerks- und Industriebetriebe entwickelt, die grundlegende oder Zusatzinformationen benötigen. Planung, Entwicklung und Fertigung eines fiktiven Produktes werden Schritt für Schritt erläutert und damit alle Stufen der Planungs- sowie der Fertigungsphase systematisch berücksichtigt. Die Durchführung aller erforderlichen Prozessschritte und die Einhaltung der korrekten Reihenfolge bedeuten an sich schon ein nicht zu unterschätzendes Maß an Qualitätssicherung – hierfür ist der interaktive Leitfaden ein geeignetes Instrumentarium. Der Leitfaden beinhaltet ebenfalls ein Glossar und eine Suchfunktion; damit sind die wichtigsten Punkte des praktischen Einsatzes der Klebtechnik abgedeckt.

Der Leitfaden kann kostenlos und interaktiv im Internetportal des Industrieverband Klebstoffe genutzt werden: http://leitfaden.klebstoffe.com

Der Leitfaden liegt auch als englischsprachige Version „Adhesive Bonding – the Right Way" vor: http://onlineguide.klebstoffe.com

Vorstand

Der Vorstand des Industrieverband Klebstoffe spiegelt in seiner personellen Zusammensetzung die im Markt vorhandene Unternehmensstruktur der deutschen Klebstoffindustrie – bestehend aus klein-, mittelständischen und multinational operierenden Firmen – wider. Darüber hinaus garantiert die ausgewogene personelle Besetzung ein optimales Maß an Kern- und Fachkompetenzen im Hinblick auf die für die Klebstoffindustrie wichtigen Schlüsselmarktsegmente.

Das prioritäre Ziel des Vorstandes des Industrieverband Klebstoffe ist es, die Struktur des Verbandes und seiner Gremien kontinuierlich und zeitnah neuen ökonomischen und technologischen Rand- bzw. Rahmenbedingungen anzupassen, um damit eine stets effizient arbeitende Organisation und einen maximalen Nutzen für die deutsche Klebstoffindustrie zu gewährleisten.

Die fachliche Diskussion und Einschätzung von wirtschaftlichen, politischen und technologischen Trends in den verschiedenen Schlüsselmarktsegmenten der Klebstoffindustrie gehören ebenso wie die Beobachtung und Analyse der Aktivitäten der zahlreichen kaufmännischen und technischen Gremien des Verbandes zum integralen Aufgabenprofil des obersten Leitungsgremiums des Verbandes.

Der Industrieverband Klebstoffe gilt als die unangefochtene Kompetenzplattform Nummer 1 in Sachen „Kleben & Dichten". Er ist der weltweit größte und im Hinblick auf sein breit aufgestelltes Service-Portfolio auch der weltweit führende nationale Verband im Bereich der Klebtechnik. Das Fundament für diese erfolgreiche Positionierung sind zum einen die Verbindungen des Industrieverband Klebstoffe zum Verband der chemischen Industrie (VCI) und seinen Fachsparten und darüber hinaus ein strategisch und fachinhaltlich hocheffizientes 360°-Kompetenznetzwerk zu allen relevanten Systempartnern, wissenschaftlichen Einrichtungen, Spitzenverbänden von Industrie & Handwerk, Berufsgenossenschaften, Verbraucherorganisationen sowie zu Veranstaltern von Messen/Fortbildungsveranstaltungen/Kongressen. Damit wird jedes einzelne Glied entlang der gesamten Wertschöpfungskette „Kleben" abgebildet.

Innerhalb des Netzwerks der chemischen Industrie dokumentiert sich die stetig steigende Bedeutung der Klebstoffindustrie auch dadurch, dass der Industrieverband Klebstoffe im Hauptausschuss des VCI seit dem Frühjahr 2016 mit nunmehr 4 Sitzen vertreten ist.

Im Rahmen der vom Vorstand entwickelten Strategie einer „Qualifizierten Markterweiterung" begleitet der Industrieverband Klebstoffe aktiv die verschiedenen wissenschaftlichen Forschungsarbeiten auf dem Gebiet der Klebtechnik. Diese systematische Forschung ist primär interdisziplinär geprägt, d. h. konkret, dass naturwissenschaftliches Wissen mit ingenieurswissenschaftlichen Erkenntnissen verbunden wird, um damit praxisorientierte Forschungsergebnisse zu generieren. Im Ergebnis hat dieser interdisziplinäre Forschungsansatz dazu geführt, dass die Klebtechnik heute kalkulierbar ist und seinen festen Platz als zuverlässige Verbindungstechnologie in den Ingenieurwissenschaften hat. Die Klebtechnik gilt zu Recht und unangefochten als **die** Schlüsseltechnologie des 21. Jahrhunderts.

Als Gründungsmitglied der Fachgruppe „Klebtechnik" unter dem Dach der DECHEMA und des Gemeinschaftsausschuss Kleben (GAK) steht der Industrieverband Klebstoffe im regelmäßigen Kontakt zu allen relevanten Forschungseinrichtungen und Forschungsinstitutionen der Bereiche Stahl-, Holz- und Automobilforschung, mit denen er gemeinsam öffentlich geförderte wissenschaftliche Forschungsprojekte auf dem Gebiet der Klebtechnik begutachtet und fachinhaltlich begleitet. Im Rahmen dieser Kooperation kann und konnte der Industrieverband Klebstoffe wichtige Forschungsprojekte erfolgreich platzieren, von deren Ergebnissen insbesondere die im Verband organisierten Klebstoffunternehmen maßgeblich profitieren. Die bewilligten Projektskizzen, aber auch die dazu gehörigen Forschungsergebnisse, werden regelmäßig auf der gemeinsamen Internetplattform www.klebtechnik.org veröffentlicht.

Das vom Industrieverband Klebstoffe finanziell und inhaltlich stark forcierte Personalqualifizierungsprogramm des Fraunhofer-Institut IFAM in Bremen hat sich zwischenzeitlich zu einer festen und voll anerkannten Bildungseinrichtung entwickelt, und es wird kontinuierlich ausgebaut. Immer mehr Klebstoffverarbeiter sehen die – durchaus messbaren - Vorteile einer Qualifizierung ihrer Mitarbeiter im Umgang mit technisch anspruchsvollen Klebungen bzw. Klebstoffsystemen. Im Gegenzug profitiert die Klebstoffindustrie in jedweder Hinsicht von sach- und fachkompetenten Systempartnern. Nachdem das deutsche Eisenbahn-Bundesamt verbindlich vorschreibt, dass klebtechnische Anwendungen bei der Herstellung von Schienenfahrzeugen nur durch entsprechend qualifiziertes Personal durchgeführt werden dürfen, gab es eine Initiative u. a. der Automobilindustrie und anderen Klebstoffanwendern, die ebenfalls darauf abzielte, zur Verbesserung der Qualität ihrer Produkte und zur Steigerung der Effizienz in der Fertigung, ausschließlich klebtechnisch ausgebildetes Personal einzusetzen. Das Ergebnis dieser von Experten des Industrieverband Klebstoffe begleiteten Initiative ist die DIN 2304 „Klebtechnik – Qualitätsanforderungen an Klebprozesse", die im Frühjahr 2016 als verbindliche Norm veröffentlicht wurde. In dieser neuen Norm werden Anforderungen für die qualitäts- und fachgerechte Ausführung von strukturellen/lasttragenden Klebverbindungen in definierten Sicherheitsbereichen festgelegt. Darüber hinaus fordert diese Norm klebtechnische Kenntnisse und Weiterbildung, so dass nunmehr die in der Vergangenheit freiwillig praktizierte klebtechnische Personalqualifizierung zum verpflichtenden Bestandteil beherrschter Klebprozesse wird. Betriebe, die nach dieser Norm fertigen, dokumentieren, dass sie klebtechnisch nach dem aktuellen Stand der Technik arbeiten. Diese – derzeit noch deutsche – Initiative hat perspektivisch betrachtet eine deutliche europäische bzw. globale Dimension.

Insofern ist die Strategie des Vorstandes, das Personalqualifizierungsprogramm auch im europäischen und internationalen Wettbewerbsumfeld zu positionieren, voll aufgegangen. Mit finanzieller und fachinhaltlicher Unterstützung des Industrieverband Klebstoffe sind die vom Fraunhofer Institut IFAM entwickelten Lehrinhalte der verschiedenen zertifizierten Ausbildungsstufen – Klebpraktiker, Klebfachkraft, Klebfachingenieur – u.a. in Englisch und Chinesisch übersetzt und den verschiedenen europäischen und international geltenden Standards angepasst worden. Auf der Basis dieser Lehrmaterialen finden regelmäßig Ausbildungskurse zur Klebfachkraft in Polen, Tschechien, Türkei, USA, China, und Südafrika statt. Fast 7.000 Menschen haben in den vergangenen 22 Jahren die Personalqualifizierungen des Klebtechnischen Zentrums am Fraunhofer IFAM in Bremen, am TC-Kleben in Übach-Palenberg und weiterer Stationen im In- und Ausland durchlaufen.

Mit der Entwicklung dieser weltweit gültigen Ausbildungsstandards und der Implementierung eines adäquaten Ausbildungssystems auf einer globalen Ebene hat der Vorstand des Industrieverband Klebstoffe ein wichtiges Zeichen zur Dokumentation der Kompetenz der deutschen Klebstoffindustrie im europäischen – und darüber hinaus – auch im internationalen Wettbewerbsumfeld gesetzt.

Ebenso wichtig wie die solide Ausbildung bzw. die klebtechnische Qualifizierung von Klebstoffverarbeitern ist für den Vorstand auch eine fundierte Ausbildung von Schülern und Schülerinnen im Rahmen der Unterrichtsfächer Chemie, Technik oder Materialkunde. In diesem Zusammenhang wurde die Informationsserie „Die Kunst des Klebens" gemeinsam mit Experten des Industrieverband Klebstoffe, des Fonds der Chemischen Industrie und Didaktikern fachinhaltlich und didaktisch grundlegend überarbeitet. Dieses Lehrmaterial steht deutschlandweit fast 20.000 Fachlehrern/-innen zur Verfügung.

Ergänzend zu diesem Unterrichtsmaterial hat der Industrieverband Klebstoffe in Kooperation mit dem Medieninstitut der Länder (FWU) zwei Lehr-DVDs für den Einsatz im Unterricht konzipiert und realisiert. Die Lehr-DVD „Grundlagen des Klebens" wurde für den Einsatz im Unterricht an allgemeinbildenden und Berufsschulen konzipiert, „Kleben in Industrie und Handwerk" beschreibt konkrete Anwendungen von Klebstoffen für verschiedene Materialkombinationen in der Praxis und eignet sich besonders für den Einsatz im Technik- oder Materialkundeunterricht an berufsbildenden Schulen. Beide Bildungsmedien bestehen aus verschiedenen Filmen, Animationssequenzen, interaktiven Lernzielkontrollen sowie umfangreichem Informationsmaterial für Lehrer und Schüler. Die Lehr-DVDs können über die Mediathek der FWU im Internet abgerufen werden – www.fwu.de.

Das Thema „Kleben im Unterricht" wird in den regelmäßig stattfindenden Lehrerseminaren des Verband der Chemischen Industrie vertieft.

Darüber hinaus unterstützt das bundesweit einmalige Nachwuchsförderprogramm „Fraunhofer MINT-EC Chemie Talents", mit dem Ziel, besonders begabte Schüler/-innen zu unterstützen und für ein **M**athematik-, **I**nformatik-, **N**aturwissenschaften- oder **T**echnikstudium (MINT) zu begeistern. Wissenschaftler des Fraunhofer IFAM begleiten junge Talente in verschiedenen Workshops zum Thema „Kleben" über zwei Jahre hinweg bis zum Abitur. Dass eine frühe Förderung Früchte trägt, zeigen die hervorragenden Ergebnisse bei der Teilnahme der jungen Talente bei „Jugend forscht". Die Erfindung eines kompostierbaren Klebstofffilms aus natürlichen, abbaubaren Rohstoffen erhielt im Bundesfinale von „Jugend forscht 2016" den Sonderpreis Chemie als zukunftsweisende Erfindung.

Über die Personalqualifizierung und die schulische Ausbildung hinaus unterstützt der Industrieverband Klebstoffe seine Mitgliedsunternehmen bei der Rekrutierung von Auszubildenden und Fachkräften. Um den sich perspektivisch abzeichnenden, demografisch bedingten Fachkräftemangel frühzeitig entgegenzuwirken, hat der Vorstand die Initiative „Ausbildungsoffensive Klebstoffindustrie" ins Leben gerufen. Mit der Kampagne „komm kleben…" stellt sich die deutsche Klebstoffindustrie in den sozialen Medien bei jungen Menschen als eine Branche mit interessanten Ausbildungsberufen vor.

Auch auf der technischen Ebene übernimmt der Industrieverband Klebstoffe in einem immer stärkeren Maß eine europäische bzw. globale Leitfunktion.

Dies gilt sehr aktuell für die gemeinsam vom Vorstand und dem Technischen Ausschuss konzeptionell erarbeitete Normenkompetenz-Plattform im Industrieverband Klebstoffe. Hinter diesem Projekt stand und steht die Zielsetzung, über das ohnedies starke Engagement des deutschen Klebstoffverbandes in der europäischen Normung (CEN) hinaus auch aktiv in das internationale Normungsgeschehen auf der ISO-Ebene einzugreifen. Die treibenden Faktoren für diese Initiative waren zum einen die zunehmende Zahl von ISO-Normen für Klebstoffe, die zunehmend mehr Beachtung im Rahmen der Globalisierung der Märkte finden. Zum anderen verfolgt der Vorstand - perspektivisch betrachtet - das Ziel, für die Klebstoffindustrie wichtige deutsche Industriestandards weltweit einführen zu können. Über die Normenkompetenz-Plattform des Verbandes konnten bis dato drei wichtige Normprojekte aus dem Bereichen Bodenbelag- und Holzklebstoffe international platziert und realisiert werden. Darüber hinaus konnten für die Mitgliedsunternehmen wichtige Informationen über zukünftige Entwicklungen in der Elektronikindustrie und das Anforderungsprofil für entsprechend benötigte Klebstoffe generiert werden.

In der Zwischenzeit hat der Industrieverband Klebstoffe auch die Leitung des europäischen Normungsprojektes „Mandatierte Belagsklebstoff-Normung" sowie die des europäischen Normensekretariates „Holz- und Holzwerkstoffe" übernommen, nachdem seitens des europäischen Dachverbandes FEICA kein sichtbares Interesse an diesen Themen bestand. Diese Projekte werden sicherstellen, dass zum einen die Interessen der deutschen Bauklebstoffhersteller hinsichtlich europäischer Vorgaben für Innenraumluftbelastungen adäquat repräsentiert werden, sodass ebenfalls eine faire Chance besteht, über dieses Projekt die mit einem hohen bürokratischen Aufwand verbundenen Innenraumluftbelastungs-Auflagen des Deutschen Institut für Bautechnik (DIBt) entbehrlich zu machen.
Die Leitung des Normensekretariates für Holz- und Holzwerkstoffe sichert die spezifischen Interessen der deutschen Klebstoffindustrie im komplex geregelten Markt für Brettschichtholzprodukte für lasttragende Anwendungen.

Um in Sinne der Klebstoffindustrie das aktuell von der Politik und der Wirtschaft forcierte Thema „Nachhaltigkeit" praxisorientiert umsetzen zu können, wird im Industrieverband Klebstoffe weiterhin an verschiedenen Projekten gearbeitet:

In Kooperation mit einigen Schwesterverbänden im Verband der Chemischen Industrie wurde eine Branchenlösung für generische Umweltprodukterklärungen (EPDs = Environmental Product

Declarations) erarbeitet. Die Grundsätze der Nachhaltigkeit von Bauwerken ist in der EU-Bauproduktenverordnung geregelt. Mit Hilfe von EPDs kann der Nachweis geführt werden, dass die eingesetzten Bauprodukte zu einem „nachhaltigen" Bauwerk beitragen. EPDs umfassen eingehende Analysen und Dokumentationen (CO_2-Verbrauch bei Herstellung, Energieverbrauch, Ökobilanzen, Lebenszyklusanalysen, etc). Es wurden – in Abstimmung mit der Deutschen Gesellschaft für Nachhaltiges Bauen (DGNB) – für vier Produktkategorien über 150 verschiedene, klebstoffrelevante Muster-EPDs für baunahe Produkte erarbeitet, die eine Vielzahl von „Produktfamilien", verschiedene Rohstoffbasen und die Mehrzahl von baunahen Anwendungen abdecken. Diese Branchen-EPDs definieren einen brancheneinheitlichen Rahmen und können von allen betroffenen Verbandsmitgliedern genutzt werden. Der Industrieverband Klebstoffe stellt der Industrie die EPDs und die dazugehörigen Leitfäden auf seiner Internetplattform www.epd.klebstoffe.com als deutsch- und englischsprachige Dokumente zur Verfügung.

Auf Initiative des Vorstandes kooperiert die Geschäftsstelle mit dem amerikanischen Schwesterverband Adhesive and Sealant Council (ASC) mit dem Ziel, die EPDs auch in den USA zu etablieren, um einen möglichst globalen Standard für Umweltprodukterklärungen (EPD) zu schaffen. Hierzu haben verschiedene Webinare und Konferenzpräsentationen stattgefunden, im Rahmen derer den amerikanischen Klebstoffherstellern das EPD-Konzept im Detail vorgestellt wurde. Das Echo aus den USA war sehr positiv – ein Projekt zur Etablierung von EPDs in den USA wurde vor wenigen Monaten ins Leben gerufen.

Aus dem EPD-Projekt heraus wurden in einem Parallelprojekt „CO_2-Fußabdrücke" (PCF = Product Carbon Footprint) für einzelne Klebstofffamilien im Bereich der Industrieklebstoffe ermittelt – eine für die Klebstoffindustrie wichtige Information, auf deren Basis „Nachhaltigkeitsaussagen" für Klebstoffe getroffen werden können.

Ein gemeinsam mit dem Bundesverband Druck & Medien durchgeführtes Projekt zur Ermittlung des Einflusses von Klebstoffen auf den CO_2-Verbrauch bei der Herstellung von Büchern hat deutlich gezeigt, dass je nach eingesetzter Klebstoffart der auf den Klebstoff entfallende Anteil zwischen 0,06 und 0,5 % beträgt und damit vernachlässigbar ist. Es kann grundsätzlich davon ausgegangen werden, dass der Co_2-Fußabdruck von Klebstoffen einen nur marginalen Einfluss auf den CO_2-Verbrauch bei der Herstellung von geklebten Produkten hat. Diese These wird kontinuierlich anhand weiterer Praxisbeispiele grundlegend geklärt.

Unabhängig von den Ergebnissen dieser weiteren Untersuchungen gilt jedoch, dass der Einsatz innovativer und moderner Klebstoffsysteme der Schlüssel zur Herstellung öko-effizienter Produkte ist. Dies gilt für den Leichtbau im Automobil- oder Möbelsektor ebenso wie für die Herstellung von Produkten zur Erzeugung regenerativer Energien, wie Solarzellen oder Windkraftanlagen.

Die aktive Beteiligung des Industrieverband Klebstoffe und seiner Mitglieder an global wichtigen Konferenzen unterstreicht die international herausragende Position der deutschen Klebstoffindustrie. Dies gilt insbesondere für die alle 4 Jahre stattfindende Welt-Klebstoff-Konferenz. Nach der internationalen Tagung 2012 in Paris werden verschiedene Mitgliedsunternehmen des Industrieverband Klebstoffe den Weltklebstoffkongress 2016 in Tokio, Japan, mit interessanten Präsentationen fachinhaltlich unterstützen. Die deutsche Klebstoffindustrie und ihr Verband nehmen damit aktiv die Chance wahr, auf internationalem Parkett die globale Technologieführerschaft der deutschen Klebstoffindustrie weiter zu verdeutlichen.

In den regelmäßig stattfindenden Dialogen mit US-amerikanischen und asiatischen Klebstofforganisationen wird immer mehr deutlich, dass der deutschen Klebstoffindustrie sowohl die Rolle des globalen Technologieführers als auch die einer leitenden Kompetenzplattform in punkto „Responsible Care®" und Sustainable Development respektvoll zugesprochen wird. Die deutsche Klebstoffindustrie hat schon vor vielen Jahren in Abstimmung mit ihren Systempartnern damit begonnen, bereits im Vorfeld gesetzlicher Regelungen, praxisnahe Konzepte für einen adäquaten Umwelt-, Arbeits- und Verbraucherschutz zu entwickeln und diese – entsprechend der strategischen Vorgaben des Vorstandes – erfolgreich zu implementieren. Mit der Entkopplung des Lösemittelverbrauchs von der Klebstoffproduktion, mit der erfolgreichen Platzierung des EMICODE® und des GISCODE-Systems und mit Muster-EPDs wird die deutsche Klebstoffindustrie ihrer Verantwortung gegenüber der Umwelt und gegenüber ihren Kunden entlang der Wertschöpfungskette im vollen Umfang gerecht - und sie ist damit weltweit führend.

Mit den Initiativen zum freiwilligen Verzicht des Einsatzes von Lösungsmitteln bei Parkettklebstoffen sowie Phthalaten im Bereich Papier-/Verpackungsklebstoffe und mit der Informations-Serie „Klebstoffe im lebensmittelnahen Bereich" hat der Industrieverband Klebstoffe zum wiederholten Mal neue Maßstäbe in den Bereichen Arbeits-, Umwelt- und Verbrauchersicherheit gesetzt.

Ein ausgewogenes Verhältnis von Technologieführerschaft und sozialer Kompetenz ist für den Vorstand des Industrieverband Klebstoffe ein wesentlicher Schlüssel für die erfolgreiche und glaubwürdige Positionierung der Industrie. Diese Positionierung sichert dem Verband jederzeit verlässliche und wichtige Informationen, beispielsweise über zukünftige Ausrichtungen von Gesetzesvorhaben, und für die Verbandsmitglieder bietet sich – perspektivisch betrachtet – die Chance mit Produkten, die den Anforderungen von Umwelt-, Arbeits- und Verbraucherschutz gerecht werden, in Europa und darüber hinaus auch weltweit neue Märkte zu erschließen.

Die Mitglieder des Vorstandes werten die stetig steigende Zahl an Teilnehmern an den verschiedenen Veranstaltungen des Industrieverband Klebstoffe sowie die Aufnahme von neun neuen Mitgliedsunternehmen in den letzten zwei Jahren als einen überzeugenden Indikator dafür, dass der Industrieverband Klebstoffe e. V. richtig positioniert ist, für seine Mitglieder nutzenstiftende Arbeit mit einer ausgeprägten Praxisrelevanz leistet und damit für die Klebstoffindustrie insgesamt einen enorm hohen Grad an Attraktivität besitzt.

Technischer Ausschuss (TA)

In seinen regelmäßigen Sitzungen hat der Technische Ausschuss (TA) auch in den Jahren 2015/2016 die fachspezifischen Arbeiten der Technischen Kommissionen, der Unterausschüsse und der ad-hoc-Gremien aufgenommen, eingehend diskutiert und Szenarien für die gesamte Klebstoffindustrie erarbeitet. Darüber hinaus wurden zahlreiche fachübergreifende Themenfelder nach intensiver Diskussion im Technischen Ausschuss durch entsprechende Verbandsaktivitäten proaktiv mitgestaltet.

Ein besonderer Schwerpunkt der Arbeiten des Technischen Ausschusses war das Thema Nachhaltigkeit. Zum einen befasste man sich mit Fragen, wie Nachhaltigkeit im Bereich der Klebtechnik zu definieren ist, zum anderen wurden konkrete Projekte im Kontext dieses Themas bearbeitet. In Übereinstimmung mit der FEICA hebt der Technische Ausschuss die besondere Rolle von Klebstoffen bei der Realisierung nachhaltiger Produkte und Prozesse (engl.: „enabler for sustainable solutions"; deutsch: „Klebstoffe ermöglichen nachhaltige Produkte und Prozesse") hervor. Dagegen hält der Technische Ausschuss die Bezeichnung eines Klebstoffs als „grünen Klebstoff" für unsinnig, zumal dies keine technische Aussage enthält. Ferner hält der Technische Ausschuss ein Öko-Marketing von Klebstoffen via einzelner Indikatoren, wie z. B. den PCF (Product Carbon Footprint = CO_2-Abdruck) für wissenschaftlich unsinnig. Der ökologische Fußabdruck eines Klebstoffs ist immer im Zusammenhang mit der jeweiligen Applikation zu sehen. Obwohl die Menge an Klebstoff, die zur Herstellung von Produkten eingesetzt wird, in der Regel sehr klein ist, werden trotz allem auch Klebstoffhersteller oft nach den PCF-Werten der von ihnen gelieferten Produkte gefragt. Viele Untersuchungen in den letzten Jahren haben gezeigt, dass sich der PCF-Wert von Klebstoffen im Anlieferungszustand (cradle to gate) mit Blick auf die Fehlergrenzen von PCF-Berechnungen innerhalb bestimmter Produktgruppen zusammenfassen lässt. Auf Initiative des Technischen Ausschusses wurden deshalb für vier Produktgruppen (Klebstoffe auf Basis von wässrigen Kunststoffdispersionen, thermoplastische Schmelzklebstoffe, lösemittelbasierende Klebstoffe, reaktive Klebstoffe) PCF-Werte/-Bänder (cradle to gate) abgeleitet und den Kunden in einem Informationsblatt zur Verfügung gestellt.

Ein weiteres konkretes Projekt ist die Erarbeitung von Umwelt-Produktdeklarationen (EPD = Environmental Product Declaration) für den Baubereich. Diese Arbeiten wurden notwendig, nachdem ab 2011 die EU-Bauproduktenverordnung den Einsatz „nachhaltiger" Produkte verlangt, wobei die Nachhaltigkeit der Produkte durch EPDs nachgewiesen werden muss. Diese gesetzlich geforderten EPDs umfassen eingehende Analysen und Dokumentationen, z. B. über den CO_2-Verbrauch bei der Herstellung, Energieverbräuche, Ressourcenabbau, Ökobilanzen, Lebenszyklusanalysen, etc. Die Erarbeitung solcher EPDs ist mit einem enormen Arbeits- und Kostenaufwand verbunden, so dass sich für diesen Bereich eine Branchenlösung anbietet. Die nationalen (deutschen) EPDs sind zwischenzeitlich fertig gestellt und wurden im Rahmen der FEICA auch anderen europäischen Ländern zur Übernahme angeboten. Die Entwicklung der „FEICA EPDs" auf Basis der deutschen EPDs ist nahezu abgeschlossen. Die Ökobilanz-Daten der von den EPDs abgedeckten Produkte werden sich nur geringfügig ändern. FEICA ist darüber hinaus seit Anfang des Jahres Mitglied der ECO-Plattform. Ziel der ECO-Plattform ist es, eine Harmonisierung und Vernetzung aller in Europa bestehenden EPD-Programme voranzutreiben. Die Gespräche, sowohl mit der ECO-Plattform als auch mit der EU-Kommission, sind positiv gelaufen.

Es wurde gegenseitige Akzeptanz von EPDs und Ökobilanzen vereinbart. Um auch auf internationaler Ebene zu vermeiden, dass unterschiedliche Verfahren implementiert werden, forciert der IVK die Kooperation mit dem US-amerikanischen Klebstoffverband ASC. Die ASC strebt danach EPDs mit ähnlichem Schema wie in Europa an; trotzdem bleibt die internationale Harmonisierung der EPDs eine Herausforderung. Einen weiteren Schwerpunkt der Arbeiten des Technischen Ausschusses bildeten auch während der letzten beiden Jahre die Aktivitäten zum europäischen Chemikalienrecht „REACH" (Registrierung, Bewertung, Zulassung und Beschränkung von Chemikalien), der REACH-Verordnung (EU) Nr.1907/2006. Ein zentrales Element der Verordnung ist die Forderung nach einer „sicheren Verwendung" von Chemikalien innerhalb der gesamten Lieferkette. Damit wurden in erheblichem Maße Aufgaben und Pflichten in Richtung der nachgeschalteten Anwender (Downstream User) verlagert. Der Nachweis der sicheren Verwendung ihrer Rohstoffe stellt insbesondere die Klebrohstoffhersteller bei der Registrierung ihrer Klebrohstoffe vor große Probleme. Andererseits haben auch die Klebstoffhersteller aufgrund der unklaren und unsystematischen Vorgaben von REACH für Gemische größte Schwierigkeiten, REACH-konforme Verwendungsszenarien und Sicherheitsdatenblätter für Klebstoffe zu erstellen. Der Grund für diese Schwierigkeiten ist, dass viele Klebstoffe 20 – 30 Inhaltsstoffe enthalten und es zu vielen dieser Rohstoffe erweiterte Sicherheitsdatenblätter mit oft über hundert Seiten gibt, deren unstrukturierter Inhalt zunächst überprüft werden muss und dann produkt- und anwendungsspezifisch Eingang in das Sicherheitsdatenblatt für den Klebstoff findet. Der TA unterstützt deshalb eine FEICA-Arbeitsgruppe, welche hier spezielle Lösungen erarbeitet. Das u. a. auch von den Rohstoffherstellern genutzte sogenannte ECETOC-TRA Modell rechnet Anwenderexpositionen – und hier insbesondere die Endverbraucher-Expositionen – sehr konservativ. Damit sind DIY-, aber auch andere Klebstoffanwendungen häufig formal „nicht sicher". Verbesserung bringen hier sogenannte „**S**ector-specific **C**onsumer **E**xposure **D**eterminants" (SCEDs) und „**S**ector-specific **W**orker **E**xposure **D**escriptions" (SWEDs), welche die tatsächlichen Expositionen bei der Verwendung von Klebstoffen wesentlich besser abbilden. Auch das Standard-„Umwelt"-Modell rechnet mit den vorgegebenen **E**nvironmental **R**elease **C**ategories (ERCs) sehr konservativ. Hier sind ebenfalls viele Klebstoffanwendungen formal „nicht sicher". Verbesserungen bringen hier sogenannte „**Sp**ecific **E**nvironmental **R**elease **C**ategories" (SpERCs), die wie die SCEDs und SWEDs veröffentlicht sind und allen Registranten kostenfrei zur Verfügung stehen.Im Projekt „Generic Exposure Scenarios" (GES) werden generische Expositionsszenarien für Klebstoffgruppen (Lösemittel-, reaktive und zementäre Klebstoffe) entwickelt. Generische Expositionsszenarien ermöglichen nachgeschalteten Anwendern ein eigenes sogenanntes Downstream-User-Expositionsszenario für einen Stoffsicherheitsbericht nach REACH Art. 37 (4) zu erstellen, wenn zum Beispiel das Lieferanten-Expositionsszenarium nicht greift und von Lieferanten nicht angepasst wird.

Die IVK-Mitglieder erhalten ihre Informationen zu REACH zum einen über das REACH-Portal des VCI sowie darüber hinaus über Mitgliederrundschreiben des IVK zu klebstoffspezifischen Themen und über vom IVK in Kooperation durchgeführte Seminare.

Um die Verbindungstechnik „Kleben" in der Öffentlichkeit noch weiter bekannt zu machen, wurde zusammen mit dem IFAM der Leitfaden „Sichere Herstellung von Klebungen" erarbeitet. Der Leitfaden „Kleben – aber richtig" ist im Internet in deutscher und englischer Sprache verfügbar.

In den letzten beiden Jahren hat sich der IVK wieder verstärkt in der Normenarbeit im DIN, in CEN und in ISO engagiert. Im Januar 2013 wurde im DIN der neue Arbeitsausschuss „Klebstoffe; Prüfverfahren und Anforderungen" gegründet, der zukünftig als Dachgremium für die mit Klebstoffen befassten Arbeitsausschüsse des DIN fungieren soll. Die Gründungsmitglieder waren Vertreter der zu diesem Zeitpunkt existierenden Arbeitsausschüsse, die sich mit Klebstoffen beschäftigen. Der neue NA 062-04-59 AA kann die Koordination der „Klebstoff"-Ausschüsse und die Spiegelung des CEN/TC 193 „Klebstoffe" übernehmen. So können bei Bedarf zukünftig relativ schnell neue untergeordnete Ausschüsse gegründet und schneller als bisher auf neue Anforderungen reagiert werden. Zum Obmann des NA 062-04-59 AA wurde Dr. Udo Windhövel und zu seinem Stellvertreter Ansgar van Halteren gewählt.

Auf ISO-Ebene wurde u. a. versucht, Normungsprozesse so weit wie möglich zu beschleunigen. So hat man z. B. die Möglichkeit geschaffen, einzelne Normungsstadien zu überspringen. Hier bestehen Chancen und Risiken: So können einerseits Einspruchschancen vertan werden; andererseits ist es möglich, durch ein Überspringen von Normungsstadien eine erhebliche Beschleunigung zu erreichen.

Die Vielzahl an nationalen, europäischen und internationalen Normen mit Klebstoffbezug macht es sowohl für die Klebstoffhersteller als auch insbesondere für die Klebstoffanwender nahezu unmöglich, für eine konkrete klebtechnische Fragestellung die hierfür relevanten Normen zu benennen und zu kennen. Der Technische Ausschuss hat deshalb ein Projekt ins Leben gerufen, dessen Zielsetzung es ist, klebtechnisch relevante Normen zu listen und zu kategorisieren, um insbesondere Klebstoffanwendern ein Werkzeug zu bieten, mit dessen Hilfe sie aus der Vielzahl an Normen die für eine konkrete Fragestellung geeigneten Normen identifizieren können. Insgesamt fast 800 Dokumente wurden inhaltlich beschrieben und hinsichtlich verschiedener Kriterien, u. a. hinsichtlich Klebstoffart, Anwendungsgebiet und Aussage der Prüfmethode kategorisiert. Die Normenliste enthält DIN, EN, ISO und ASTM Normen, DVS-Richtlinien sowie sonstige Dokumente (VDA, VDI, SAE, IVK, etc.). Als Werkzeug dient eine Tabelle, in der online mittels verschiedener Filtergruppen (Klebstoff-zustand, Klebstoffart, Substrat, Zielrichtung/Aussage der Untersuchung, Sonstiges) die für eine bestimmte Fragestellung relevanten Normen herausgefiltert werden können. Die Datenbank ist noch im Beta-Stadium, wird aber in Kürze auf der Internetseite des IVK freigeschaltet und danach regelmäßig aktualisiert.

Aufgrund der Atemtraktsensibilisierung durch Isocyanate hat die Bundesanstalt für Arbeitsschutz und Arbeitsmedizin (BAuA) im Rahmen der Evaluation von REACH zunächst eine Risk Management Option Analysis (RMOA) „Diisocyanate" durchgeführt. Ziel ist dabei die Senkung der Anzahl berufsbedingter Asthmaerkrankungen im Zusammenhang mit der Verwendung von Isocyanaten. Obwohl auch ohne CMR-Einstufung die Kriterien für eine Zulassung („Authorisation", Anhang XIV, REACH) möglicherweise erfüllt wären („ähnlich Besorgnis erregend"), stellt sich die Frage, ob das Ziel nicht auch mit einer Beschränkung („Restriction", Anhang XII, REACH) wesentlich effizienter erreichbar wäre. Während die BAuA diesen Weg favorisiert, sind ausgehend von Schweden weitere Aktivitäten zu beobachten, die eine Zulassung als Ziel haben. Die Industrie hat daher ein hohes Interesse, die BAuA in ihrem Bemühen um eine Beschränkungslösung aktiv zu unterstützen. Die von den Isocyanatherstellerverbänden ISOPA und ALIPA koordinierten Industrieaktivitäten erfolgen unter direkter Einbindung von FEICA und IVK, der hierzu eine eigene ad-hoc Gruppe eingerichtet hat. Laut Zeitplan wird die BAuA das Beschränkungsdossier voraussichtlich im Herbst 2016 einreichen. Nach der öffentlichen Konsultation und den Stellungnahmen des Ausschusses für sozio-ökonomische Analyse (SEAC) und des Ausschusses für Risikobewertung (RAC) wird frühestens im Jahr 2018 das Inkrafttreten der Beschränkung erwartet. Das Inverkehrbringen sowie die gewerbliche und industrielle Verwendung von Isocyanaten und Isocyanathaltigen Gemischen wird im Rahmen der geplanten Beschränkung verboten - mit Ausnahme von Gemischen deren kumulativer Gehalt an Diisocyanaten unter 0,1 % liegt, oder von den anwendungssicheren Produkt-Verwendungs-Kombinationen nur ein vernachlässigbar geringes Risiko auftreten kann, oder der Verwender kann eine vorgeschriebene Schulung nachweisen. Im Rahmen der Kooperation mit der BAuA hat die IVK ad-hoc Gruppe u. a. auch an Fachgesprächen mit von der BAuA beauftragten Beratungsunternehmen zur Bewertung der sozio-ökonomischen Auswirkungen einer möglichen Beschränkung der Verwendung von Diisocyanaten teilgenommen.

Nachdem das Umweltbundesamt 2005 seine Leitlinien und Positivlisten zurückgezogen hat, bestand für die Hersteller anaerob härtender Gewindedichtmittel keine Möglichkeit mehr, die vom Markt geforderten Trinkwasserzulassungen (KTW-Zertifikate) zu erhalten. Die damalige Praxis der Prüfinstitute, mit praxisfernen Prüfmethoden zumindest angenähert Aussagen über den Einfluss der ausgehärteten Klebstoffe auf Trinkwasser machen zu können und dann Prüfzeugnisse in Anlehnung an die zurückgezogenen Leitlinien zu erstellen, war mehr als unzureichend. Der IVK hat daher 2013 eine Arbeitsgruppe aus betroffenen Klebstoffherstellern gegründet, um gemeinsam mit dem UBA eine allgemein gültige Rechtsgrundlage zu schaffen und somit eine praxisnahe Prüfung sowie fairen Wettbewerb und Kundenzufriedenheit zu erreichen.

Da das UBA die Erarbeitungszeit einer revidierten trinkwasserrechtlichen Zulassung anaerob härtender Klebstoffe zunächst auf vier bis fünf Jahre geschätzt hat, hatte die Arbeitsgruppe eine schriftliche Stellungnahme des UBA erbeten, dass aufgrund fehlender Bewertungsgrundlagen derzeit keine KTW-Zulassungen für diese Produkte erstellt werden können.

Inzwischen hat das UBA die Gruppe der „marginalen Produkte" eingeführt, unter der nicht zuletzt aufgrund der engen Kooperation unserer ad-hoc Gruppe mit dem UBA auch die anaerob härtenden Klebstoffe fallen. Wichtig hierbei ist, dass die Ausgangsstoffe dieser Produkte in diesem Fall nicht bewertet werden müssen, d. h. es gibt für marginale Produkte keine Positivliste mehr. Darüber hinaus gibt es auch keine rezepturspezifischen Einzelstoff- oder sonstige Zusatzanforderungen. Allerdings müssen die Gewindedichtmittel der vom IVK erarbeiteten und mit dem UBA abgestimmten Rahmenrichtrezeptur entsprechen.

Das Umweltbundesamt hat die Information „Hygienische Beurteilung von anaeroben Klebstoffen im Kontakt mit Trinkwasser" auf seiner Webseite veröffentlicht: (http://www.umweltbundesamt.de/themen/wasser/trinkwasser/trinkwasser-verteilen). Eine Konformitätsbestätigung für anaerobe Klebstoffe sieht das UBA als nicht erforderlich an. Die gleichbleibende Qualität der Rezeptur der anaeroben Klebstoffe und die Nachverfolgbarkeit dieser Produkte kann durch eigene Qualitätsmanagementsysteme sichergestellt werden. Optional kann der Nachweis der Übereinstimmung der Rezeptur eines anaeroben Klebstoffs mit der angegebenen Richtrezeptur durch eine unabhängige Stelle erfolgen. Damit sind anaerob härtende Gewindedichtmittel wieder trinkwasserrechtlich geregelt, allerdings wesentlich unbürokratischer und zu sehr viel geringeren Kosten.

Handlungsbedarf gab und gibt es auch im Rahmen der europäischen Biozidverordnung (EU-Verordnung Nr. 528/2012). Die EU-Kommission erteilt seit letztem Jahr im Rahmen der Überprüfung schon verwendeter Biozidwirkstoffe u. a. auch für Topfkonservierer Genehmigungen in Form von Durchführungsverordnungen. Insbesondere bei Wirkstoffen mit sensibilisierenden Eigenschaften findet sich im Anhang der jeweiligen Durchführungsverordnung unter dem Produkttyp 6 (Topfkonservierungsmittel) meist ein Eintrag, der die in Art. 58(3) der Biozidverordnung 528/2012 niedergelegten zusätzlichen Anforderungen an die Kennzeichnung verbindlich macht. Entscheidend für die Frist zur Umsetzung der Kennzeichnungsanforderungen ist das Datum der Genehmigung des Wirkstoffes (Date of Approval). Erst dann treten die in der Durchführungsverordnung festgelegten Sonderbestimmungen in Kraft. Der IVK hat seine Mitglieder in mehreren Rundschreiben über die Genehmigung verschiedener Topfkonservierer, sich hieraus resultierender Kennzeichnungsänderungen und die zugehörigen Fristen informiert und als zusätzlichen Service eine Tabelle ins IVK-Intranet gestellt, welche einen aktuellen Überblick über die von der EU-Kommission neu genehmigten Topfkonservierer gibt. Die Tabelle zeigt, ob die Durchführungsverordnung des Wirkstoffs für mit diesem Wirkstoff topfkonservierten Klebstoffe neue Kennzeichnungsanforderungen nach Art. 58(3) der Biozidverordnung 528/2012 enthält und ab wann diese umgesetzt werden müssen.

Aufgrund einer Initiative des Bundesumweltministeriums (BMU) zur Reduzierung von VOC im Hinblick auf die Sommersmoggefahr war der VCI zusammen mit weiteren Fachverbänden aufgerufen, die Möglichkeiten zur VOC-Minderung aufzuzeigen. Aus dieser umweltschutzgetriebenen Initiative haben die Klebstoffhersteller in den letzten Jahren ihren Verbrauch an Lösemittel deutlich reduziert, wie die Auswertung der IVK-Lösemittelstatistik zeigt. Der Technische Ausschuss hat sich intensiv mit dem Thema befasst und konnte anhand einer Lösemittelverbrauchsumfrage darlegen, dass das gesteckte Ziel einer VOC-Reduzierung von 70 % bis zum Jahr 2007 (auf Basis des Verbrauchs im Jahr 1988) schon weit früher erreicht wurde. Die Lösemittelstatistik wird in zweijährlichem Abstand weitergeführt und findet Eingang in die Diskussionen mit nationalen und europäischen Behörden und Institutionen z. B. bei der Einführung neuer Gesetzesvorhaben. Die Statistik ist ein sehr wichtiges Instrument zur Kommunikation mit Behörden und unverzichtbar zur Dokumentation des Umweltbewusstseins der deutschen Klebstoffindustrie.

Ende Februar 2016 wurde die vom IVK wesentlich mitgestaltete Norm DIN 2304 „Klebtechnik - Qualitätsanforderungen an Klebprozesse – Teil 1: Prozesskette Kleben" mit Datum März 2016 veröffentlicht. Damit wird dem Markt ein weiteres wichtiges Element zur Sicherung der Qualität in der Prozesskette „Kleben" zur Verfügung gestellt. In dieser neuen Norm werden Anforderungen für eine qualitäts- und fachgerechte Herstellung von konstruktiven/strukturellen/lasttragenden Klebverbindungen in definierten Sicherheitsklassen festgelegt. Die Definition der Sicherheitsklassen orientiert sich an einer möglichen Gefährdung für Leib und Leben für den Fall, dass eine Klebverbindung mechanisch versagt. Anforderungen an eine Klebverbindung hinsichtlich Lebensmitteltauglichkeit, Brandschutzbestimmungen, Einhaltung von Emissionsvorschriften, Arbeits- und Umweltvorschriften u. a. werden nicht berücksichtigt. Über eine Dokumentation des klebtechnischen Prozesses hinaus, fordert diese Norm klebtechnische Kenntnisse und Weiterbildung, so dass nunmehr die in der Vergangenheit freiwillig praktizierte klebtechnische Personalqualifizierung – entsprechend der Sicherheitsklasse der Klebung – zum verpflichtenden Bestandteil beherrschter Klebprozesse wird. Die Aufgaben und Verantwortlichkeiten der Klebeaufsicht sind in der DVS Richtlinie 3311 festgeschrieben. Betriebe, die künftig nach dieser Norm fertigen, dokumentieren darüber hinaus, dass sie klebtechnisch nach dem aktuellen Stand der Technik arbeiten.

Da die DIN 2304 als universelle Grundsatznorm allgemein gefasst ist, bedarf es für die Anwendung in der Praxis noch weiterer Konkretisierungen. Diese Konkretisierungen betreffen sowohl den allgemeinen Teil der DIN 2304, sollten aber auch material- und/oder branchen-spezifisch (z.B. für Faserverbundwerkstoffe oder bestimmte Industrien, etc.) erfolgen. Die Konkretisierung erfolgt im Rahmen einer DIN-Spezifikation (DIN Spec 2305-x). Eine DIN Spezifikation kann schnell und ohne großen formalen Aufwand erstellt, verabschiedet und veröffentlicht werden

Aufgrund entsprechender Nachfragen hat das DIN eine Übersetzung in die englische Sprache in Auftrag gegeben. Eine Überführung der DIN in eine EN ist derzeit nicht geplant.

Der Technische Ausschuss hat sich weiterhin sehr intensiv mit dem Thema „Klebstoffausbildung" beschäftigt und rät dringend, die Ausbildung von Klebstoffanwendern im Sinne einer qualifizierten Markterweiterung deutlich auszuweiten bzw. europaweit zu forcieren. Der TA unterstützt in diesem Zusammenhang ein Projekt des Fraunhofer Instituts IFAM zur Internationalisierung des zertifizierten Ausbildungsprogramms zum „Klebfachingenieur".

Seit Erscheinen der ersten in Kooperation mit dem Fonds der Chemischen Industrie erarbeiteten Folienserie „Kleben" im Jahr 2002 ist das Thema „Klebstoffe" erfreulicherweise in die naturwissenschaftlichen Lehrpläne – insbesondere des Chemie-Lehrplans – für die Sekundarstufen I und II eingeflossen. Nicht zuletzt aufgrund der großen Nachfrage wurde das umfassende Lehr- und Unterrichtsmaterial wieder in Kooperation mit dem Fonds der Chemischen Industrie komplett überarbeitet und sowohl inhaltlich als auch didaktisch auf den neusten Stand gebracht. Das neue Unterrichtsmaterial „Die Kunst des Klebens" wurde Ende 2015 bundesweit an fast 17.000 Fachlehrer/-innen übergeben, ist aber auch über den schulischen Bereich hinaus ein hervorragendes Instrument zur inhaltlichen Unterstützung bzw. Ergänzung firmeneigener Schulungen und Präsentationen.

„Die Kunst des Klebens" kann über die Internetseite des Industrieverband Klebstoffe, die IVK-Geschäftsstelle oder direkt von der Internetseite des Fonds der Chemischen Industrie unter http://www.vci.de/fonds/unterrichtsmaterialien bestellt werden.

Weitere Themen der Erörterung im Technischen Ausschuss waren:
• Mitwirkung an Technischen Regeln für Gefahrstoffe (TRGS)
• Einstufungs- und Kennzeichnungsfragen
• Arbeits-, Umwelt- und Verbraucherschutz
• Begleitung verschiedener Projekte der EU-Kommission auf nationaler Ebene

Technische Kommission
Bauklebstoffe (TKB)

Die Technische Kommission Bauklebstoffe (TKB) im Industrieverband Klebstoffe (IVK) vertritt die Interessen der im IVK zusammengeschlossenen Hersteller von Bauklebstoffen und Trockenmör- telsystemen. Gesprächs- und Verhandlungspartner sind dabei Behörden, Handwerksgremien, Berufsgenossenschaften, andere Industrieorganisationen und Normungsgremien. Ziele sind das Schaffen von technischen, normierten Standards, die Einflussnahme auf chemikalienrechtliche Regelungen, die Mitbestimmung bei baurechtlichen Themen, die Förderung des technischen Fortschritts sowie des Verarbeiter- und Umweltschutzes, die technische und informative Unter- stützung unserer Kunden, des verarbeitenden Bauhandwerks sowie die Förderung des Zuspruchs zu Bauklebstoffen und Mörtelsystemen durch objektive technische Information.

Themenübersicht

Die Aktivitäten der TKB lassen sich in mehrere Kategorien unterteilen:

• Technische Themen zu Bauklebstoffen / Verlegewerkstoffen und deren Anwendungsbereichen.
• Normung von Bodenbelags- und Parkettklebstoffen, Spachtelmassen, Fliesenklebstoffen, Estrichbindemitteln, Grundierungen und Spezialprodukten.
• Technische Informationsveranstaltungen für das boden- und parkettlegende Handwerk und angrenzende Gewerke.
• TKB-Publikationen zu aktuellen anwendungstechnischen und baurechtlichen Themen sowie zu Fragen der Normung und des Umwelt- und Verarbeiterschutzes.
• Baurechtliche Themen wie europäische und nationale Zulassungen.
• Chemikalienrechtliche Themen wie die nationale, europäische und internationale Gefahrstoff- kennzeichnung.
• Arbeitsschutz sowie Umwelt- und Verbraucherschutz.

Arbeitsinhalte

Mörtelsysteme

In den internationalen und nationalen Normungsgremien ISO/TC 189/WG3, CEN/TC 67/WG 3, CEN TC 303, WG 2 und NA 005-09-75 AA gestalten TKB-Vertreter die Normung von Fliesenkleb- stoffen, Spachtelmassen, Verbundabdichtungen und Estrichbindemitteln mit.

Bei den Fliesenklebstoffen wurden die Anforderungsnorm (EN 12004-1) und die Prüfnorm (EN 12004-2) inhaltlich verabschiedet und die anschließenden formalen Regularien ange- stoßenen. Damit besteht eine Parallelität zu den entsprechenden ISO-Normen (ISO 13007-1 und ISO 13007-2).

Bei der Überarbeitung der EN 13888 (Fugenmörtel - Anforderungen) sollen Anforderungen an schnell erhärtende zementäre Fugenmörtel mit aufgenommen werden, um eine Überein- stimmung mit der ISO 13007-3 herzustellen. Da die EN 13888 keine harmonisierte Norm ist, soll das Kapitel zur Konformitätsbewertung gestrichen werden. Analog dem Vorgehen bei den Fliesenklebstoffen sollen die Prüfmethoden für Fugenmörtel der EN 12808-Reihe in einer neuen EN 13888-2 zusammengefasst werden. Weiterhin komplex bleibt die Situation bei den Verbund- abdichtungen. Abhängig vom Einsatzbereich kann der Verwendbarkeitsnachweis auf drei verschiedene Arten geführt werden. Entweder durch Erfüllung der EN 14891 oder der ETAG 022 oder in Form eines abP für Abdichtungsstoffe im Verbund. Langfristig sollen durch gemeinsame Anstrengungen mit dem DIBt die Anforderungen der drei Regelwerke möglichst in der EN 14891 zusammengeführt werden.

Als Folge des EuGH-Urteils C-100/13 wurde die Bauregelliste vom DIBt zurückgezogen und Maßnahmen zur zukünftigen Regulierung von Bauwerken, statt wie bisher von Bauprodukten, angestoßen. Über den Umweg der Gebäuderegulierung soll es auch zukünftig möglich sein, das vermeintlich hohe Schutzniveau in Deutschland zu erhalten und damit die Folgen des EuGH-Urteils quasi zu umgehen. Aus TKB-Sicht ist dies nicht mit den Anforderungen der Bauproduktenverordnung vereinbar, denn letztlich bedeutet dies wieder nationale Zusatzanforderungen für bereits CE-gekennzeichnete Produkte.

Die Überarbeitung der DIN 18157, Teil 1 – 3 (Fliesenverlegung im Dünnbettverfahren) wurde abgeschlossen. Dort ist für die Belegreife von beheizten Calciumsulfatestrichen ein Grenzwert von 0,3 CM-% aufgeführt, was abweichend von dem in der DIN 18560-1 aufgeführten Wert von 0,5 CM-% ist.

Produkt- und Anwendungstechnik

Die TKB setzt die umfänglichen Untersuchungen zum Thema Estrichtrocknung und Belegreife sowie Untergrundfeuchtemessmethoden fort. Grundlegende Erkenntnisse zur Bestimmung der Belegreife durch die Messung der relativen Luftfeuchte über Estrichproben sind im TKB-Bericht 1 dokumentiert. Die Methodenbeschreibung (KRL-Methode), inklusive wissenschaftlicher Hintergrundinformationen, wurde als TKB-Bericht 2 publiziert. Um die Etablierung der KRL-Methode in der Praxis zu fördern, konnten geeignete Feuchtesensoren für praxistaugliche Messbedingungen identifiziert und empfohlen werden. Die Ergebnisse sind der Fachöffentlichkeit über den TKB-Bericht 3 zugänglich. Die TKB fördert die praktische Erprobung der KRL-Methode in Zusammenarbeit mit namhaften Sachverständigen. Mittelfristiges Ziel ist die Überführung der bestehenden TKB-Richtwerte in anerkannte Richtwerte für die Belegreife von zementären Estrichen. Daneben hat die TKB den Stand der Technik zur CM-Messung im TKB-Merkblatt 16 publiziert. Dieses Merkblatt wird von allen maßgeblichen Handwerksverbänden mitgetragen. In ihm werden u. a. die bisher branchenweit etablierten Feuchtegrenzwerte fortgeschrieben. Darüber hinaus wurden juristische Hinweise zur Verantwortung bei der Beurteilung der Belegreife aufgenommen, um dem Verleger Hinweise zum rechtssicheren Vorgehen bei der Untergrundbeurteilung an die Hand zu geben.

Normung

Die TKB hat über die IVK-Normenkompetenzstelle in der ISO/TC 61/SC 11/WG 5, der CEN/TC 193/WG 4 und im NA 062-04-54 AA europäische Normen mitgestaltet. Die Erweiterung des Mandats M/127 zur Überführung der EN 14293 (Parkettklebstoffe) und EN 14259 (Bodenbelagsklebstoffe) in harmonisierte europäische Normen ist weiterhin in Arbeit. Inhaltlich soll der Geltungsbereich der EN 14259 auf Trockenklebstoffe und Fixierungen erweitert werden. Durch diese Erweiterungen der Normen sollen mittelfristig nationale Ergänzungsregelungen durch das DIBt für diese Produktgruppen vermieden werden. Analog zur ISO 17178, deren Kern die von der TKB erstellte Klassifizierung von Parkettklebstoffen ist, soll die EN 14259 auch in eine ISO-Norm übertragen werden. Für Spachtelmassen soll keine eigene Anforderungsnorm erstellt werden, stattdessen wirken TKB-Vertreter über den NA 005-09-75 AA und CEN/TC 303 an der Überarbeitung der EN 13813, die maßgeblich für die CE-Kennzeichnung der Spachtelmassen ist, mit. Eine Zusammenarbeit zwischen CEN/TC 193, das die Spachtelmassenprüfnormen erarbeitet hat, und CEN/TC 303 ist über die personelle Besetzung (Liason) gewährleistet. Gegen die Einsprüche der TKB wurde die CM-Methode in den Teil 1 der DIN 18560 integriert. Gleichzeitig wurden dort die empfohlenen Feuchtegrenzwerte von beheizten Calciumsulfatestrichen von 0,3 CM-% auf 0,5 CM-% angehoben. Aus Sicht der TKB bedeutet dies ein erheblich erhöhtes Risiko für Feuchteschäden. Diese Bewertung wird von den boden-/parkettlegenden Handwerksgewerken voll geteilt. Als Folge wurde der Stand der Technik zur CM-Messung in einem eigenen TKB-Merkblatt 16 publiziert, um ein Gegengewicht zur Norm zu etablieren. Mit EN 1372, EN 1373, EN 1902 und EN 1903 wurden wesentliche Prüfnormen für Bodenbelagsklebstoffe überarbeitet. Die Verarbeitung von Bodenbelags- und Parkettklebstoffen ist durch Normen, Merkblätter, Fachbücher usw. hinreichend beschrieben. Um eine Doppelregelung über die DIN 2304 „Qualitätsanforderungen an Klebprozesse" zu vermeiden, wurde dort ein Passus eingefügt, der ausreichend beschriebene Klebprozesse von dieser Norm ausnimmt.

Publikationen / Veranstaltungen

In der 31. TKB-Fachtagung 2015 und der 32. TKB-Fachtagung 2016 wurden produkttechnische, baurechtliche sowie Arbeits- und Umweltschutzthemen behandelt. Es gab Vorträge zu Schnellzementestrichen im Vergleich zu Estrichen mit Zusatzmitteln, zum Brandschutz in der Fußbodentechnik, zum Tritt- und Raumschall, zu silanbasierten Grundierungen als neue Verlegewerkstoffe, zu Korrosionsschäden durch Verlegewerkstoffe, zur Praxistauglichkeit von Feuchtesensoren für die KRL-Methode, zur fugenarme Designbelagsverlegung, zur Bewertung der KRL-Messmethode, zu Möglichkeiten mit Sicht-/Designspachtelmassen, zu den Vorteilen geklebter Bodenbeläge, zur Validierung der Geruchsprüfung von Bauprodukten und zur Regulierung von Bauprodukten. Das TKB-Merkblatt 10 wurde überarbeitet, wobei Fertigteilestriche aus Gipsfaserplatten ergänzt wurden. Das TKB-Merkblatt 14 beschreibt Schnellzementestriche und Zementestriche mit Estrichzusatzmitteln und zeigt die Möglichkeiten und Grenzen dieser Produktgruppen auf. Im TKB-Merkblatt 16 wird die CM-Methode als allgemein anerkannte Regel der Technik beschrieben, die von der ganz überwiegenden Mehrheit der bodenverlegenden Gewerke mitgetragen wird. Das TKB-Merkblatt 15 zur Verlegung von Design- und Multilayerbelägen ist in der Endabstimmung. Das TKB-Merkblatt 2 *Kleben von Laminat* wurde ersatzlos zurückgezogen. Zukünftig sollen alle TKB-Merkblätter im 5-Jahresrhythmus einer Revision unterworfen werden, dadurch wird deren Aktualität gesteigert.

Stellungnahmen der TKB zu aktuellen Themen wurden unter der Rubrik „TKB informiert …" in der Fachpresse und auf der IVK-homepage veröffentlicht, zu folgenden Themen: Wasserdampfdiffusionsbremsende Grundierungen auf Zementestrichen – Wirkungsweise und Bewertung, Stellungnahme zur Neufassung der DIN 18365, TKB-Merkblatt 14 Schnellzementestriche und Estriche mit Estrichzusatzmitteln, Revision von Prüfnormen für Bodenbelagsklebstoffen und Europäischer Gerichtshof bremst DIBt.

Zusammenarbeit mit anderen Verbänden / Institutionen
Die TKB stimmt sich mit verschiedenen Verbänden und Organisationen zu technischen und regulatorischen Fragen ab. In der traditionellen Gesprächsrunde Handwerk und TKB wurden u. a. folgende Themen diskutiert: Mögliche Klassifizierung der Qualität von gespachtelten Oberflächen; der Trend zu loser und schwimmender Verlegung bei Designbelägen und mehrschichtigen modularen Bodenbelägen; die zukünftige Verankerung der CM-Messung in Estrichnormen; die Berücksichtigung der Estrichnorm DIN 18560 in der DIN 18365 (Bodenbelagarbeiten); die Mitwirkung von Verbandsvertretern in Normungsgremien; die Methodenbeschreibung und Weiterentwicklung der KRL-Messung; die weitere Entwicklung bei der Geruchsprüfung von Bauprodukten.

Mit dem Bundesverband Estrich und Belag (BEB) wurde ein Informationsaustausch insbesondere zu Estrich-Themen gepflegt. Schwerpunkte waren die Unterscheidung von Schnellzementestrichen im Vergleich zu sog. beschleunigten Estrichen, Bodenbelag- und Parkettarbeiten auf Fertigteilestrichen, die Abstimmung der Merkblätter zur Untergrundvorbereitung, das Prüfprotokoll zur CM-Messung, die aktuellen Erkenntnisse zur KRL-Methode, die Normung von Estrichen und Spachtelmassen, die Einführung von Qualitätsstufen der Ebenheit von Untergrundoberflächen und die zukünftige Regulierung von Bauprodukten vor dem Hintergrund des EuGH-Urteils. Mit dem Fachverband der Hersteller elastischer Bodenbeläge (FEB) gab es eine fachliche Zusammenarbeit zur sensorischen Beurteilung von Bodenbelägen und Klebstoffen und zur bauaufsichtlichen Regulierung von Bauprodukten, zu den Einflüssen der Einführung neuer Weichmacher in PVC-Bodenbelägen auf deren Klebeeigenschaften.

Die Zusammenarbeit mit dem Zentralverband Parkett- und Fußbodentechnik (ZVPF) als wichtigstem Organ der Parkett- und Bodenleger gestaltet sich auch dank der Mitwirkung im ZVPF-Sachverständigenbeirat als sehr fruchtbar. Das Handwerk und die Verlegewerkstoffe betreffende, technische und regulatorische Themen werden jetzt regelmäßig neben der TKB-Fachtagung auch in der ZVPF-Sachverständigentagung behandelt. So ist die TKB als Mitwirkender beim Technischen Hinweisblatt des ZVPF Nr. 1 „Bewertung des Nahtbilds von verlegen Nadelvlies-Bodenbelägen" genannt und an einem weiteren Hinweisblatt zu Qualitätsanforderungen an Ebenheiten von gespachtelten Oberflächen wird intensiv gearbeitet.

Bei dem wichtigen Thema der Estrich-Feuchtebestimmung und Belegreife werden Sachverständige des ZVPF durch parallel zur CM-Messung durchzuführende Feuchtebestimmungen nach der KRL-Methode die von der TKB betriebene Etablierung dieses Verfahrens unterstützen. Auf europäischer Ebene bestimmen TKB-Vertreter insbesondere in der FEICA Working Group Construction die Umsetzung der Bauproduktenverordnung mit, fördern die europäische Normung von Verlegewerkstoffen und bringen die Übertragung der deutschen Muster-EPDs auf europäische Ebene voran.

Baurechtliche Themen
Die TKB arbeitet weiterhin zielgerichtet auf die Substitution von nationalstaatlichen Regelungen durch europäisch harmonisierte Normen hin. Der intensive Dialog mit dem DIBt bezüglich der Regulierung von Verbundabdichtungen wird fortgesetzt; hier soll mittelfristig der Anwendungsbereich der EN 14891 auch auf den Innenbereich erweitert werden. Durch die im Entwurf fertiggestellte Erweiterung des Mandats M/127 sollen bei der Überarbeitung der EN 14293 und

der EN 14259 die BRCW der CPR berücksichtigt werden, so dass eine CE-Kennzeichnung die nationalen bauaufsichtlichen Forderungen ersetzt.

Mit seinem Urteil C-100/13 hat der Europäische Gerichtshof im Oktober 2015 die zusätzliche Zulassungspflicht für bereits CE-gekennzeichnete Produkte als unzulässig erklärt. Als dessen Folge hat das DIBt die Bauregelliste B um davon betroffene Produkte bereinigt. Seit Anfang 2016 werden auch keine bauaufsichtlichen Zulassungen mehr erteilt. Eine Neuregelung soll bis zum 16. Oktober 2016 erfolgen. Das DIBt plant dafür die bisherige Regulierung von Bauprodukten durch eine Regulierung der Bauwerke zu ersetzen, die dann wiederum Anforderungen für dafür verwendete Produkte nach sich zieht. Dies soll über eine Verwaltungsvorschrift für Technische Baubestimmungen (VV TB) erfolgen, deren Entwurf vorliegt. Die TKB hält dieses Vorgehen des DIBt, das de facto eine Umgehung des EuGH-Urteils bedeutet, ebenso wie andere Betroffene, nicht für mit europäischem Recht vereinbar. Die weitere Entwicklung bleibt abzuwarten.

Daneben begleitet die TKB aktiv und kritisch die Bestrebungen des UBA zur Einführung einer Geruchsprüfung von Bauprodukten. Neben der Mitarbeit in der AgBB-AG Sensorik wurde in einer Studie des WKI geprüft, ob eine valide Methode zur Geruchsbestimmung heute bereits zur Verfügung steht. Dabei wurden alle Einflussparameter analysiert, nicht zuletzt auch um zu erkennen, ob überhaupt reproduzierbare Ergebnisse mit vertretbarem Aufwand erhalten werden können. Aus heutiger Sicht werden keine Anforderungen an den Geruch von Bauprodukten in die DIBt-Anforderungen einfließen. Eher möglich erscheint eine Erweiterung der Vergabekriterien für den Blauen Engel um eine sensorische Prüfung.

Gefahrstoffrechtliche Themen / Arbeitsschutz
Die Giscode-Gruppen D, S, RU, RS, CP 1 und ZP 1 wurden überarbeitet. Die Überarbeitung der RE-Gruppen steht noch aus und wird in Abstimmung mit der Deutschen Bauchemie erfolgen. Die EUH-208-Kennzeichnung der Dispersionsprodukte wird unter der Überschrift Gesundheits-gefährdung in den Produktgruppeninformationen angegeben.

Aktuell werden zusammen mit der Bau-BG die Methanol-Emissionen bei der Verarbeitung von Silan-basierten Grundierungen untersucht, um zu überprüfen, ob eine AGW-Einhaltung analog den Giscode RS 10-Produkten gegeben ist oder ob eventuell eine weitere Giscode-Gruppe eingeführt werden soll.

Umweltschutz-relevante Themen / Verbraucherschutz / Nachhaltigkeit
Auf der Basis der von der TKB und der DBC zusammengestellten Rohstoff- und Rezeptur-sammlung sind für alle relevanten Verlegewerkstoffe (Dispersionsgrundierungen und –klebstoffe, 1 K-PU-Grundierungen und -Klebstoffe, 2 K-PU-Klebstoffe und –Spachtelmassen, SMP-Kleb-stoffe und Silangrundierungen, 2 K-EP-Klebstoffe und –Grundierungen, mineralische Spachtel-massen) Muster-EPDs verfügbar. Aktuell werden die deutschen Muster-EPDs via FEICA auf die europäische Ebene befördert, um diese EPDs auch außerhalb Deutschlands zu etablieren. Diese Bemühungen umfassen auch den US-amerikanischen Markt. Sie sollen die Basis für die nach BRCW 7 der CPR geforderten Nachhaltigkeitsnachweise bilden. Derzeit gibt es keine Aktivitäten des DIBt zu einer eigenen Nachhaltigkeitsbewertung von Bauprodukten, die auf freiwilliger Basis in die nationale bauaufsichtliche Regulierung einfließen sollen.

Technische Kommission
Haushalt-, Hobby- und Büroklebstoffe (TKHHB)

Arbeitsgruppe und Technische Kommission Haushalt-, Hobby- und Büroklebstoffe tagen regelmäßig gemeinsam und begleiten eine Vielzahl von gesetzlichen Aktivitäten auf europäischer und nationaler Ebene. Das Hauptinteresse gilt dabei den Regelungen und Themen, die Klebstoffe in Kleinpackungen betreffen, soweit sie für den privaten Endverbraucher bestimmt sind. Wichtige Themen dieses Kreises sind:
• Kennzeichnung und Verpackung von Klebstoffen, Informationspflichten (CLP-Verordnung)
• Anforderungen aus bestimmten Anwendungsbereichen von Klebstoffen (Geräte-Produktsicherheitsgesetz/Spielzeugverordnung/Medizinproduktegesetz)
• Weitere normative/gesetzliche Beschränkungen und Anforderungen an Klebstoffe

Drei Merkblätter wurden herausgebracht und auf der IVK-Homepage eingestellt:
1. Kennzeichnungsleitfaden
2. Leitfaden zur Umsetzung der Spielzeug-Richtlinie
3. Informationen zur Ersten Hilfe bei Verklebungen mit Sekundenklebstoffen

Kennzeichnung und Verpackung von Klebstoffen, Informationspflichten (CLP-Verordnung)
Nach Artikel 4 der CLP-Verordnung hat der Hersteller oder Einführer Stoffe und Zubereitung
• vor dem Inverkehrbringen einzustufen
• entsprechend der Einstufung zu verpacken und
• zu kennzeichnen.

In der Technischen Regel für Gefahrstoffe TRGS 200 werden die entsprechenden Vorschriften zusammengefasst:
• besondere Kennzeichnungsvorschriften für Stoffe und Zubereitung, die für jedermann erhältlich sind, 6.7; 10.2
• Kennzeichnungserleichterungen und Ausnahmen, 7.1
• Ausführung der Kennzeichnung, 9

Nach Artikel 45 der CLP-Verordnung sind Mitteilungen an die Informations- und Behandlungszentren für Vergiftungen zu richten. Die benannten Stellen erhalten von den für das Inverkehrbringen verantwortlichen Importeuren/Herstellern und nachgeschalteten Anwendern alle Infomationen, die sie zur Erfüllung der ihnen übertragenen Aufgaben benötigen. Spätere Veränderungen sind ebenfalls zu melden. Die Meldepflicht bei Reinigungs- und Lösungsmitteln (Detergentien-Richtlinie) ist noch weitergehender.

Anforderungen aus bestimmten Anwendungsbereichen von Klebstoffen –
(Medizinproduktegesetz, Geräte-Produktsicherheitsgesetz/Spielzeugverordnung)
Allgemein gilt: Ein Produkt darf nur in Verkehr gebracht werden, wenn es so beschaffen ist, dass bei bestimmungsgemäßer Verwendung oder vorhersehbarer Anwendung Sicherheit und Gesundheit von Verwendern oder Dritten nicht gefährdet werden.

Betroffen sind Hersteller von verwendungsfertigen Gebrauchsgegenständen. Klebstoffe unterliegen dieser Regelung nicht unmittelbar, sondern sind über das gefertigte Endprodukt nur indirekt beteiligt, wenn die Sicherheit (und Gebrauchstauglichkeit) des Artikels von der Eignung des Klebstoffs abhängt.

Klebstoffe als Spielzeuge bzw. Bestandteile in Spielzeugen im Sinne der Spielzeugverordnung/ Geräte- und Produktsicherheitsgesetzes – Spielzeugrichtlinie – EN 71.
Die EN 71 wurde im Auftrag der EU-Kommission überarbeitet. Grundlage sind die Sicherheitsanforderungen der Spielzeugrichtlinie 88/378/EWG, wonach Spielzeuge, d.h. Erzeugnisse, die zum Spielen für Kinder im Alter bis zu 14 Jahren bestimmt sind, vor dem Inverkehrbringen sicher sein müssen. Die Beachtung der in der EN 71 genannten Anforderungen wird durch die CE-Kennzeichnung dokumentiert. Dabei kann die Prüfung eigenverantwortlich oder durch eine Prüfstelle erfolgen, alternativ kann eine EU-Baumusterprüfung durchgeführt werden, falls anders keine Übereinstimmung mit der EN 71 festgestellt werden kann.

Klebstoffe als Zubehör im Sinne des Medizinproduktegesetzes (MPG)
Klebstoffe können allenfalls als Zubehör im Sinne des MPG (etwa bei Heilpflastern) auftreten und unterliegen damit nicht selbst einer CE-Kennzeichnung für medizinisches Zubehör. Die Erfüllung entsprechender Anforderungen kann jedoch von Herstellern von Medizinprodukten ggf. gefordert werden. Maßgeblich für die Sicherstellung der Konformität mit den Anforderungen der EU-Richtlinie 93/42/EEC ist insbesondere die Umsetzung des Anhangs I – Grundlegende Anforderungen.

Die in ihrer Komplexität und Risikobehaftung große Unterschiedlichkeit und Vielfalt von Medizinprodukten gibt vor, dass Hersteller die „Grundlegenden Anforderungen" auf ihr spezielles Produkt übertragen müssen. Hierbei sind u.a. die „Harmonisierten Normen" zur EU-Richtlinie anwendbar, wie z.B. die Normenreihe „Biological evaluation of medical devices – Part 1. Evaluation and testing (ISO 10993-1:2009)". Die Interessen der Medizinprodukte-Industrie werden vom BVMed (Tel. 030/2 46 25 50) wahrgenommen – www.bvmed.de.

Produktinformationen bei Notfallfragen (DIN EN 15178), Kennzeichnungscheckliste
Sinn der Produktinformationsnorm DIN EN 15178:2007-11 ist es, die Identifizierung der Produkte bei Notfallanfragen zu verbessern. Der Buchstabe „i" in der Nähe des Barcodes auf der Verpackung verweist auf den Handels- oder Produktnamen oder die Nummer, unter der das Produkt registriert oder amtlich zugelassen ist.

Mit der TRGS 200 „Einstufung und Kennzeichnung von Stoffen, Zubereitungen und Erzeugnissen" liegt eine weitere Vorlage für eine *Checkliste für Kennzeichnungsfragen* vor, die die TKHHB überarbeitet hat.

Initiativen zur Bewertung von Emissionen
Der Ausschuss zur gesundheitlichen Bewertung von Bauprodukten (AgBB) hat ein produktbezogenes Bewertungsverfahren herausgegeben. Geprüft werden VOC-Emissionen nach einem Prüfkammerverfahren. Ferner werden Einzelstoffe gemessen und bewertet, wobei als Grenzwerte sog. „NIK"-Werte (Niedrigst interessierende Konzentrationen [englisch: „LCI" = Lowest

Concentration of Interest]) herangezogen werden. Die aktualisierte Fassung des Bewertungs-schemas sowie der anhängenden NIK-Stoffliste ist unter der URL https://www.umweltbundes amt.de/themen/gesundheit/kommissionen-arbeitsgruppen/ausschuss-zur-gesundheit lichen-bewertung-von abrufbar.

Ausschließlich Bauprodukte sind über Regelungen des DIBt national betroffen, Haushaltskleb-stoffe sind hiervon nicht berührt. Anders ist die Lage in Frankreich, wo über ein Kennzeichnungs-system auch Haushaltsklebstoffe von einer Emissionsklassifizierung zwischen C und A+ betroffen sind. In Belgien wurde eine Regelung notifiziert, die Bodenbelags- aber keine Haushaltsklebstoffe betrifft.

Die EU-Kommission behandelt das Thema „Innenraumluft" mit hoher Priorität und hat zahlreiche Projekte und Studien in Auftrag gegeben. Es werden im Rahmen der Bauprodukten-RL (EU/305/2011) einschlägige Prüfnormen im CEN/TC 351 harmonisiert, darunter die prEN 16516.

Auf Bitten des Vorstandes besteht das Angebot der GEV, alle Arten von Klebstoffen - auch außerhalb des Baubereichs – mit dem Kennzeich-nungssystem EMICODE zu versehen, soweit die Anforderungen erfüllt werden.

Verpackungsverordnung, Wertstofftonne, Kreislaufwirtschaft

Die Verpackungsverordnung (VerpackV) verlangt grundsätzlich die Rücknahme von Verpackun-gen, was in praxi der Pflicht zur Teilnahme an einem Entsorgungssystem gleichkommt, da die Eigenrücknahme nicht (mehr) möglich ist und die Beteiligung an Branchenlösungen verschärften Nachweispflichten unterliegt. Ferner besteht die Pflicht die typischerweise in den Endverbrau-cherbereich gehenden Verpackungsmengen der IHK zu melden, die diese allerdings nicht mit Mengenangaben veröffentlicht.

Ziel des Wertstoffgesetzes ist es, Ressourcen zu sparen, die Umwelt zu schonen und den Markt für Sekundärrohstoffe weiter zu entwickeln. Hierzu sollen sog. „stoffgleiche Nicht-Verpackun-gen" (stNVp) zusammen mit der Entsorgung gebrauchter Verpackungen gesammelt werden. Finanzieren sollen dies die Hersteller von Erzeugnissen als Teil der Produktverantwortung. Hieran wollen auch die Kommunen verdienen, weshalb politisch darum gestritten wird, ob und wie der Entsorgungswirtschaft oder den Kommunen die Organisation überlassen wird.

Das „Gesetz zur Fortentwicklung der haushaltsnahen Getrennterfassung von wertstoffhaltigen" Abfällen liegt nun als Arbeitsentwurf vor. Insbesondere der BDI reklamiert die bessere Eignung der privaten Entsorgungswirtschaft für die Aufgabe. Für eine Stellungnahme des VCI argumen-tiert der IVK, dass gebrauchte Klebebänder als Erzeugnisse sich nicht für ein Recyceln eignen und daher nicht in die kostenträchtige Erfassung einbezogen, sondern der Restmüllentsorgung überlassen bleiben sollten. Klebstoffe sind von der Regelung nicht direkt betroffen.

Das Kreislaufwirtschaftsgesetz wird ebenfalls gerade überarbeitet und will den Anteil der stoff-lichen Verwertung erhöhen, indem die Anerkennung der thermischen Verwertung entfallen soll.

Hiergegen wendet sich der VCI mit der Begründung, dass der Wegfall der Heizwertklausel (11.000 kJ/kg) die ökologisch widersinnige Zufeuerung durch organische Energieträger verstärken würde, wobei Braunkohle mit 8.000 kJ/kg einen wesentlich geringeren Heizwert besitzt und daher in größeren Mengen zugeführt werden müsste, als derzeit zugelassene Kunststoffabfälle. Zudem würden sich bürokratische Hürden auftun, Personalkosten erhöhen und Abfallströme ändern, ohne einen Mehrwert für Mensch oder Umwelt.

Preisangaben-/Fertigpackungs-Recht

In Deutschland besteht die allgemeine Pflicht des Handels zur Grundpreiskennzeichnung (Angabe von Preis pro kg oder Liter). Auch Klebstoffe sind hiervon betroffen, sofern nicht die Grenze von 10 g oder ml der Grundpreiskennzeichnung unterschritten wird (§ 9 Abs. 4 PAngV). Damit sind Cyano-Acrylat-Klebstoffe von der Grundpreiskennzeichnung idR. ausgenommen.

Nach wie vor besteht nach § 7 FPV die Pflicht zur Füllmengenkennzeichnung nach Gewicht. Da im europäischen Ausland die Füllmengenkennzeichnung viskoser Klebstoffe nach Volumen erfolgt, wurde eine Anpassung im Sinne einer Harmonisierung in der AGHHB und im TA diskutiert, wobei die technische Umstellung aufgrund der Füllmengenänderung auch Nachteile mit sich bringt. Die EU-Standardreihen-Direktive 80/232 regelt, dass Mitgliedstaaten der EU nicht berechtigt sind, die in ihren Anhängen genannten Füllmengen für bestimmte Produkte beim Verkauf zu verbieten oder Einschränkungen hinsichtlich ihrer Füllmenge zu unterwerfen, Art. 5. Das Standardgrößen-Recht in Deutschland (die FertigpackungsV) sieht keine nach Füllmengen-Größen klassifizierten Verkaufsbeschränkungen mehr vor.

Technische Kommission Holzklebstoffe (TKH)

Die Bereiche Arbeits-, Umwelt- und Verbraucherschutz rückten in den letzten Jahren immer mehr in den Vordergrund. Hier ist die beratende und beobachtende Expertise der TKH gefragt. Die Kontakte zu Verbänden und Instituten sind dabei sehr wichtig, und haben sich über die Jahre als eine wertvolle Hilfe erwiesen.

Regelmäßig finden Sitzungen der TKH in den Häusern verschiedener Institute, wie z. B. dem WKI Braunschweig, statt. Dabei liegt der Fokus auf Instituten, die sich intensiv mit dem Thema Klebstoffe auseinandersetzen.

Die in der TKH Expertenrunde entstandene Datenblattreihe, die den Stand der Technik der spezifischen Klebstoffthemen widerspiegelt, wurde im Laufe der Zeit immer wieder ergänzt und aktualisiert. Darüber hinaus stehen sie nun auch in englischer Sprache auf der Internetpräsenz des IVK zum Download zur Verfügung.

Neben ihren internen Arbeiten beteiligt sich die TKH auch an branchenüber-greifenden Arbeitskreisen wie der AG Profilummantelung oder dem Initiativkreis 3D Möbelfronten. In den letzten Jahren gab es mehrere Forschungsprojekte zu den Herstellprozessen der 3D Möbelfronten. Diese brachten neue Erkenntnisse, welche nun in die Überarbeitung des 2009 veröffentlichten 3D-Frontenfertigung Quality Guide einfließen werden. Des Weiteren sind Experten der TKH an Forschungsprojekten wie dem Projekt „Produktanalyse und Entwicklung eines Verfahrens zur Prüfung der Verklebung von Mehrschichtparketten unter besonderer Berücksichtigung des Verhaltens bei Renovierungen mit wasserbasierten Beschichtungen" beteiligt. Durch diese Mitarbeit haben wir die Möglichkeit aktiv die Interessen des IVK und dessen Mitglieder zu vertreten.

Regelmäßig ist die TKH im Normenausschuss CEN TC 193 SC1 Holzklebung sowie deren Untererausschüssen vertreten. Ein wichtiger Schritt war die Veröffentlichung der Normen DIN EN 204 (Klassifizierung von thermoplastischen Holzklebstoffen für nicht tragende Anwendungen) und DIN EN 205 (Holzklebstoffe für nicht tragende Anwendungen – Bestimmung der Klebefestigkeit von Längsverklebungen im Zugversuch) als ISO DIS 19209 und ISO DIS 19210.

Gerade in der Normarbeit ist es von großer Wichtigkeit die Normen und Normungsvorschläge in Bezug auf die Praxisrelevanz im Auge zu behalten. So kann durch Ringversuche innerhalb der TKH abgeglichen werden, welche Prüfungen tatsächlich reproduzierbare Ergebnisse erzielen. Der Aufwand zur Durchführung von Prüfungen wird hierbei ebenfalls beurteilt.

Nur durch die Bereitschaft der Mitgliedsfirmen Ihren Mitarbeitern den entsprechenden Freiraum für die Verbandsarbeit zu schaffen und das große Engagement der aktiven Mitglieder ist es möglich, dieses gebündelte Fachwissen der Branche innerhalb der TKH zum Nutzen der Anwender einzusetzen.

Technische Kommission Klebebänder (TKK)

Die Schwerpunkte der Arbeiten der Technischen Kommission Klebebänder (TKK) betreffen insbesondere Fragen der europäischen bzw. internationalen Normung von Messverfahren sowie branchenspezifische Forderungen, beispielsweise der Automobil- oder Elektroindustrie. Neben den bekannten Qualitätsnormen ISO TS 16949 haben Themen mit Umweltbezug zunehmend Bedeutung.

Gemeinsam mit den USA und Japan sind die regional unterschiedlichen Methoden zur Klebkraft-, Scherwiderstands- und Bruchkraft-Messung harmonisiert worden; über die Afera (Europäischer Verband der Klebeband-Hersteller) wurden sie beim ISO-Sekretariat zur weltweiten Übernahme in alle Länder eingereicht. Sowohl im europäischen (CEN) als auch im internationalen Rahmen (ISO 29862, ISO 29863 und ISO 29864) ist die Harmonisierung mittlerweile abgeschlossen. Für die Dickenmessung EN 1942:2008 wurde die Übernahme in eine ISO-Norm per Fast-Track-Verfahren beantragt. Für alle weiteren Normen, die auf ISO-Ebene gehoben werden sollen – wie z. B. die Breiten- und Längenmessung auf Basis des PSTC-Standards 171 – gilt dann allerdings das normale Verfahren. Afera, PSTC (Amerikanischer Verband der Klebeband-Hersteller) und JATMA (Japanischer Verband der Klebeband-Hersteller) haben beschlossen, die *Rolling-Ball-Tack Testmethode* hin zu einer einheitlichen und verlässlichen Methode zu verbessern. Die Afera hat hierfür unter Mitwirkung der TKK eine kleine Projektgruppe gebildet, welche die Methode verbessert bzw. die einzelnen Parameter eindeutiger beschrieben hat. Die statistische Auswertung verschiedener Ringversuche hat jedoch gezeigt, dass die Methode aufgrund inhärenter Unsicherheiten für systematische und unsystematische Fehler zu anfällig ist und keine verlässlichen Ergebnisse zulässt. Dies macht eine Harmonisierung unmöglich, für hausinterne Messungen ist die *Rolling-Ball-Methode* jedoch sehr wohl geeignet.

Aufgrund einer Änderung in der Organisationstruktur von CEN ist Afera kein direktes Mitglied des TC 193/WG7 mehr. DIN als Inhaber des CEN-Sekretariats im Namen von Afera wird alle Belange für Afera bezüglich der Pflege und Überarbeitung von Testmethoden übernehmen. Herr Lutz Jacob fungiert weiterhin als Kontaktperson zwischen DIN und Afera.

Wie schon früher berichtet, werden neue Testmethoden im Verband des Global Tape Forums (GTF) entwickelt, um dann als GTF Test Method publiziert zu werden. Aktuell wurde die *Shear Adhesion Failure Testmethode* als GTF 6001 als globale Testmethode eingeführt. Bei dem im Mai stattgefundenen GTF Treffen in Peking beschloss das Global Test Method Committee, die Testmethoden *Thickness* sowie *Width and Length,* welche schon auf globaler Basis harmonisiert waren, als weitere GTF Testmethoden 6002 und 6003 zu übernehmen.

Afera hat zwischenzeitlich mehrere Ringversuche mit der neuen Loop Tack Testmethode durchgeführt, mit guten, aber noch nicht ausreichend präzisen Ergebnissen. Verbesserungen sind schon vorgesehen und werden in einem globalen Ringversuch getestet. Afera wird das nächste Global Tape Forum Treffen 2018 in Europa organisieren.

Auch bei Klebebändern ist die Frage der Langzeitbeständigkeit von großer Bedeutung. Dies gilt in verstärktem Maße für die Automobil- und Schienenfahrzeugindustrie, in der diverse Langzeitprüfungen die Langzeitbeständigkeit von Klebverbindungen sicherstellen sollen. Für den Klebebandhersteller bedeutet das Durchlaufen dieser Testzyklen lange Entwicklungszeiten, da vor einer Neu- bzw. Weiterentwicklung immer erst das Testergebnis abgewartet werden muss. Die TKK hatte sich deshalb zusammen mit dem Fraunhofer-Institut für Materialforschung und Fertigungstechnik (IFAM) dem Thema gewidmet und ein Forschungsvorhaben beantragt, das eine Verkürzung eines 50 Tage Tests auf wenige Tage zum Ziel hat, ohne jedoch drastischere Prüfbedingungen zu wählen. Dabei wurde die Hypothese aufgestellt, dass es schon deutlich vor dem Auftreten phänomenologisch erkennbarer Veränderungen (z. B. Festigkeit) molekulare Veränderungen als Frühindikatoren gibt. Die am Anfang zum Erkennen der molekularen Mechanismen notwendigen komplexen Methoden sollten im Laufe des Projektes auf Messmethoden übertragen werden, die auch bei klein- und mittelständischen Unternehmen verfügbar sind. Ziel war letztlich eine Verkürzung von Prüf- und damit Entwicklungszeiten. Das Projekt „Verkürzte Alterungsprüfung von Klebebändern" wurde über die DECHEMA bei der Arbeitsgemeinschaft industrielle Forschung (AiF) eingereicht und von Oktober 2012 bis Ende 2014 durchgeführt. Es kamen vor allem rheologische Charakterisierungsmethoden zum Einsatz. Im Ergebnis zeigte sich, dass diese Methoden sehr wohl in der Lage sind, schon frühzeitig Veränderungen der PSA-Systeme infolge thermischer bzw. hydrothermaler Alterungen anzuzeigen, sich daraus aber nicht unbedingt auf das Ergebnis eines Langzeitalterungstests schließen lässt. Eine zentrale Frage in diesem Zusammenhang ist die Anwendbarkeit der Arrheniusbeziehung hinsichtlich der Reaktionskinetik von PSA-Systemen. Es hat sich also weiterer Forschungsbedarf grundsätzlicher Art ergeben, der von der TKK in Zusammenarbeit mit dem IFAM so strukturiert und formuliert wurde, dass auf dieser Basis ein Folgeprojekt zu dem oben genannten begründet werden kann. Das IFAM hat diese Vorarbeit inzwischen in einer Projektskizze verdichtet, die im Juni 2016 im Gemeinschaftsausschuss Klebtechnik (GAK) vorgestellt und zur Abstimmung über die Einreichung zur Förderung durch die AiF gestellt werden wird. Auch dieses Vorhaben ist auf 2 Jahre angelegt. Es haben inzwischen eine ganze Reihe von Firmen, insbesondere auch KMUs, ihr Interesse an einer Mitarbeit im projektbegleitenden Ausschuss bekundet.

Ein weiteres Thema betrifft Prüfmethoden aus der Automobilindustrie. Dabei geht es um VOC-Prüfungen von Klebebändern, für die derzeit unterschiedlichste Methoden (VDA 277 – „statische Headspace", VDA 275 - „Flaschenmethode", VDA 278 – „Thermodesorption", VDA 276 – „Emmissionskammer", DIN 75201 – „Fogging" und VDA 270 – Geruchsprüfung) angewendet werden. Ziel der TKK war die Empfehlung einer für Klebebänder geeigneten Prüfmethode, die Schaffung von Transparenz in den Prüfmethoden und eine Beschreibung der Bedeutung von VOC für Klebebänder in Verbundwerkstoffen. Die Ergebnisse der oben genannten Methoden sind nicht miteinander vergleichbar, aber sie ergänzen sich. Die TKK sieht in der VDA 278 die am besten geeignete Methode zur Bestimmung von VOC an Klebebändern. Der Schwerpunkt liegt aufgrund ihres semiquantitativen Charakters im Wesentlichen auf der Identifizierung kritischer Substanzen und weniger auf der exakten Quantifizierung. Die VDA 277 ist weniger geeignet, da Klebebänder kaum zum Gesamt-VOC beitragen. Die aus Sicht der TKK für eine klebebandspezifische Präzisierung der VDA 278 wichtigsten Einflussfaktoren wurden in einer Tabelle festgelegt. Die TKK hat zum Gesamtkonzept ein Positionspapier erstellt, das zum einen eine Empfehlung für die VDA 278 als die für Klebebänder am besten geeignete Methode enthält und zum anderen detaillierte Vorschläge für die Durchführung der Prüfmethode mit ein- und doppelseitigen Klebebändern enthält. Das Positionspapier wurde dem Innenraumausschuss des VDA vorgestellt und dort diskutiert. Der Innenraumausschuss hat das Papier begrüßt. Er sieht zwar weiter die Notwendigkeit der anderen Methoden, wird aber die im Positionspapier dargelegten Durchführungsspezifikationen in die nächste Überarbeitung der VDA 278 (vermutlich noch in 2016) einfließen lassen. Ein Textbaustein, der in den Anhang der VDA 278 aufgenommen werden soll, ist erarbeitet. Damit wird dann eine VOC-Prüfmethode zur Verfügung stehen, die den Belangen der Klebebänder optimal entspricht.

Die TKK unterstützt durch ihre Arbeiten auch weiterhin den europäischen Verband der Klebebandhersteller (Afera). Mit Berichten über Tagungen und Veranstaltungen der Klebebandindustrie sowie über neue Produkte trägt die TKK auch zur Gestaltung der Broschüre „AFERA-News" bei.

Technische Kommission
Papier- und Verpackungsklebstoffe (TKPV)

Klebstoffe für Lebensmittelbedarfsgegenstände

Das Thema „Klebstoffe für Lebensmittelbedarfsgegenstände" stand auch im Zeitraum 2014 / 2015 im Mittelpunkt der Aktivitäten der Technischen Kommission Papier- und Verpackungsklebstoffe. Nach wie vor gilt, dass Klebstoffe zur Herstellung von Lebensmittelbedarfsgegenständen in den EU-Verordnungen nicht speziell geregelt sind. Klebstoffe unterliegen als Teil von Bedarfsgegenständen dennoch der Verpflichtung einer lebensmittelrechtlichen Beurteilung (Rahmenverordnung (EG) Nr.1935/2004). Wenn Klebstoffe für Lebensmittelbedarfsgegenstände auf Basis von Stoffen formuliert sind, die zur Herstellung von Kunststoffen für Lebensmittelbedarfsgegenstände Verwendung finden, können für eine auf Artikel 3 der Verordnung (EU) Nr. 1935/2004 basierende Risikobewertung die Informationen aus der entsprechenden EU Regelung herangezogen werden. Seit Januar 2011 gilt hier die Verordnung (EU) Nr. 10/2011, welche die Richtlinie 2002/72/EG vom 6. August 2002 ablöst und alle Stofflisten der Anhänge aller Änderungen und Ergänzungen in einer Verordnung zusammenführte. Diese wurde in der Zwischenzeit bereits durch 6 weitere Verordnungen ergänzt und korrigiert. Eine siebte Verordnung befindet sich in Arbeit, so dass heute wieder 6 Verordnungen teilweise mit Stofflisten zu beachten sind.

Für Stoffe, die dort nicht genannt werden, können nach wie vor die nationalen europäischen Regelungen, wie z. B. die Empfehlungen des Bundesinstitutes für Risikobewertung (BfR) oder das königliche Dekret RD 847/2011 herangezogen werden. Die Verordnung (EU) Nr. 10/2011 verweist erstmals darauf, dass Klebstoffe auch aus Stoffen zusammengesetzt sein dürfen, die nicht in der EU für die Produktion von Kunststoffen zugelassen sind.

Mit der Verordnung (EG) Nr. 2023/2006 „über gute Herstellpraxis für Materialien und Gegenständen" gibt es mittlerweile eine Verordnung, die die Gedanken einer „Good Manufacturing Practice – GMP", wie sie im Artikel 3 der Verordnung (EU) Nr.1935/2004 (EU-Rahmenverordnung für Lebensmittelkontaktmaterialien und Gegenstände) gefordert wird, konkretisiert. Diese Verordnung gilt für alle im Anhang 1 genannten Gegenstände und Materialien, also auch für Klebstoffe. Für Rohstoffe, die in den entsprechenden Klebstoffen eingesetzt werden, gilt die GMP Verordnung streng genommen nicht, sehr wohl müssen diese Rohstoffe Spezifikationen erfüllen, die den Klebstoffhersteller in die Lage versetzen, nach GMP zu arbeiten. Zur Umsetzung der Verordnung in Klebstoff produzierenden Betrieben, steht der Leitfaden „Gute Herstellungspraxis" zur Verfügung.

Der Union Guidance on Regulation (EU) No 10/2011 wurde am 28.11.2013 vom services of the Directorate-General for Health and Consumers veröffentlicht und steht ausschließlich in englischer Sprache zur Verfügung. Er soll bei der Interpretation und Umsetzung von Fragestellungen bezüglich der Konformitätserklärungen, der Konformitätsarbeit und der Informationsweitergabe entlang der Lieferkette „Lebensmittelbedarfsgegenstände" helfen. Klebstoffe zur Herstellung von Lebensmittelbedarfsgegenständen aus Kunststoff/Kunststoffverbunden werden in diesem EU-Leitfaden als „non plastic intermediate material" bezeichnet. Punkt 4.3.2 führt alle relevanten Punkte auf, die ein Hersteller von „non plastic intermediate materials" innerhalb der Lieferkette weitergeben soll.

Die TKPV Merkblätter 1 bis 4 wurden diesbezüglich überarbeitet. Inhaltlich deckten die Leitfäden bereits alle Aspekte des Union Guidance on Regulation (EU) No 10/2011 im Hinblick auf Klebstoffe ab. Eine formelle Überarbeitung unter Einbeziehung des Union Guidance und allen neuen Verordnungen und Richtlinien war dennoch unumgänglich. Auf der Homepage des Verbandes werden jeweils eine deutsche und eine englische Version bereitgestellt.

Um die Einflüsse von Klebstoffen in geklebten Verbünden besser zu verstehen und um zu eruieren, ob Migraten aus Klebstoffen in Multilayerstrukturen den im Modeling von Monolayerstrukturen gefundenen Gesetzen entsprechen, wurden innerhalb eines im Februar 2007 gestarteten europaweiten Projekts („MIGRESIVES II") in den Jahren 2008 und 2009 Klebstoffe in Multilayerstrukturen untersucht . Das im April 2010 beendete EU-Projekt „MIGRESIVES " hatte aus Industriesicht zum Ziel, ein verlässliches und kostengünstiges Rechenmodell zu entwickeln, mit dessen Hilfe Klebstoffrezepturen und -applikationen so angepasst werden können, dass die Anwendung sicher ist. Dies macht teure Messungen in vielen Fällen unnötig. Organisation, Koordinierung, Finanzierung und Bearbeitung des Projektes lagen gemäß den Förderbedingungen ausschließlich in den Händen von klein- und mittelständischen Unternehmen (kmU) und Verbänden. In diesem Zusammenhang vertraten zwei mittelständische Konsortiumsmitglieder, die in der TKPV vertreten sind, auch die Interessen der gesamten TKPV. Der IVK als einer der Projektpartner stellte dabei eine Beteiligung von Rohstoffherstellern und multinationalen Unternehmen im Rahmen der legalen Möglichkeiten sicher.

In den letzten Monaten wurden die erarbeiteten Ergebnisse in praktikable Werkzeuge für die Klebstoffindustrie, ihre Lieferanten und Kunden umgesetzt. Ein limitierender Faktor für die allgemeine Anwendung des Rechenmodells ist die noch geringe Datenlage bei den D- und K-Werten (Diffusions- bzw. Verteilungskoeffizient). Die TKPV prüft daher gegenwärtig, wie hier für weitere migrationsrelevante Substanzen K- und D-Werte bestimmt werden sollen, insbesondere in Gesprächen mit dem IVLV.

Ein weiteres EU-Projekt im Zusammenhang mit der Bewertung von Bedarfsgegenständen ist das Projekt „FACET". FACET (Flavours, Additives and Contactmaterials Exposure Task) befasst sich mit der Entwicklung wissenschaftlich fundierter Instrumentarien, um die Exposition von Chemikalien, unter anderem aus Bedarfsgegenständen, die durch Lebensmittel in den menschlichen Körper gelangen können, abzuschätzen. (Die Exposition wird dabei u. a. dadurch bestimmt, wie welche Lebensmittel in welche Verpackungen abgepackt werden, wie die Verpackungen aufgebaut sind und welche Mengen dieser Verpackungen zum Einsatz kommen.) Da Klebstoffe in vielen Fällen ein Teil der Verpackung sind, unterstützt der IVK den europäischen Klebstoffverband (FEICA) in seinem Engagement im Rahmen des FACET-Projektes.

Als Beitrag zum FACET-Projekt hat die europäische Klebstoffindustrie (auch Mitgliedsfirmen des IVK, die auch in der TKPV vertreten sind) aus insgesamt sieben „Klebstofffamilien" insgesamt 225 Substanzen identifiziert, für welche ein Migrationspotential in Lebensmittel bzw. Lebensmittelverpackungen bestehen könnte. Darüber hinaus wurden dem FACET-Konsortium ebenfalls Verbrauchsmengen der „Klebstofffamilien" sowie durchschnittliche Konzentrationen der migrationsfähigen Substanzen in den Klebstoffformulierungen genannt. Mit diesen Datensätzen ist es möglich, eine Mengenabschätzung vorzunehmen.

Das Projekt wurde 2013 abgeschlossen. Um Ihrer Pflicht der Ergebnisverbreitung innerhalb des EU Projektes nachzukommen hat die FEICA bereits im April 2014 eine Schulung im Umgang, mit der aus dem Projekt hervorgekommenen, frei verfügbaren Software und den vorhanden Daten durchgeführt. Die deutschen Überwachungsämter sehen die Verwendung von FACET teilweise kritisch, da die enthaltenen Daten und angelegten mathematischen Modelle nicht offengelegt wurden und somit für die Behördenvertreter nicht nachvollziehbar erscheinen. Um mehr über die Sichtweise der Überwachungsämter bzgl. der Konformitätsarbeit von Klebstoffproduzenten, die sich an den Leitfäden des IVK's orientieren, zu erfahren, wurden Behördenvertreter zur Frühjahrssitzung 2016 eingeladen. Die erhaltenen Erkenntnisse wurden in die Leitfäden implementiert. Weitere Treffen sind angedacht.

Das Thema Mineralöle in Lebensmitteln beschäftigt aktuell den deutschen Gesetzgeber, der Lebensmittelverpackungen aus Recyclingkarton neu regeln möchte. Als Haupteintragsquelle wurden die mineralölbasierenden Druckfarben aus dem Zeitungsdruck identifiziert. Aber auch in der Verordnung 10/2011/EG sind Einsatzstoffe gelistet und für die Produktion von Lebensmittelbedarfsgegenständen aus Kunststoff zugelassen, die MOSH und/oder MOAH enthalten. Als Beispiel seien hier medizinische Weissöle genannt, die auch vielfach für Kosmetika eingesetzt werden. Die TKPV hat für die Mitglieder des IVK ein internes Papier entwickelt, welches über mögliche Quellen für MOSH und MOAH informiert. Der Entwurf einer „Mineralölverordnung" des Bundesministeriums für Ernährung, Landwirtschaft und Verbraucherschutz für Recyclingkarton befindet sich in Arbeit.

Klebstoffe im Papierrecycling

Ein weiteres wichtiges Thema der Arbeiten der TKPV war nach wie vor, wie die Einflüsse von Klebstoffapplikationen auf das Papierrecycling zu bewerten sind. Im Zusammenhang mit der Selbstverpflichtung der grafischen Industrie besteht die Forderung der EU-Kommission und des Bundesumweltministeriums nach höheren Recyclingquoten im Papierbereich. Die TKPV steht in diesem Zusammenhang in einem intensiven Dialog mit der Papierindustrie und wissenschaftlichen Einrichtungen. Im Rahmen der verschiedenen wissenschaftlichen Veranstaltungen zu diesem Thema hat die TKPV ihre Position zur Problemstellung „klebende Verunreinigungen" eingebracht.

Die internationale Forschungsgemeinschaft Deinking-Technik (INGEDE) hat mit Unterstützung der TKPV die Prüfmethode „INGEDE Methode 12 – Bewertung der Rezyklierbarkeit von Druckerzeugnissen – Prüfung des Fragmentierverhaltens von Klebstoffapplikationen" entwickelt. Diese Testmethode trifft eine Aussage über die Entfernbarkeit eines Klebstoffs mittels eines Siebes. In Kriterium 3 des Beschlusses der Kommission vom 16. August 2012 zur Festlegung der Umweltkriterien für die Vergabe des EU-Umweltzeichens für Druckerzeugnisse (2012/481/EU) wurde festgelegt: Alle Klebstoffe müssen nach der INGEDE Methode 12 getestet werden. Nur Klebstoffe, deren Entfernbarkeit nachgewiesen ist, finden Verwendung in Druckerzeugnissen. Der zum Beschluss der Kommission gehörende PRINTED PAPER USER'S MANUAL (Commission Decision 2012/481/EU) hebt für wasserbasierende Klebstoffe die Testpflicht auf.

Mit dem BESCHLUSS DER KOMMISSION vom 2. Mai 2014 zur Festlegung von Umweltkriterien für die Vergabe des EU-Umweltzeichens für weiterverarbeitete Papiererzeugnisse (2014/256/EU) besteht nun auch die Möglichkeit für Umschläge und Papiertragetaschen das EU Umweltzeichen zu beantragen. Für Klebstoffe ist unter anderem das Kriterium 4 – Wiederverwertbarkeit b) relevant. Nicht lösliche Klebstoffe dürfen nur verwendet werden, wenn sie nachweislich entfernt werden können. Eine Definition für den Begriff „nicht löslich" fehlt.

Die TKPV arbeitet nun an einem „Clustering" der Schmelzklebstoffe. Ziel des Projektes ist es, bereits vorliegende physikalische Messmethoden als Ersatz zur INGEDE Methode 12 zu finden. RAL und INGEDE befürworten das Projekt. Erste Testergebnisse liegen bereits vor und wurden für eine Fortführung des Projektes ausgewertet. Über die AFERA konnte eine TKPV Vertretung im ERPC sichergestellt werden. Aktuell begleitet die TKPV das INGEDE Project 147 15, das sich mit wasserdispergierbaren Klebstoffen, hinsichtlich Ihres Verhaltens im Recyclingprozess beschäftigt.

REACH
Einen weiteren Schwerpunkt der Arbeiten der TKPV bildeten und bilden nach wie vor die Aktivitäten zum neuen europäischen Chemikalienrecht „REACH" (Registrierung, Evaluation und Autorisierung von CHemikalien).

Unter REACH werden neben Substanzdaten besonders auch Expositionsdaten benötigt, um einen sicheren Umgang mit den entsprechenden Stoffen zu gewährleisten. Um dies sicherzustellen, müssen nachgeschaltete Verwender von Stoffen ihre Verwendungen den Registranten mitteilen. Um diese Kommunikation sicher zu gewährleisten, wurde von der ECHA ein so genanntes „Use Discriptoren"-Modell erarbeitet. Basierend auf diesem Modell hat die TKPV Verwendungsszenarien sowohl für die Herstellung als auch für die bekannten Anwendungen von Papier- und Verpackungsklebstoffen erarbeitet. Diese Verwendungsszenarien sind in das FEICA use-mapping für die Klebstoffherstellung und Anwendung aufgenommen worden.

Die 2. ATP der CLP Verordnung brachte neue Regelungen für allergieauslösende Stoffe in Gemischen. Sofern für einen solchen Stoff eine Kennzeichnungsgrenze existiert, so wird schon ab einem Zehntel dieser Konzentration das Gemisch wie folgt gekennzeichnet. „EUH208 Enthält (Name des sensibilisierenden Stoffes). Kann allergische Reaktionen hervorrufen." Dies betrifft vor allem wässrige Dispersionsklebstoffe, die Konservierungsmittel enthalten wie z.B. Isothiazolinone. Neue Kennzeichnungsanforderungen nach den Art. 58(3) der Biozidverordnung 528/2012 sind in Zukunft zusätzlich zu beachten, insbesondere bei Verwendung von Topfkonservierern für wässrige Dispersionsklebstoffe.

Normung
In der Arbeitsgruppe „Klebstoffe für Papier, Verpackung, Kartonagen und Hygieneprodukte" des europäischen Normungs-Komitees CEN/TC 193 sowie im nationalen Spiegelgremium DIN/NMP 458 setzen die Experten der TKPV die technische Repräsentanz der deutschen Hersteller von Papier- und Verpackungsklebstoffen erfolgreich fort.

Die TKPV unterstützte und begleitete die Arbeitsgruppe ISO/TC 34/SC 17/WG 5, die die technische Spezifikation ISO/TS 22002-4 „Prerequisite programmes on food safety – Part 4: Food packaging manufacturing" erarbeitete. Mit Hilfe dieser technischen Spezifikation ist der Verpackungshersteller und Zulieferer in der Lage seine Produktion nach GMP auszurichten und zertifizieren zu lassen.

FEICA
Der europaweiten Bedeutung wegen werden die Themenkreise „Klebstoffe für Lebensmittelbedarfsgegenstände", „MIGRESIVES", „FACET", „GMP" und REACH auf Initiative der TKPV auch
weiterhin sehr intensiv mit den europäischen Arbeitsgruppen „Paper and Packaging", „FACET"
und den REACH-Workinggroups der FEICA erörtert. Ziel ist es, eine gesamteuropäische Position
der Klebstoffindustrie sowie Lösungen zu diesen wichtigen Fragen zu finden.

Weitere Themen der Bearbeitung waren:
Arbeiten des Technischen Ausschusses Druckweiterverarbeitung der FOGRA
Forschungsforum der PTS
Arbeiten des IVLV im Hinblick auf Lebensmittelverpackungen
Kosmetikverpackung

Technische Kommission Schuhklebstoffe (TKS)

Die TKS koordiniert die technische Öffentlichkeitsarbeit der deutschen Schuhklebstoffhersteller,
unterstützt nationale und internationale Normungsaktivitäten und ist Ansprechpartner für markt-
segmentspezifische technische Bewertungen und Informationen im Rahmen der Aktivitäten von
IVK und VCI bzgl. regulativer Angelegenheiten.

Normung
Der wesentliche Schwerpunkt der Arbeit liegt in der Mitarbeit bei der Entwicklung nationaler und
europäischer Normen zur Erfassung grundlegender Eigenschaften von Schuhklebstoffen.

Die Aktivitäten umfassen Normen zur
• Mindestanforderung von Schuhklebungen (Anforderung und Werkstoffe)
• Prüfungen zur Festigkeit von Schuhklebungen (Schälfestigkeitsprüfungen)
• Verarbeitung (Bestimmung der optimalen Aktivierbedingungen, Bestimmung des Sohlen-Setz-
  Tacks)
• Beständigkeit (Farbänderung durch Migration, Wärmebeständigkeit von Zwickklebstoff)

Unabdingbar für die Durchführung einer großen Anzahl von Prüfungen ist die Bereitstellung und
Verfügbarkeit standardisierter Referenz-Prüfwerkstoffe und Referenz-Prüfklebstoffe. Entsprechend dem jeweiligen Stand der Technik werden Auswahl und Spezifikation der Referenzprüf-
werkstoffe und -klebstoffe einer ständigen Überprüfung und Aktualisierung unterzogen. Hilfestellung und Tipps bei auftretenden Not- und Servicefällen während des Einsatzes von Klebstoffen
gibt das von der TKS erarbeitete Merkblatt „Trouble Shooting bei der Schuherstellung". Dieses
kann auf der IVK-Website heruntergeladen werden.

Fortbildung
Die Aus- und Weiterbildung der Mitarbeiter der Schuhindustrie im Bereich des Klebens ist ein
weiterer Aufgabenbereich der TKS. Bereits 1990 in Zweibrücken und 1992 in Pirmasens wurden
erstmals Veranstaltungen angeboten.

Die TKS möchte das notwendige klebspezifische Know-how vermitteln, um auftretende Probleme in der Praxis schneller zu erkennen, Lösungen zu erarbeiten und in konkrete Maßnahmen umzusetzen, so dass potentielle Fehlerquellen zukünftig von Anfang an minimiert beziehungsweise ausgeschlossen werden können.

Dazu hat die TKS ein Weiterbildungskonzept entwickelt, welches in Zusammenarbeit mit dem IFAM/Bremen und dem PFI/Pirmasens im November 2005 als Praxisseminar „Angewandte Klebtechnik in der Schuhindustrie" mit über 20 Teilnehmern zum ersten Mal erfolgreich durchgeführt und aufgrund der großen Resonanz im Jahr 2006 wiederholt wurde. Wegen der neuen Möglichkeiten, die das Internationale Schuhkompetenzzentrum ISC in Pirmasens als „kleine Schuhfabrik" seit 2009 bietet, wurde das ISC in die Organisation der Veranstaltung hereingenommen, um das Theoretische unmittelbar umzusetzen und das Gelernte praktisch zu vertiefen. Die Teilnehmer erwarben dabei wieder vertieftes Verständnis für die Klebtechnologie und damit zusammenhängender Fragestellungen.

Ein Schwerpunkt der Fortbildung liegt auf den Praxisbeispielen, an denen optimales Kleben sowie typische Fehler gezeigt werden. Die Teilnehmer konnten durch praktische Übungen das vermittelte Fachwissen direkt nachvollziehen. Theoretische Hintergründe werden dadurch auch für den in der Produktion stehenden Anwender verständlich und transparent.

Technische Kommission Strukturelles Kleben und Dichten (TKSKD)

Der wachsenden Zahl von Klebstoffanwendungen, bei denen Klebverbindungen strukturelle Aufgaben übernehmen Rechnung tragend, beschäftigt sich seit Juni 2002 die Technische Kommission Strukturelles Kleben und Dichten (TKSKD) mit verschiedenen aktuellen technischen Fragestellungen zu strukturellen Kleb- und Dichtstoffen und unterstützt somit die in dem korrespondierenden Arbeitskreis (AKSKD) angehörenden Hersteller struktureller Kleb- und Dichtstoffe, Rohstoffhersteller und in diesem Bereich tätigen Forschungseinrichtungen.
Aufgrund der vielfältigen Anwendungsgebiete von Strukturklebstoffen in den verschiedensten Industrien (z. B. Automobil-, Schienenfahrzeug-, Flugzeug-, Boots- und Schiffbau, Elektro- und Elektronikindustrie, Hausgeräteindustrie, Medizintechnik, optische Industrie, Maschinen-, Anlagen- und Gerätebau und Wind- und Solarenergie), in denen Strukturklebstoffe zum Einsatz kommen, werden die unterschiedlichsten technischen Themen bearbeitet.

Schwerpunkte der bisherigen Arbeiten waren u. a.:
- *Klebtechnische Ausbildung:* Eine gute klebtechnische Ausbildung der Anwender und daraus resultierend ein gutes klebtechnisches Verständnis unterstützt eine erfolgreiche, korrekte und bedarfsgerechte Umsetzung der Klebtechnik in die Produktion und liegt somit im Interesse der Klebstoffhersteller. Die gerade neu veröffentlichte DIN 2304-1 unterstreicht dies, indem sie zumindest für sicherheitsrelevante, lastübertragende Klebungen entsprechend qualifiziertes Personal, sowohl für die Planung, als auch für die Durchführung von Klebungen fordert. Das dreistufige, auch international etablierte Ausbildungskonzept DVS/EWT wurde genauso wie die Erstellung des auf der IVK-Internetseite aufrufbaren Leitfadens ‚Kleben – aber richtig' unterstützt.

- *Forschungsförderung:* Die TKSKD versteht sich als Brücke zwischen Industrie und außerindustriellen wissenschaftlichen Aktivitäten und informiert regelmäßig über strukturklebstoffrelevante Themen im Rahmen einer vorwettbewerblichen Klebstoffforschung. So wurde das Projekt der TU Braunschweig zur Validierung der Aussagekraft von OIT-Messungen hinsichtlich der thermo-oxidativen Beständigkeit von reaktiven Klebstoffsystemen als kostengünstige Methode zur zeitsparenden Optimierung von Klebstoffformulierungen hinsichtlich ihrer Temperaturbeständigkeit durch das Mitwirken einzelner Mitgliedsunternehmen begleitet und in der AKSKD über den aktuellen Stand der Projektarbeit berichtet. Ebenso wird regelmäßig über den Fortschritt eines BMBF-Projektes zur Laser-Vorbehandlung von Faserverbundkunststoffen, einschließlich der Entwicklung eines in-line Überwachungsverfahrens der Vorbehandlung berichtet.

- *Normungsarbeit:* Die durch den IVK finanzierten Mitglieder des Normenausschusses Strukturklebstoffe berichteten regelmäßig über Normungsaktivitäten, sowohl auf nationaler, als auch auf europäischer und internationaler Ebene. Aktuelle Themen aus den letzten Jahren waren u. a.
  - die Information über den aktuellen Stand der Internationalisierung der Schienenfahrzeugnorm DIN 6701 „Kleben von Schienenfahrzeugen und –fahrzeugteilen". Diese Norm regelt verbindlich die Anforderungen an Betriebe, die geklebte Schienenfahrzeuge oder Schienenfahrzeugkomponenten für den Einsatz auf deutschen Eisenbahnstrecken fertigen und wird jetzt aktuell in eine Europäische Norm überführt
  - die Informationen über die Arbeiten des Normenausschuss „Qualitätssicherung bei Klebungen". Mitglieder der TKSKD waren in diesem Gremium aktiv an der Erstellung der schon erwähnten DIN 2304-1 Klebtechnik – Qualitätsanforderungen an Klebprozesse – Prozesskette Kleben beteiligt und arbeiten derzeit an ergänzenden Regelwerken, z. B. für das Kleben von Faserverbundwerkstoffen und informieren die AKSKD-Mitglieder regelmäßig über den jeweiligen Stand.

- *Chemikalienrecht:* Wie schon in den vorherigen Berichtszeiträumen waren weiterhin REACH und die daraus resultierenden Anforderungen an die Hersteller von Klebstoffen und deren Kunden ein wesentlicher Themenschwerpunkt. Die Mitgliedsfirmen wurden regelmäßig über aktuelle Themen, wie z. B.
  - die Neuaufnahmen in die Liste der besonders Besorgnis erregender Stoffe (Substances of Very High Concern / SVHCs).
  - die Kennzeichnungsänderung für Diphenylmethandiisocyanat (MDI) sowie dem aktuellen Stand zum Beschränkungsdossier der BAuA für Diisocyanate allgemein. Das Ziel ist es weitergehende Restriktionen, wie sie von einigen EU-Mitgliedsstaaten für monomere Diisocyanate angestrebt werden, zu verhindern.
  - die gefahrstoffrechtliche Einstufung von Gemischen mit zinnorganischen Verbindungen.
  - die Vorschläge zur ergänzenden Einstufung als reproduktionstoxisch.

Prüfmethode für die trinkwasserrechtliche Zulassung von anaeroben Klebstoffen

Nachdem die vom UBA erstellte Leitlinie zurückgezogen worden war und es somit für anaerob härtende Klebstoffe, die als Gewindedichtmittel u. a. auch im Trinkwasserbereich eingesetzt werden, keine geeignete Prüfmethode zur Erlangung der notwendigen trinkwasserrechtlichen Zulassung mehr gab, hat eine AdHoc Arbeitsgruppe innerhalb der TKSKD in Zusammenarbeit mit Prüfinstituten und dem Umweltbundesamt (UBA) eine praxisnahe, einheitliche Leitlinie erarbeitet, die den Einsatz von anaeroben Klebstoffen im Trinkwasserbereich weiterhin erlaubt.

Beirat für Öffentlichkeitsarbeit (BeifÖ)

Die zentrale Aufgabe des Beirats für Öffentlichkeitsarbeit unter der Leitung von Ulrich Lipper ist es, den Industrieverband Klebstoffe und die Schlüsseltechnologie Kleben in seiner großen Vielschichtigkeit bzw. Anwendungstiefe positiv in der Öffentlichkeit darzustellen.

Die kontinuierliche Kommunikation des Industrieverband Klebstoffe ist erfolgreich: Das Thema „Kleben" hat zwischenzeitlich einen festen Platz in klassischen Print- und in Online-Medien gefunden. Entsprechend hoch ist die Medienresonanz. Im Jahresdurchschnitt generiert die Pressearbeit des Industrieverband Klebstoffe Auflagenzahlen von rund 150 Millionen im Jahr.

Die speziell für die Bedürfnisse der Medienvertreter konzipierte Internet-Presse-Plattform „www. klebstoff-presse.com" verzeichnet ebenso wie das IVK-Internet-Portal „www.klebstoffe.com" konstant hohe Seitenaufrufe. Nach dem Relaunch im Jahr 2014 präsentieren sich beide Online-Portale in neuem, ansprechendem Gewand und überzeugen durch ihre klare, benutzerfreundliche Navigation. Unternehmen, interessierte Endverwender sowie Journalisten können auf einen Blick die für sie relevanten Inhalte erkennen. Auch in den einschlägigen Social Media-Kanälen, wie Facebook, Twitter oder YouTube, ist der IVK präsent – auf allen Kanälen wird geklebt.

Für erhöhten Web-Traffic sorgt ebenso das neue E-Paper „Berufsbilder", das Schüler und Studierende auf die vielfältigen Berufsmöglichkeiten in der deutschen Klebstoffindustrie aufmerksam macht. Anschaulich, praxisnah und lebendig werden die jeweiligen Berufe aus dem naturwissenschaftlichen, technischen und kaufmännischen Bereich vorgestellt. Das animiert die Klebstoffexperten von morgen, sich mit der Branche und ihrer Vielfalt bereits heute vertraut zu machen.

Das Magazin „Kleben fürs Leben" hat sich zwischenzeitlich in der PR-Arbeit des Industrieverband Klebstoffe etabliert. Einmal jährlich herausgegeben, ist es ein wichtiger Baustein der Kommunikationsstrategie der deutschen Klebstoffindustrie und ein Multiplikator von unbeschreibbarem Wert. Frei von jeder Art von Produkt- bzw. Firmenwerbung zielt das Medium darauf ab, das positive Image der Klebstoffindustrie weiter zu stärken und den nutzenstiftenden Charakter dieser einzigartigen und facettenreichen Verbindungstechnologie zu dokumentieren. „Kleben fürs Leben" ist 2016 zum achten Mal erschienen; seit 2013 können die Leser sich auch online durch das interaktive E-Paper klicken. Das Magazin wird gedruckt oder als E-Paper an zahlreiche Redaktionen von Zeitung, Funk und Fernsehen, aber auch an wichtige Kundenorganisationen versendet.

Dass Klebstoffe in Haushalt, Handwerk und Industrie unverzichtbar sind und warum viele Zukunftstechnologien und die Produktion von Alltagsgegenständen nur mit Klebstoffen möglich sind, zeigt der neue IVK-Imagefilm „Faszination Kleben". In fünf Minuten erfährt der Zuschauer nicht nur Wissenswertes über die Chemie von Klebstoffen und wie sie funktionieren, sondern auch in welchen unterschiedlichen Bereichen Klebstoffe erfolgreich eingesetzt werden. Von der Automobil- über die Elektro- bis hin zur Textil- und Bekleidungsbranche – nahezu jeder Industriezweig setzt heute auf die Klebtechnik, um Produkte zu verbessern und Innovationen zu entwickeln. Dieser neue Imagefilm ist auf der IVK-Internetseite www.klebstoffe.com online gestellt und kann von dort aus – in deutscher und englischer Sprache – angeschaut oder heruntergeladen werden. Darüber hinaus präsentiert der Industrieverband Klebstoffe den Imagefilm auf seinem YouTube-Kanal „klebstoffe" der Öffentlichkeit.

Anlässlich seines 70. Geburtstages hat der IVK in diesem Jahr die Chronik „Auf der Höhe der Zeit – 70 Jahre Industrieverband Klebstoffe" veröffentlicht. In dieser Chronik werden die wichtigen und zukunftsweisenden Entwicklungsphasen des Branchenverbandes im wirtschafts-, politik- und gesellschaftsgeschichtlichen Kontext aufgezeichnet. Die gestaltende, aktive Rolle des Industrieverband Klebstoffe in einem von technischem Fortschritt, europäischer Integration, wachsendem Umweltbewusstsein und dynamischer Globalisierung geprägten Markt wurde umfänglich recherchiert und erstmalig geschichtswissenschaftlich dokumentiert.

Über die wirtschaftliche Entwicklung der deutschen Klebstoffindustrie informiert der Industrieverband Klebstoffe regelmäßig im Rahmen seines Jahrespressegesprächs, zu dem Journalisten der Wirtschafts-, Fach- und Tagespresse eingeladen werden.

Geschäftsführung

Die Mitarbeiterinnen und Mitarbeiter der Geschäftsstelle des Industrieverband Klebstoffe stellen innerhalb der Organisation die Koordinierung, die Bearbeitung und die Nachverfolgung der sich aus den verschiedenen Gremiensitzungen resultierenden vielfältigen Aufgaben sicher. Die Geschäftsstelle garantiert einen zeitnahen Informationsfluss im Hinblick auf die für die Industrie und seine Fachgremien wichtigen Themen. Die Geschäftsstelle dient u. a. als Informationsbörse für die Mitglieder des Verbandes in Bezug auf technische bzw. juristisch relevante Informationen u. a. in den Bereichen Arbeits-, Umwelt- und Verbraucherschutz, Wettbewerbs-, Chemikalien-, Umwelt- und Lebensmittelrecht.

Nach außen versteht sich die Geschäftsführung des IVK als Repräsentant und kompetenter Partner der Klebstoffindustrie. Im Rahmen ihres Aufgabenprofils vertritt die Geschäftsführung die technischen und wirtschaftspolitischen Interessen der Industrie gegenüber nationalen, europäischen und internationalen Behörden. Darüber hinaus stehen die Mitarbeiterinnen und Mitarbeiter des Verbandes im engen und pro-aktiven Dialog mit Kunden-, Handwerker- & Verbraucherverbänden, Systempartnern, wissenschaftlichen Einrichtungen und der Öffentlichkeit. Durch eine aktive Mitarbeit in Beiräten wichtiger Leitmessen und Fachmagazinen sowie Fachgremien verschiedener Bundes- und EU-Ministerien stellt die Geschäftsführung eine fachlich und inhaltlich adäquate Begleitung von klebstoffrelevanten Themen und Projekten auf allen Ebenen und entlang der Wertschöpfungskette „Kleben" sicher.

Dies gilt für auch für den Bereich der Forschung: als Mitglied des Vorstands der DECHEMA-Fachgruppe „Klebtechnik" und des „Gemeinschaftsausschusses Kleben" (GAK) begleitet die Geschäftsführung die Koordinierung öffentlich geförderter wissenschaftlicher Forschungsprojekte im Bereich der Klebtechnik.

In zahlreichen Publikationen, in Gesprächen mit fachinteressierten Kreisen, durch Fachvorträge sowie im Rahmen eines Lehrauftrags dokumentiert und kommuniziert die Geschäftsführung das hohe Leistungsspektrum und Innovationspotenzial der Klebstoffindustrie sowie das vorbildliche arbeits-, umwelt- und verbraucherschutzorientierte Bewusstsein seiner Mitglieder.

PERSONALIA

Ehrenmitgliedschaften & Ehrenvorsitz

Arnd Picker wurde im Rahmen der Mitgliederversammlung 2012 zum Ehrenmitglied und gleichzeitig zum Ehrenvorsitzenden des Industrieverband Klebstoffe ernannt. Der Verband und seine Mitglieder würdigten damit die Verdienste von Arnd Picker um eine erfolgreiche Positionierung des Industrieverband Klebstoffe während seiner 16-jährigen Amtszeit als Vorsitzender des Vorstandes. Der Industrieverband Klebstoffe ist heute der weltweit größte und im Hinblick auf das für seine Mitglieder angebotene Service-Portfolio ebenfalls der weltweit führende nationale Verband im Bereich Klebtechnik.

Ehrenmitglieder
Arnd Picker, Ehrenvorsitzender
Dr. Johannes Dahs
Dr. Hannes Frank
Dr. Rainer Vogel
Heinz Zoller

Verdienstmedaille der deutschen Klebstoffindustrie

Personen, die sich im besonderen Maße um die Klebstoffindustrie und die Klebtechnik verdient gemacht haben, werden vom Industrieverband Klebstoffe mit der Verdienstmedaille der deutschen Klebstoffindustrie ausgezeichnet.

Verliehen wurde diese Auszeichnung an

Dr. Manfred Dollhausen – Mai 2010
für sein erfolgreiches Engagement im Bereich Normung, mit dem er im erheblichen Maße dazu beigetragen hat, Klebstofftechnologie „made in Germany" in nationalen, europäischen und internationalen Standards zu dokumentieren und zu manifestieren. Darüber hinaus hat Dr. Dollhausen bereits in den 60er-Jahren des 20. Jahrhunderts den unschätzbaren Wert der technischen Zusammenarbeit zwischen der Klebstoffindustrie und der Rohstoffindustrie erkannt, diese aktiv forciert und damit das Fundament für die bis heute gültige erfolgreiche Systempartnerschaft beider Industrien gelegt.

Dr. Hannes Frank – September 2007
für sein jahrzehntelanges Engagement für die deutsche Klebstoffindustrie. Als Mitglied des Technischen Ausschusses hat er sowohl die Klebtechnik als auch das Image der Klebstoffindustrie in entscheidenden Dimensionen gefördert und geprägt. Hierzu zählt insbesondere sein Engagement für den Mittelstand und dessen – für die technische und wirtschaftliche Entwicklung – unverzichtbaren Innovationspotenzials. Auf dem Gebiet der Polyurethanklebstoff-Technologie gilt Dr. Frank als erfolgreicher Pionier. Darüber hinaus hat er als Forderer und Förderer einer branchenübergreifenden Kommunikations- und Ausbildungsstrategie maßgeblich dazu beigetragen, die Klebtechnik als Schlüsseltechnologie des 21. Jahrhunderts zu positionieren.

Prof. Dr. Otto-Diedrich Hennemann – Mai 2007
für seine wissenschaftlichen Arbeiten, durch die er vor allem das „System Kleben" in entscheidenden Dimensionen gefördert und geprägt hat. Hierzu zählen insbesondere die Erforschung der Langzeitbeständigkeit von Klebverbindungen und die Implementierung geeigneter Simulationsprozesse in der Automobil- und Luftfahrtindustrie. Die konkrete Anwendungsorientierung und Nutzenentwicklung bei den Systempartnern stand dabei stets im Mittelpunkt seiner Arbeiten.

Gremien des
Industrieverband Klebstoffe e. V. (IVK)

Vorstand

Vorsitzender: Dr. Boris Tasche	Henkel AG & Co. KGaA D-40191 Düsseldorf
Stellvertretender Vorsitzender: Dr. Joachim Schulz	EUKALIN Spezial-Klebstoff Fabrik GmbH D-52249 Eschweiler

Weitere Mitglieder:

Stephan Frischmuth	tesa SE D-22771 Hamburg
Ansgar van Halteren	Industrieverband Klebstoffe e. V. D-40219 Düsseldorf
Dr. Achim Hübener	Kleiberit Klebstoffe Klebchemie M. G. Becker GmbH & Co. KG D-76356 Weingarten
Patrick Kivits	H.B. Fuller Europe GmbH CH-8006 Zürich
Klaus Kullmann	Jowat SE D-32709 Detmold
Olaf Memmen	Bostik GmbH D-33825 Borgholzhausen
Dr. Bernhard Momper	Celanese GmbH D-65844 Sulzbach (Taunus)
Torsten Nitzsche	Sika Automotive GmbH D-22525 Hamburg
Dr. Rüdiger Oberste-Padtberg	ARDEX GmbH D-58430 Witten
Dr. Thomas Pfeiffer	Türmerleim GmbH D-67014 Ludwigshafen

Peter Rambusch	certoplast Technische Klebebänder GmbH D-42285 Wuppertal
Dr. René Rambusch	certoplast Technische Klebebänder GmbH D-42285 Wuppertal
Dr. Rainer Schönfeld	Henkel AG & Co. KGaA D-40191 Düsseldorf
Dr. H. Werner Utz	UZIN UTZ Aktiengesellschaft D-89079 Ulm

Technischer Ausschuss

Vorsitzender: Dr. Rainer Schönfeld	Henkel AG & Co. KGaA D-40191 Düsseldorf

Weitere Mitglieder:

Dr. Norbert Arnold	UZIN UTZ Aktiengesellschaft D-89079 Ulm
Dr. Knut Göke	Kömmerling Chemische Fabrik GmbH D-66929 Pirmasens
Prof. Dr. Andreas Groß	IFAM Fraunhofer-Institut für Fertigungstechnik und Angewandte Materialforschung D-28359 Bremen
Daniela Hardt	Celanese GmbH D-65844 Sulzbach (Taunus)
Dr. Achim Hübener	Kleiberit Klebstoffe Klebchemie M.G. Becker GmbH & Co. KG D-76356 Weingarten
Christoph Küsters	3M Deutschland GmbH D-41453 Neuss

Dr. Dirk Lamm	tesa SE D-22771 Hamburg
Dr. Annett Linemann	H.B. Fuller Deutschland GmbH D-21310 Lüneburg
Dr. Hartwig Lohse	Klebtechnik Dr. Hartwig Lohse e. K. D-25597 Breitenberg
Dr. Michael Nitsche	Bostik GmbH D-33825 Borgholzhausen
Matthias Pfeiffer	Türmerleim GmbH D-67014 Ludwigshafen
Arno Prumbach	EUKALIN Spezial-Klebstoff Fabrik GmbH D-52249 Eschweiler
Dr. Karsten Seitz	tesa SE D-22771 Hamburg
Dr. Christian Terfloth	Jowat SE D-32709 Detmold
Dr. Christoph Thiebes	Covestro Deutschland AG D-51368 Leverkusen
Dr. Axel Weiss	BASF SE D-67056 Ludwigshafen

Technische Kommission Bauklebstoffe

| Vorsitzender:
Dr. Norbert Arnold | UZIN UTZ Aktiengesellschaft
D-89030 Ulm |

Weitere Mitglieder:

| Dr. Thomas Brokamp | Bona GmbH Deutschland
D-65531 Limburg |

Manfred Friedrich	Schönox GmbH D-48713 Rosendahl
Dr. Frank Gahlmann	Stauf Klebstoffwerk GmbH D-57234 Wilnsdorf
Jürgen Gehring	Bostik GmbH D-33825 Borgholzhausen
Holger Hartmann	Celanese GmbH D-65844 Sulzbach (Taunus)
Dr. Hardy Herold	Wacker Chemie AG D-84479 Burghausen
Dr. Matthias Hirsch	Kiesel Bauchemie GmbH u. Co. KG D-73708 Esslingen
Michael Illing	Forbo Eurocol Deutschland GmbH D-99028 Erfurt
Dr. Maximilian Rüllmann	BASF SE D-67056 Ludwigshafen
Dr. Martin Schäfer	Wakol Walter Kolodziej GmbH & Co. KG D-66935 Pirmasens
Helmut Schäfer	Sopro Bauchemie GmbH D-65102 Wiesbaden
Dr. Jörg Sieksmeier	ARDEX GmbH D-58430 Witten

Hartmut Urbath	Henkel AG & Co. KGaA D-40191 Düsseldorf
Dr. Steffen Wunderlich	Kleiberit Klebstoffe Klebchemie M. G. Becker GmbH & Co. KG D-76356 Weingarten

Technische Kommission Holzklebstoffe

Vorsitzende: Daniela Hardt	Celanese GmbH D-65844 Sulzbach (Taunus)

Weitere Mitglieder:

Wolfgang Arndt	Covestro Deutschland AG D-51368 Leverkusen
Holger Brandt	Follmann & Co. GmbH & Co. KG D-32423 Minden
Christoph Funke	Jowat SE D-32709 Detmold
Oliver Hartz	BASF SE D-67056 Ludwigshafen
Dr. Thomas Kotre	Planatol Wetzel GmbH D-83101 Rohrdorf-Thansau
Jürgen Lotz	Henkel AG & Co. KGaA Standort Bopfingen D-73438 Bopfingen
Dr. Marcel Ruppert	Wacker Chemie AG D-84479 Burghausen
Dipl.-Ing. Martin Sauerland	H.B. Fuller Deutschland GmbH D-31582 Nienburg

| Holger Scherrenbacher | Kleiberit Klebstoffe Klebchemie
M. G. Becker GmbH & Co. KG
D-76353 Weingarten |

Technische Kommission Haushalt-, Hobby- & Büroklebstoffe

| Vorsitzender:
Dr. Dirk Lamm | tesa SE
D-22771 Hamburg |

Weitere Mitglieder:

Frank Avemaria	3M Deutschland GmbH D-41453 Neuss
Dr. Nils Hellwig	Henkel AG & Co. KGaA D-40191 Düsseldorf
Dr. Florian Kopp	RUDERER KLEBETECHNIK GMBH D-85600 Zorneding
Aurelia Liar	UHU GmbH & Co. KG D-77815 Bühl
Ulrich Lipper	Cyberbond Europe GmbH D-31515 Wunstorf

Technische Kommission Klebebänder

| Vorsitzender:
Dr. Karsten Seitz | tesa SE
D-22771 Hamburg |

Weitere Mitglieder:

Dr. Thomas Christ	BASF SE D-67056 Ludwigshafen
Thorsten Gurke	Kraton Polymers GmbH D-60327 Frankfurt
Dr. Thomas Hanhörster	Sika Automotive GmbH D-22525 Hamburg

Prof. Dr. Andreas Hartwig	IFAM Fraunhofer-Institut für Fertigungstechnik und Angewandte Materialforschung D-28359 Bremen
Lutz Jacob	RJ Consulting D-87527 Altstaedten
Melanie Lack	H.B. Fuller Deutschland GmbH D-21335 Lüneburg
Dr. Thorsten Meier	certoplast Technische Klebebänder GmbH D-42285 Wuppertal
Jürgen Peters	3M Deutschland GmbH D-41453 Neuss
Dr. Ralf Rönisch	COROPLAST Fritz Müller GmbH & Co. KG D-42203 Wuppertal
Dr. Jürgen K. L. Schneider	TSRC (Lux.) Corporation S.a.r.l. L-1930 Luxemburg
Michael Schürmann	Henkel AG & Co. KGaA D-40191 Düsseldorf
Miriam Verbruggen	Lohmann GmbH & Co. KG D-56567 Neuwied

Technische Kommission Papier-/Verpackungsklebstoffe

Vorsitzender: Arno Prumbach	EUKALIN Spezial-Klebstoff Fabrik GmbH D-52249 Eschweiler

Weitere Mitglieder:

Kai Biedebach	Bostik GmbH D-33825 Borgholzhausen
Dr. Gerhard Kögler	Wacker Chemie AG D-84479 Burghausen
Dr. Thomas Kotre	Planatol Wetzel GmbH D-83099 Rohrdorf-Thansau

Dr. Bernhard Momper	Celanese GmbH D-65843 Sulzbach
Janet Pohl	Klebstoffwerke COLLODIN GmbH D-60386 Frankfurt
Dr. Werner Praß	Türmerleim GmbH D-67014 Ludwigshafen
Dr. Peter Preishuber-Pfluegl	BASF SE D-67056 Ludwigshafen
Dr. Eckhard Pürkner	Henkel AG & Co. KGaA D-40191 Düsseldorf
Alexandra Roß	H.B. Fuller Deutschland GmbH D-31566 Nienburg
Dr. Christian Schmidt	Jowat SE D-32709 Detmold
Julia Szincsak	Follmann Chemie GmbH D-32423 Minden

Technische Kommission Schuhklebstoffe

Vorsitzender: Dr. Knut Göke	Kömmerling Chemische Fabrik GmbH D-66929 Pirmasens

Weitere Mitglieder:

Wolfgang Arndt	Covestro Deutschland AG D-51368 Leverkusen
Dr. Rainer Buchholz	RENIA Ges. mbH chemische Fabrik D-51076 Köln
Andreas Ecker	H.B. FULLER Austria GmbH A-4600 Wels

Technische Kommission Strukturelles Kleben & Dichten

Vorsitzender: Dr. Hartwig Lohse	Klebtechnik Dr. Hartwig Lohse e. K. D-25524 Itzehoe

Weitere Mitglieder:

Dr. Beate Baumbach	Covestro Deutschland AG D-51368 Leverkusen
Ralf Fuhrmann	Kömmerling Chemische Fabrik GmbH D-66929 Pirmasens
Dr. Oliver Glosch	Weiss Chemie + Technik GmbH & Co. KG D-35703 Haiger
Dr. Stefan Kreiling	Henkel AG & Co. KGaA Standort Heidelberg D-69112 Heidelberg
Dr. Erik Meiß	IFAM Fraunhofer-Institut für Fertigungstechnik und Angewandte Materialforschung D-28359 Bremen
Dr. Karl Michael Müller	Bostik GmbH D-33829 Borgholzhausen
Frank Steegmanns	Stockmeier Urethanes GmbH & Co. KG D-32657 Lemgo
Julius Weirauch	3M Deutschland GmbH D-41453 Neuss
Artur Zanotti	Sika Deutschland GmbH D-72574 Bad Urach

Beirat für Öffentlichkeitsarbeit

Sprecher:
Ulrich Lipper

Cyberbond Europe GmbH
D-31515 Wunstorf

Weitere Mitglieder:

Rolf J. Blaas

Dow GmbH
D-65824 Schwalbach

Holger Elfes

Henkel AG & Co. KGaA
D-40191 Düsseldorf

Ansgar van Halteren

Industrieverband Klebstoffe e. V.
D-40219 Düsseldorf

Oliver Jüntgen

Henkel AG & Co. KGaA
D-40191 Düsseldorf

Timm Koepchen

EUKALIN Spezial-Klebstoff Fabrik GmbH
D-52249 Eschweiler

Thorsten Krimphove

WEICON GmbH & Co. KG
D-48157 Münster

Dr. Christine Wagner

Wacker Chemie AG
D-84479 Burghausen

Arbeitskreis Bauklebstoffe

Vorsitzender:
Dr. Rüdiger Oberste-Padtberg

ARDEX GmbH
D-58430 Witten

Arbeitskreis Holzklebstoffe

Vorsitzender:
Klaus Kullmann

Jowat SE
D-32758 Detmold

Arbeitskreis Industrieklebstoffe

Vorsitzender:
Dr. Boris Tasche

Henkel AG & Co. KGaA
D-40191 Düsseldorf

Arbeitskreis Klebebänder

Vorsitzender:
Peter Rambusch

certoplast Technische Klebebänder GmbH
D-42285 Wuppertal

Arbeitskreis Papier-/Verpackungsklebstoffe

Vorsitzender:
Dr. Thomas Pfeiffer

Türmerleim GmbH
D-67014 Ludwigshafen

Arbeitskreis Rohstoffe

Vorsitzender:
Dr. Bernhard Momper

Celanese GmbH
D-65844 Sulzbach (Taunus)

Arbeitskreis Strukturelles Kleben & Dichten

Vorsitzender:
Torsten Nitzsche

Sika Automotive GmbH
D-22525 Hamburg

Arbeitskreis Haushalt-, Hobby- & Büroklebstoffe

Vorsitzender: tesa SE
Dr. Dirk Lamm   D-22771 Hamburg

Arbeitskreis Klebstoffe für Weichschaumverarbeitung

Vorsitzender: Jowat SE
Falk Potthast   D-32758 Detmold

Arbeitsgruppe Schuhklebstoffe

Vorsitzender: Kömmerling Chemische Fabrik GmbH
Dr. Knut Göke   D-66929 Pirmasens

Geschäftsführung

Ansgar van Halteren	Hauptgeschäftsführer
Michaela Szkudlarek	Assistentin der Hauptgeschäftsführung/Finanzen
Dr. Axel Heßland	Geschäftsführer „Technik"
Klaus Winkels	Geschäftsführer „Recht"
Danuta Dworaczek	Technik Recherche
Martina Weinberg	Tagungen und Kongresse
Natascha Zapolowski	Umwelt und Technik
Elke Picker	Kommunikation und Internet

Ehrenvorsitzender

Arnd Picker   Rommerskirchen

Ehrenmitglieder

Dr. Johannes Dahs	Königswinter
Dr. Hannes Frank	Detmold
Arnd Picker	Rommerskirchen
Dr. Rainer Vogel	Langenfeld
Dipl.-Chem. Heinz Zoller	Pirmasens

Träger der Verdienstmedaille der deutschen Klebstoffindustrie

Dr. Manfred Dollhausen	Odenthal
Dr. Hannes Frank	Detmold
Prof. Dr. Otto-D. Hennemann	Osterholz-Scharmbeck

CHEMISCHE INDUSTRIE
Berufsgruppe Bauklebstoffe

REPORT 2015

FCIO – Österreich

FCIO – Österreich

Die Berufsgruppe Bauklebstoffe im Fachverband der Chemischen Industrie wurde 2008 als Nachfolger des aufgelösten Vereins „VÖK – Vereinigung österreichischer Klebstoffhersteller" gegründet. Die Berufsgruppe Bauklebstoffe arbeitet im Rahmen des Fachverbands der Chemischen Industrie – FCIO – als selbstständige Berufsgruppe.

Die Berufsgruppe Bauklebstoffe hat derzeit 15 Mitglieder.

Mission und Service-Leistungen

Die FCIO-Berufsgruppe Bauklebstoffe mit ihren 15 Mitgliedern ist eine auf dem Wirtschaftskammergesetz basierende Berufsgruppe innerhalb des Fachverbands der Chemischen Industrie. Hauptaufgabe der Berufsgruppe ist die Interessensvertretung und Mitgestaltung der wirtschaftspolitischen Rahmenbedingungen für unsere Industrie in Österreich. Als Körperschaft öffentlichen Rechts hat die Berufsgruppe Bauklebstoffe den gesetzlichen Auftrag, die Interessen der Industrie in allen Bereichen zu wahren und die Mitgliedsunternehmen in allen rechtlichen Belangen, insbesondere Umwelt- und Arbeitsrecht zu beraten. Die Berufsgruppe steht in permanentem Kontakt mit den zuständigen Behörden und auch den Gewerkschaften und arbeitet in vielen Arbeitsgruppen von wissenschaftlichen Institutionen und Ministerien, sowie nationalen Normen-Komitees mit. Aufgabe der Berufsgruppe ist es, die Mitgliedsunternehmen bei der Erfüllung der gesetzlich vorgeschriebenen Verpflichtungen, insbesondere im Bereich Sicherheit, Gesundheit und Umweltschutz zu beraten und zu unterstützen. Weiter engagiert sich die Berufsgruppe bei Ausbildungsprogrammen für Lehrlinge für das Fliesenleger- und Bodenleger-Handwerk in Österreich.

Organisation und Struktur

Die Berufsgruppe Bauklebstoffe ist Teil des Fachverbands der Chemischen Industrie – FCIO, der wiederum unter dem Dach der Wirtschaftskammer-Organisation – WKO organisiert ist.

Präsident: Mag. Bernhard Mucherl/Murexin AG
Geschäftsführer: Dr. Klaus Schaubmayr/FCIO

REPORT 2015

FKS – Schweiz

FKS – Schweiz

Unsere Aufgabe

Der Verband fördert die Mitglieder bezüglich der Kleb- und Dichtstoff-Herstellung, insbesondere durch:
- Vertretung der Interessen der Schweizerischen Kleb- und Dichtstoff-Industrie bei Behörden und Verbänden, einschließlich der Mitwirkung bei gesetzgeberischen Aufgaben
- Mitarbeit in Fachgremien, um die Zusammenarbeit mit Behörden, nationalen und internationalen Verbänden zu stärken
- Statistiken und Basisinformationen zum Klebstoffmarkt Schweiz, welche den Schweizer und europäischen Behörden für ihre Entscheidungsprozesse Grundlageninformationen liefern
- Technische Abklärungen und Expertisen, um das Vertrauen der Kunden zu Mitgliedern des Fachverbandes zu fördern
- Regelmässiger Informations- und Erfahrungsaustausch der Mitglieder, mit dem Ziel die Qualität der Produkte weiterzuentwickeln
- Organisieren von fachspezifischen Vorträgen

Marktentwicklungen, Richtlinien und Maßnahmen

Die Beobachtung von Marktentwicklungen und die bestehenden Richtlinien sind die Basis für die Umsetzung von Maßnahmen bezüglich Umweltschutz und Sicherheit bei der Herstellung, Verpackung, Transport, Anwendung und Entsorgung. Die Maßnahmen tragen dazu bei, mit den erbrachten Dienstleistungen jederzeit den höchsten Ansprüchen des Marktes zu genügen.

Mitglied der FEICA

(Féderation Européenne des Industries de Colles et Adhésifs)
Der Fachverband ist Mitglied der FEICA. FEICA vertritt auf internationaler Ebene in Zusammenarbeit mit internationalen Organisationen die Interessen ihrer Landesverbände. Informationen über die Entwicklung im europäischen Raum werden durch FEICA regelmässig den Landesverbänden zur Verfügung gestellt.

Dienstleistungen
- Statistiken und Basisinformationen
- Nationale Normen
- Technische Abklärungen und Expertisen
- Informations- und Erfahrungsaustausch
- Informationen über regulatorische Entwicklungen
- Frühling- und Herbsttagung
- Zugang zu FKS-Informationen im Internet Memberbereich

Organisation & Struktur
- Präsident
  Heinz Leibundgut
- Vize-Präsident
  Daniel Toppel

Members

Alfa Klebstoffe AG	Kisling AG
Astorit AG	merz+benteli ag
Collano Adhesives AG	nolax AG
Emerell AG	Sika (Schweiz) AG
EMS-Griltech	Türmerleim AG
H.B. Fuller Europe GmbH	Uzin Tyro AG
Henkel & Cie. AG	Wakol Adhesa AG
Jowat Swiss AG	ZHAW – Zurich University of Applied Sciences

Kontaktinformationen

Präsident	Vize-Präsident	Sekretariat
Heinz Leibundgut	Daniel Toppel	Fachverband Klebstoff-
Uzin Tyro AG	Collano Adhesives AG	Industrie Schweiz
Ennetbürgerstrasse 47	Eichenstrasse 12	Silvia Fasel
6374 Buochs	6203 Sempach-Station	Postfach 213
Telefon:	Telefon:	5401 Baden
+41 (0) 41 624 48 80	+41 (0) 41 469 92 75	Telefon:
Fax: +41 (0) 41 624 48 89	Fax: +41 (0) 41 469 91 12	+41 (0) 56 221 51 00
E-Mail: heinz.leibundgut@	E-Mail: daniel.toppel@	Fax: +41 (0) 56 221 51 41
uzin-utz.com	collano.com	www.fks.ch
E-Mail: info@fks.ch		

vereniging lijmen en kitten

REPORT 2015

VLK – Niederlande

VLK – Niederlande

Industrielle Organisation

Die Vereinigung Lijmen en Kitten (VLK) vertritt die Kleb- und Dichtstoffindustrie in den Niederlanden und ist dank ihrer technischen und wirtschaftlichen Interessen als wichtiger Spieler im europäischen level playing field bekannt.

Die Kleb- und Dichtstoffindustrie der Niederlande geht vor allem dem Business to Business Ansatz nach. Kleb- und Dichtstoffe werden vor allem im industriellen Sektor und für den Bau genutzt. Nach Schätzungen der VLK werden ca. 75 % der Kleb- und Dichtstoffe in den Niederlanden verkauft.

Für die verbundenen Betriebe ist die VLK:
* *Ansprechpartner* für die Öffentlichkeit und öffentliche Einrichtungen, wie beispielsweise Inspektionen, Organisationen der Zivilgesellschaft, Verbraucher des Marktes und andere Beteiligte;
* *Sprecher* der Industrie für eine umsetzbare Gesetzgebung auf europäischer Ebene;
* Quelle für Informationen und Help-Desk für Rechtsvorschriften über Stoffe, wie beispielsweise REACH und CLP sowie Bauangelegenheiten, wie beispielsweise CPR und die CE-Kennzeichnung;
* *Schützer* des Images der Kleb- und Dichtstoffe, sowie der Kleb- und Dichtstoffindustrie;
* *Facilitator* von Wissensaustausch und Networking.

Die VLK ist Mitglied der FEICA (Association of the European Adhesive & Sealant Industry), die die Anliegen des Sektors auf europäischem Level vertritt.

Leistungen

Was können Mitglieder der VLK erwarten?

* Lobby

Die VLK strebt nach praktischen und realistischen Gesetz- und Regelgebungen, bezüglich der Entwicklung, Produktion und des Verkaufs von Kleb- und Dichtstoffen in den Niederlanden. Die industrielle Organisation vertritt die Anliegen des Sektors durch die Kontakte mit der Öffentlichkeit und soziale Organisationen. Viele neue Entwicklungen kommen von europäischen Zusammenschlüssen aus Brüssel. Hierfür ist die VLK Mitglied der FEICA.

* Netzwerk

Als Spinne im Netz von VLK haben Sie eine wichtige Netzwerkfunktion und bringen Betriebe miteinander in Kontakt. Dies geht über die Kleb- und Dichtstoffindustrie hinaus. Die VLK stimuliert auch den Kontakt mit anderen Gliedern in der Kette, sowie Wissenseinrichtungen.

* Wissen teilen

Die VLK filtert relevante Informationen und verbreitet diese unter den Mitgliedern via der Webseite und digitalen Newslettern. Mitgliedsbetriebe können auch handgefertigte Tutorials auf der

Mitgliederseite nutzen. Die VLK besteht des Weiteren aus drei Abteilungen und zwei technischen Arbeitsgruppen, auf denen Mitglieder Informationen austauschen können. Mitgliedsbetriebe tauschen hier Informationen über Entwicklungen auf dem Gebiet der Gesetz- und Regelgebungen aus, der Gesundheit, der Sicherheit und der Umwelt sowie der Normen.

• Einsicht in die Marktentwicklung
Die Bereiche Bodenkleber und Fliesenkleber haben eine Benchmark für die Entwicklungen in den verschiedenen Märkten, in denen diese aktiv sind, gesetzt. Für jedes Quartal erhalten Sie einen Bericht über die Marktentwicklungen.

• Helpdesk
Die VLK verfügt über ein Helpdesk für die Gesetz- und Regelgebung bezüglich Kleb- und Dichtstoffen. Beispiele hierfür wären Fragen über REACH, CLP und die CE Markierung. Hier werden nicht nur europäische Gesetz- und Regelgebungen besprochen, auch werden Fragen über die niederländische Gesetzgebung beantwortet.

• Positives Image und Vertrauen
Durch ihre verbindende Position ist die VLK ein Organ um Informationen über die Kleb- und Dichtstoffindustrie zu verbreiten. Die VLK trägt zur Konformität im Bereich der Kleb- und Dichtstoffindustrie bei.

Mitglieder

Die Mitglieder sind es, die die VLK ausmachen. Die industrielle Organisation besteht aus Direktoren, Managern und Experten, die Arbeiten im Namen des VLK-Büros ausführen. Die Kontaktdaten von allen Mitgliedern, können auf der Webseite www.vlk.nu/leden aufgerufen werden. Die VLK ist nicht an kommerziellen Aktivitäten von individuellen Betrieben beteiligt.

Organisation

Die Verwaltung der VLK besteht aus:
• Wybren de Zwart (Saba Dinxperlo BV) – Vorsitzender
• Rob de Kruijff (Sika Nederland BV)
• Gertjan van Dinther (Soudal BV)

Die VLK besteht aus den folgenden Abteilungen:
• Abteilung Bodenkleber und Spachtelmassen
• Abteilung Fliesenkleber
• Abteilung Dichtstoffe

Die VLK besteht aus den folgenden Arbeitsgruppen:
• Kommission gefährliche Stoffe
• Technische Kommission Dichtstoffe

Büro

Genau wie Lack- und Druckfarben sind Kleb- und Dichtstoffe Mischungen. Die VLK arbeitet auch eng mit der niederländischen Gesellschaft für die Lack- und Druckfarbenindustrie (VVVF) zusammen. Die VLK hat die Filialleitung in der VVVF untergebracht und nimmt an branchenweiten Arbeitsgruppen und Sitzungen der VVVF teil.

Weitere Informationen?

Nehmen Sie für weitere Informationen mit der VLK unter www.vlk.nu Kontakt auf.

VLK

Postfach 241
2260 AE Leidschendam, Niederlande
Telefon: + 31 70 444 06 80
E-Mail: info@vlk.nu
www.vlk.nu

GEV

Gemeinschaft Emissionskontrollierte
Verlegewerkstoffe

EMICODE®

Sicherheit vor Raumluftbelastungen

Das Thema „Sicherheit vor Raumluftbelastungen" und die Forderungen kritischer Verbraucher emissionsarme Produkte bereitzustellen, haben im Februar 1997 zur Gründung der Gemeinschaft Emissionskontrollierte Verlegewerkstoffe, Klebstoffe und Bauprodukte e. V. (GEV) und zur Einrichtung des Kennzeichnungssystems EMICODE® geführt. Getragen wurde diese Initiative von den führenden Herstellern von Verlegewerkstoffen des Industrieverband Klebstoffe.

Zunächst entwickelte die deutsche Klebstoffindustrie Anfang der 90er-Jahre gemeinsam mit den Bauberufsgenossenschaften den sog. GISCODE, um Verarbeiter in der Auswahl des Verlegewerkstoffes zu unterstützen. Mit dem Kennzeichnungssystem GISCODE wird dem Verarbeiter der schnelle Überblick über das arbeitsschutzrechtlich geeignete Produkt gegeben.

Nach dem Gefahrstoffrecht dürfen sich Parkett- und Fußbodenleger heute nur noch in Ausnahmefällen, die durch eine branchenspezifische Technische Regel Gefahrstoffe (TRGS 610) beschrieben sind, hohen Konzentrationen flüchtiger Lösemittel aussetzen. Die Verwendung von Ersatzstoffen mit weit geringerem Gefährdungspotential ist die Regel geworden. Dies trug zu einem erheblichen Rückzug lösemittelhaltiger Produkte in den vergangenen Jahren bei.

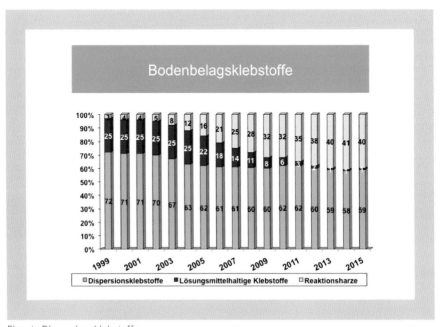

Einsatz Dispersionsklebstoffe

Hierdurch nicht ausreichend erfasst werden solche organischen Verbindungen, die als „restflüchtige Bestandteile" bezeichnet werden können. Es handelt sich dabei einerseits um technisch bedingte Verunreinigungen von Rohstoffen und andererseits um schwerflüchtige Verbindungen. Diese werden zwar nur in geringer Konzentration, dafür jedoch über längere Zeiträume aus den Produkten an die Raumluft abgegeben.

Führende Hersteller von Verlegewerkstoffen haben deshalb eine neue Generation lösemittelfreier und sehr emissionsarmer Verlegewerkstoffe entwickelt, die aus raumlufthygienischer Sicht besonders empfehlenswert sind. Mittlerweile hat die GEV über 120 Mitglieder aus 18 Ländern und wächst stetig - vor allem im europäischen Ausland.

Um in der Vielzahl unterschiedlicher Messverfahren Verarbeitern und Verbrauchern eine verlässliche Orientierung zu geben, wurde das wettbewerbsneutrale Prüf- und Kennzeichnungssystem EMICODE® entwickelt. Durch EMICODE® wurde die Möglichkeit geschaffen, Verlegewerkstoffe und andere Bauprodukte nach ihrem Emissionsverhalten vergleichend zu bewerten. Zugleich wurde ein starker Anreiz dafür gegeben, die Produkte ständig weiter zu verbessern.

Der Klasseneinteilung nach dem System EMICODE® liegen eine exakt definierte Prüfkammeruntersuchung und anspruchsvolle Einstufungskriterien zugrunde. Klebstoffe, Spachtelmassen, Vorstriche, Untergründe, Dichtstoffe, Schnellestriche und andere Bauprodukte, die mit dem GEV-Zeichen EMICODE® EC 1 als „sehr emissionsarm" gekennzeichnet sind, bieten dabei die größtmögliche Sicherheit vor Raumluftbelastungen und Geruchsreklamationen.

Im Unterschied zu anderen Systemen erfolgt die Kennzeichnung eigenverantwortlich durch den Hersteller, während die GEV zur Kontrolle Stichproben am Markt durch unabhängige Institute durchführen lässt. Ein weiterer Unterschied ist, dass die GEV keine Qualitätskompromisse zulässt; technisch fragwürdige Öko-Kriterien werden im Sinne der Nachhaltigkeit nicht zugelassen.

Diese freiwillige Initiative ist eine konsequente Fortführung der Bemühungen um den Gesundheitsschutz von Verarbeitern und Verbrauchern. EMICODE® gibt ausschreibenden Stellen, Architekten, Planern, Handwerkern, Bauherren und Endverbrauchern eine transparente, wettbewerbsneutrale Orientierungshilfe bei der Auswahl „emissionsarmer" Verlegewerkstoffe. Videos in 11 Sprachen, Broschüren, Ausschreibungsvorlagen und technische Dokumente sowie die Satzung sind unter der Homepage www.emicode.com einsehbar.

Mit der Erweiterung der EMICODE®-Produkte um den Produktbereich der Fugendichtstoffe, Parkettlacke, Montageschäume und Fensterfolien hat die GEV auf Marktanforderungen reagiert, weitere Produkte zu klassifizieren, die nicht den klassischen Verlegewerkstoffen zugehören. Hierdurch wird auf weitere Markt- und Industrieanforderungen reagiert, Produkte ökologisch zu differenzieren. Für kennzeichnungspflichtige Produkte, die - obschon emissionsarm - Maßnahmen zur geschützten Verarbeitung erfordern, hat die GEV den Zusatz „R" (= reguliert) im Logo eingeführt.

Als Ersatz für eine frühere Produktdatenbank wurde ein „Produktfinder" entwickelt, der auf die aktuellen Produktseiten der GEV-Mitglieder weiterleitet. Auf diese Weise wird der Aufwand für die Unternehmen wesentlich verringert, ihre Produktinformationen jeweils aktuell bereit zu stellen.

Vorsitzender des Vorstands	Stefan Neuberger, JP Coatings GmbH
Vorsitzender des Technischen Beirats	Jürgen Gehring, Bostik GmbH
Geschäftsführer GEV	RA Klaus Winkels

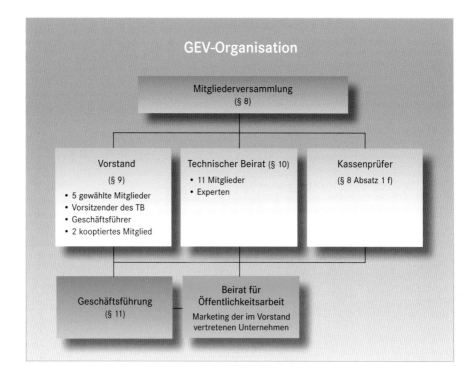

Gemeinschaft Emissionskontrollierte Verlegewerkstoffe (GEV)
RWI-Haus
Völklinger Straße 4
D-40219 Düsseldorf
Telefon +49 (0) 2 11-6 79 31-20
Telefax +49 (0) 2 11-6 79 31-33
E-Mail: info@emicode.com
www.emicode.com

FEICA

Verband Europäischer
Klebstoffindustrien

Seit 1972 vertritt die FEICA - Fédération Européenne des Industries de Colles et Adhésifs - die Interessen der europäischen Klebstoffindustrie. Sie ist der Dachverband für 13 nationale Klebstoffverbände in Europa und sie repräsentiert darüber hinaus die Interessen von derzeit 20 Einzelunternehmen – im wesentlichen multinational operierende Klebstoffhersteller bzw. Produzenten von Montageschäumen.

Die Geschäftsstelle der FEICA operierte bis Ende 2006 in Bürogemeinschaft und Personalunion mit dem Industrieverband Klebstoffe e.V. mit Sitz in Düsseldorf. Seit Januar 2007 hat die FEICA ihren Sitz in Brüssel.

Die Ziele der FEICA

In Zusammenarbeit mit ihren Mitgliedern nimmt die FEICA die gemeinsamen europäischen Interessen der Klebstoffindustrie wahr. Ihr obliegt die Vertretung der Interessen ihrer Mitglieder gegenüber den Institutionen der Europäischen Union.

Außenkontakte

Um auf schnellstmöglichem Wege Informationen über die Vorhaben und Erlässe der Europäischen Institutionen (Europäisches Parlament, Europäischer Rat, Europäische Kommission, Generaldirektorate) zu erhalten, unterhält die FEICA u.a. einen engen Kontakt zur **CEFIC** (Europäischer Chemieverband) und zu anderen europäischen Verbänden, von denen sich viele der sogenannten DUCC-Gruppe (**D**ownstream **U**ser of **C**hemicals **C**o-ordination Group) angeschlossen haben.

Service für IVK-Mitglieder

Als größtes Mitglied der FEICA vertritt der Industrieverband Klebstoffe die Interessen der deutschen Klebstoffhersteller im Direktorium, im technischen Vorstand sowie in zahlreichen Fachgremien des europäischen Verbandes. Diese Konstellation sichert den Mitgliedern des Industrieverband Klebstoffe einen entsprechenden, kostenfreien Service sowie alle notwendigen Informationen und regelmäßige Kontakte auf europäischer Ebene.

Kontaktadresse

FEICA – Avenue E. van Nieuwenhuyse, 4 – BE 1160 Brussels – www.feica.eu

DEUTSCHE UND EUROPÄISCHE GESETZGEBUNG UND VORSCHRIFTEN

Klebstoffrelevante Auflistung

Gefahrstoffrecht

Nationale Gesetze, Verordnungen und Verwaltungsvorschriften

- **Chemikaliengesetz** (ChemG) – Gesetz zum Schutz vor gefährlichen Stoffen
- **Gefahrstoffverordnung** (GefStoffV) – Verordnung zum Schutz vor Gefahrstoffen
- **Chemikalien-Verbotsverordnung** (ChemVerbotsV) – Verordnung über Verbote und Beschränkungen des Inverkehrbringens gefährlicher Stoffe, Zubereitungen und Erzeugnisse nach dem Chemikaliengesetz
- **Chemikalien-Kostenverordnung** (ChemKostV) – Verordnung über Kosten für Amtshandlungen der Bundesbehörden nach dem Chemikaliengesetz
- **Chemikalien Straf- und Bußgeldverordnung** (ChemStrOWiV) – Verordnung zur Durchsetzung gemeinschaftsrechtlicher Verordnungen über Stoffe und Zubereitungen
- **Giftinformationsverordnung** (ChemGiftinfoV) – Verordnung über die Mitteilungspflichten nach § 16 e des Chemikaliengesetzes zur Vorbeugung und Information bei Vergiftungen
- **Chemikalien-Klimaschutzverordnung** (ChemKlimaschutzV) – Verordnung zum Schutz des Klimas vor Veränderungen durch den Eintrag bestimmter fluorierter Treibhausgase
- **Chemikalien-Ozonschichtverordnung** – (ChemOzonSchichtV) – Verordnung über Stoffe, die die Ozonschicht schädigen
- **Lösemittelhaltige Farben- und Lack-Verordnung** (ChemVOCFarbV) – Chemikalienrechtliche Verordnung zur Begrenzung der Emissionen flüchtiger organischer Verbindungen (VOC) durch Beschränkung des Inverkehrbringens lösemittelhaltiger Farben und Lacke
- **Biozid-Zulassungsverordnung** (ChemBiozidZulV) – Verordnung über die Zulassung von Biozid-Produkten und sonstige chemikalienrechtliche Verfahren zu Biozid-Produkten und Biozid-Wirkstoffen
- **Biozid-Meldeverordnung** – (ChemBiozidMeldeV) – Verordnung über die Meldung von Biozid-Produkten nach dem Chemikaliengesetz

- Allgemeine Verwaltungsvorschrift zum Verfahren der behördlichen Überwachung der Einhaltung der **Grundsätze der Guten Laborpraxis** (ChemVwV-GLP)

- **Technische Regeln für Gefahrstoffe TGRS**
  - ► Bekanntmachung des BMAS zur Anwendung der TRBS bzw. TRGS mit Inkrafttreten der Neufassung der Betriebssicherheitsverordnung und daraus resultierenden Änderungen der Gefahrstoffverordnung
  - ► Bekanntmachung des BMAS zur Anwendung der Gefahrstoffverordnung und der TRGS mit dem Inkrafttreten der CLP-Verordnung
  - ► BekGS 408, Bekanntmachung zu Gefahrstoffen – Anwendung der GefStoffV und TRGS mit dem Inkrafttreten der CLP-Verordnung
  - ► BekGS 409, Bekanntmachungen zu Gefahrstoffen – Nutzung der REACH-Informationen für den Arbeitsschutz
  - ► BekGS 901, Bekanntmachung zu Gefahrstoffen – Kriterien zur Ableitung von Arbeitsplatzgrenzwerten
  - ► TRGS 200, Einstufung und Kennzeichnung von Stoffen, Zubereitungen und Erzeugnissen
  - ► TRGS 201, Einstufung und Kennzeichnung von Abfällen zur Beseitigung beim Umgang
  - ► TRGS 400, Gefährdungsbeurteilung für Tätigkeiten mit Gefahrstoffen

- TRGS 401, Gefährdung durch Hautkontakt – Ermittlung, Beurteilung, Maßnahmen
- TRGS 402, Ermitteln und Beurteilen der Gefährdungen bei Tätigkeiten mit Gefahrstoffen: Inhalative Exposition
- TRGS 410, Expositionsverzeichnis bei Gefährdung gegenüber krebserzeugenden oder keimzellmutagenen Gefahrstoffen der Kategorien 1A oder 1B
- TRGS 420, Verfahrens- und stoffspezifische Kriterien (VSK) für die Ermittlung und Beurteilung der inhalativen Exposition
- TRGS 430, Isocyanate – Exposition und Überwachung
- TRGS 460, Handlungsempfehlung zur Ermittlung des Standes der Technik
- TRGS 500, Schutzmaßnahmen
- TRGS 507, Oberflächenbehandlung in Räumen und Behältern
- TRGS 509 Lagern von flüssigen und festen Gefahrstoffen in ortsfesten Behältern sowie Füll- und Entleerstellen für ortsbewegliche Behälter
- TRGS 510, Lagerung von Gefahrstoffen in ortsbeweglichen Behältern
- TRGS 520, Errichtung und Betrieb von Sammelstellen und zugehörigen Zwischenlagern für Kleinmengen gefährlicher Abfälle
- TRGS 526, Laboratorien
- TRGS 555, Betriebsanweisung und Information der Beschäftigten
- TRGS 559, Mineralischer Staub
- TRGS 600, Substitution
- TRGS 610, Ersatzstoffe und Ersatzverfahren für stark lösemittelhaltige Vorstriche und Klebstoffe für den Bodenbereich
- TRGS 617, Ersatzstoffe und Ersatzverfahren für stark lösemittelhaltige Oberflächenbehandlungsmittel für Parkett und andere Holzfußböden
- TRGS 800, Brandschutzmaßnahmen
- TRGS 900, Arbeitsplatzgrenzwerte
- TRGS 903, Biologische Grenzwerte
- TRGS 905, Verzeichnis krebserzeugender, erbgutverändernder und fortpflanzungsgefährdender Stoffe
- TRGS 906, Verzeichnis krebserzeugender Tätigkeiten oder Verfahren nach § 3 Abs. 2 Nr. 3 GefStoffV
- TRGS 907, Verzeichnis sensibilisierender Stoffe und von Tätigkeiten mit sensibilisierenden Stoffen
- TRGS 910, Risikobezogenes Maßnahmenkonzept für Tätigkeiten mit krebserzeugenden Gefahrstoffen

- **Merkblätter der Berufsgenossenschaften**
  - A 002 – Gefahrgutbeauftragte
  - A 004 – Sicherheitsbeauftragte in der chemischen Industrie
  - A 008 – Persönliche Schutzausrüstungen
  - A 008-1 – Chemikalienschutzhandschuhe
  - A 008-2 – Gehörschutz
  - A 010 – Betriebsanweisungen für Tätigkeiten mit Gefahrstoffen
  - A 013 – Beförderung gefährlicher Güter
  - A 014 – Gefahrgutbeförderung im PKW und in Kleintransportern

- ▸ A 016 – Gefährdungsbeurteilung
- ▸ A 023 – Hand- und Hautschutz
- ▸ M 004 – Reizende Stoffe / Ätzende Stoffe
- ▸ M 017 – Lösemittel
- ▸ M 044 – Polyurethan-Herstellung und Verarbeitung / Isocyanate
- ▸ M 050 – Tätigkeiten mit Gefahrstoffen
- ▸ M 053 – Arbeitsschutzmaßnahmen bei Tätigkeiten mit Gefahrstoffen
- ▸ M 060 – Gefahrstoffe mit GHS-Kennzeichnung
- ▸ M 062 – Lagerung von Gefahrstoffen
- ▸ T 053 – Brennbare Flüssigkeiten
- ▸ BGI/GUV-I 790-15 – Verwendung von reaktiven PUR-Schmelzklebstoffen bei der Verarbeitung von Holz, Papier und Leder

Europäisches Gemeinschaftsrecht

- **REACH-Verordnung** – Verordnung (EG) Nr. 1907/2006 des Europäischen Parlaments und des Rates vom 18. Dezember 2006 zur Registrierung, Zulassung und Beschränkung chemischer Stoffe (REACH), zur Schaffung einer Europäischen Agentur für chemische Stoffe, zur Änderung der RL 1999/45/EG und zur Aufhebung der Verordnung (EWG) Nr. 793/93 des Rates, der Verordnung (EG) Nr. 1488/94 der Kommission, der RL 76/769/EWG des Rates sowie der Richtlinien 91/155/EWG, 93/67/EWG, 93/105/EWG und 2000/21/EG der Kommission
- **GHS-Verordnung** – Verordnung (EG) Nr. 1272/2008 des Europäischen Parlaments und des Rates vom 16. Dezember 2008 über die Einstufung, Kennzeichnung und Verpackung von Stoffen und Gemischen, zur Änderung und Aufhebung der Richtlinien 67/548/EWG und 1999/45/EG und zur Änderung der Verordnung (EG) Nr. 1907/2006
- **ECHA-Gebührenverordnung REACH** – Verordnung (EG) Nr. 340/2008 der Kommission vom 16. April 2008 über die an die Europäische Chemikalienagentur zu entrichtenden Gebühren und Entgelte gemäß der Verordnung (EG) Nr. 1907/2006 des Europäischen Parlaments und des Rates zur Registrierung, Bewertung, Zulassung und Beschränkung chemischer Stoffe (REACH)
- **ECHA-Gebührenverordnung GHS** – Verordnung (EU) Nr. 440/2010 der Kommission vom 21. Mai 2010 über die an die Europäische Chemikalienagentur zu entrichtenden Gebühren gemäß der Verordnung (EG) Nr. 1272/2008 des Europäischen Parlaments und des Rates über die Einstufung, Kennzeichnung und Verpackung von Stoffen und Gemischen
- **Chemikalien-Prüfmethodenverordnung** Verordnung (EG) Nr. 440/2008 der Kommission vom 30. Mai 2008 zur Festlegung von Prüfmethoden gemäß der Verordnung (EG) Nr. 1907/2006 des Europäischen Parlaments und des Rates zur Registrierung, Bewertung, Zulassung und Beschränkung chemischer Stoffe (REACH)
- **Biozidverordnung** (EU) Nr. 528/2012 (…) über die Bereitstellung auf dem Markt und die Verwendung von Biozidprodukten
- **PIC-Verordnung** – Verordnung (EG) Nr. 649/2012 des Europäischen Parlaments und des Rates über die Aus- und Einfuhr gefährlicher Chemikalien
- **POP-Verordnung** – Verordnung (EG) Nr. 850/2004 des Europäischen Parlaments und des Rates vom 29. April 2004 über persistente organische Schadstoffe und zur Änderung der Richtlinie 79/117/EWG

Abfallrecht

Nationale Gesetze, Verordnungen und Verwaltungsvorschriften

- **Kreislaufwirtschafts- und Abfallgesetz** – (KrW-/AbfG) Gesetz zur Förderung der Kreislauf-wirtschaft und Sicherung der umweltverträglichen Beseitigung von Abfällen
- **Abfallbeauftragte** (AbfBetrBV) Verordnung über Betriebsbeauftragte für Abfall
- **Verpackungsverordnung** – (VerpackV) Verordnung über die Vermeidung und Verwertung von Verpackungsabfällen
- **Gewerbeabfallverordnung** – (GewAbfV) Verordnung über die Entsorgung von gewerblichen Siedlungsabfällen und von bestimmten Bau- und Abbruchabfällen
- **Gewinnungsabfallverordnung** (GewinnungsAbfV) Verordnung zur Umsetzung der Richtlinie 2006/21/EG des Europäischen Parlaments und des Rates vom 15. März 2006 über die Be-wirtschaftung von Abfällen aus der mineralgewinnenden Industrie und zur Änderung der Richtlinie 2004/35/EG
- **Nachweisverordnung** – (NachwV) – Verordnung über Verwertungs- und Beseitigungs-nachweise
- **Transportgenehmigungsverordnung** (TgV) – Verordnung zur Transportgenehmigung
- **Abfallverzeichnis-Verordnung** (AVV) Verordnung über das Europäische Abfallverzeichnis
- **Altholzverordnung** – (AltholzV) Verordnung über Anforderungen an die Verwertung und Be-seitigung von Altholz
- **Technische Regeln für Gefahrstoffe**
  - ▶ TRGS 520 Errichtung und Betrieb von Sammelstellen und zugehörigen Zwischenlagern für Kleinmengen gefährlicher Abfälle

Europäisches Gemeinschaftsrecht

- **Abfallrahmenrichtlinie** – Richtlinie 2008/98/EG des Europäischen Parlaments und des Rates vom 19. November 2008 über Abfälle und zur Aufhebung bestimmter Richtlinien
- **Abfallverzeichnis** – Entscheidung 2000/532/EG der Kommission vom 3. Mai 2000 zur Er-setzung der Entscheidung 94/3/EG über ein Abfallverzeichnis gemäß Artikel 1 Buchstabe a) der Richtlinie 75/442/EWG des Rates über Abfälle und der Entscheidung 94/904/EG des Rates über ein Verzeichnis gefährlicher Abfälle im Sinne von Artikel 1 Absatz 4 der Richtlinie 91/689/EWG über gefährliche Abfälle
- **Verpackungs-Richtlinie** Richtlinie 94/62/EG des Europäischen Parlaments und des Rates vom 20. Dezember 1994 über Verpackungen und Verpackungsabfälle

Immissionsschutzrecht

Nationale Gesetze, Verordnungen und Verwaltungsvorschriften

- **Bundes-Immissionsschutzgesetz** (BImSchG) Gesetz zum Schutz vor schädlichen Umwelteinwirkungen durch Luftverunreinigungen, Geräusche, Erschütterungen und ähnliche Vorgänge
- 1. BImSchV – Erste Verordnung zur Durchführung des Bundes-Immissionsschutzgesetzes (Verordnung über kleine und mittlere Feuerungsanlagen)
- 2. BImSchV – Zweite Verordnung zur Durchführung des Bundes-Immissionsschutzgesetzes, (Verordnung zur Emissionsbegrenzung von leichtflüchtigen halogenierten organischen Verbindungen)
- 4. BImSchV – Vierte Verordnung zur Durchführung des Bundes-Immissionsschutzgesetzes (Verordnung über genehmigungsbedürftige Anlagen)
- 5. BImSchV – Fünfte Verordnung zur Durchführung des Bundes-Immissionsschutzgesetzes (Verordnung über Immissionsschutz- und Störfallbeauftragte)
- 9. BImSchV – Neunte Verordnung zur Durchführung des Bundes-Immissionsschutzgesetzes (Verordnung über des Genehmigungsverfahrens).
- 11. BImSchV – Elfte Verordnung zur Durchführung des Bundes-Immissionsschutzgesetzes (Emissionserklärungsverordnung)
- 12. BImSchV – Zwölfte Verordnung zur Durchführung des Bundes-Immissionsschutzgesetzes (Störfallverordnung)
- 17. BImSchV – Siebzehnte Verordnung zur Durchführung des Bundes-Immissionsschutzgesetzes (Verordnung über Verbrennungsanlagen für Abfälle und ähnliche brennbare Stoffe)
- 31. BImSchV – Einunddreißigste Verordnung zur Durchführung des Bundes-Immissionsschutzgesetzes (Verordnung zur Begrenzung der Emissionen flüchtiger organischer Verbindungen bei der Verwendung organischer Lösemittel in bestimmten Anlagen)
- 39. BImSchV – Neununddreißigste Verordnung zur Durchführung des Bundes-Immissionsschutzgesetzes (Verordnung über Luftqualitätsstandards und Emissionshöchstmengen)
- **Lösemittelhaltige Farben- und Lack-Verordnung** – (ChemVOCFarbV) Chemikalienrechtliche Verordnung zur Begrenzung der Emissionen flüchtiger organischer Verbindungen (VOC) durch Beschränkung des Inverkehrbringens lösemittelhaltiger Farben und Lacke
- **TA Luft** – Technische Anleitung zur Reinhaltung der Luft – Erste Allgemeine Verwaltungsvorschrift zum Bundes-Immissionsschutzgesetz

Europäisches Gemeinschaftsrecht

- **Luftqualitätsrichtlinie** – Richtlinie 2008/50/EG des Europäischen Parlaments und des Rates vom 21. Mai 2008 über Luftqualität und saubere Luft für Europa
- **Industrieemissionen-Richtlinie** – Richtlinie 2010/75/EU des Europäischen Parlaments und des Rates vom 24. November 2010 über Industrieemissionen (integrierte Vermeidung und Verminderung der Umweltverschmutzung)
- **VOC-Emissionen, Farben und Lacke** – Richtlinie 2004/42/EG des Europäischen Parlaments und des Rates vom 21. April 2004 über die Begrenzung der Emissionen flüchtiger organischer Verbindungen aufgrund Verwendung organischer Lösemittel in bestimmten Farben und Lacken und in Produkten der Fahrzeugreparaturlackierung sowie zur Änderung der Richtlinie 1999/13/EG

- **Emissionshandelsrichtlinie** – Richtlinie 2003/87/EG des Europäischen Parlaments und des Rates vom 13. Oktober 2003 über ein System für den Handel mit Treibhausgasemissionszertifikaten in der Gemeinschaft und zur Änderung der Richtlinie 96/61/EG des Rates
- **PRTR-Verordnung** – Verordnung (EG) Nr. 166/2006 des Europäischen Parlaments und des Rates vom 18. Januar 2006 über die Schaffung eines Europäischen Schadstofffreisetzungs- und -verbringungsregisters und zur Änderung der Richtlinien 91/689/EWG und 96/61/EG des Rates
- **F-Gase-Verordnung** – Verordnung (EU) Nr. 517/2014 des Europäischen Parlaments und des Rates vom 16. April 2014 über fluorierte Treibhausgase und zur Aufhebung der Verordnung (EG) Nr. 842/2006

Wasserrecht

Nationale Gesetze, Verordnungen und Verwaltungsvorschriften

- **Wasserhaushaltsgesetz** (WHG) – Gesetz zur Ordnung des Wasserhaushalts
- **Abwasserabgabengesetz** (AbwAG) – Gesetz über Abgaben für das Einleiten von Abwasser in Gewässer
- **Wassergefährdende Stoffe** (VwVwS) – Allgemeine Verwaltungsvorschrift zum Wasserhaushaltsgesetz über die Einstufung wassergefährdender Stoffe in Wassergefährdungsklassen
- **Abwasserverordnung** (AbwV) – Verordnung über Anforderungen an das Einleiten von Abwasser in Gewässer
- Anhang 15 – Herstellung von Hautleim, Gelatine und Knochenleim
- Anhang 22 – Chemische Industrie

Europäisches Gemeinschaftsrecht

- **Wasser-Rahmenrichtlinie** Richtlinie 2000/60/EG des Europäischen Parlaments und des Rates vom 23. Oktober 2000 zur Schaffung eines Ordnungsrahmens für Maßnahmen der Gemeinschaft im Bereich der Wasserpolitik
- **Ableitung gefährlicher Stoffe** – Richtlinie 2006/11/EG des Europäischen Parlaments und des Rates vom 15. Februar 2006 betreffend die Verschmutzung infolge der Ableitung bestimmter gefährlicher Stoffe in die Gewässer der Gemeinschaft
- **Industrieemissionen-Richtlinie** – Richtlinie 2010/75/EU des Europäischen Parlaments und des Rates vom 24. November 2010 über Industrieemissionen (integrierte Vermeidung und Verminderung der Umweltverschmutzung)

Produktsicherheitsrecht

Nationale Gesetze, Verordnungen und Verwaltungsvorschriften

- **Produktsicherheitsgesetz** (ProdSG) – Gesetz über die Bereitstellung von Produkten auf dem Markt
- **Verordnung über die Sicherheit von Spielzeug** (2. ProdSV) – Zweite Verordnung zum Produktsicherheitsgesetz
- **Betriebssicherheitsverordnung** (BetrSichV) – Verordnung über Sicherheit und Gesundheitsschutz bei der Verwendung von Arbeitsmitteln
- **Produkthaftungsgesetz** (ProdHaftG) – Gesetz über die Haftung für fehlerhafte Produkte
- **Arbeitsstättenverordnung** (ArbStättV) – Verordnung über Arbeitsstätten
- **Technische Regeln für brennbare Flüssigkeiten** (TRbF)
  - ‣ TRbF 20 Läger
- Richtlinie zur Bemessung von Löschwasser-Rückhalteanlagen beim Lagern wassergefährdender Stoffe (LöRüRL)

Europäisches Gemeinschaftsrecht

- Richtlinie 2001/95/EG des Europäischen Parlaments und des Rates über die allgemeine Produktsicherheit
- Verordnung (EU) 2016/426 des Europäischen Parlaments und des Rates über Geräte zur Verbrennung gasförmiger Brennstoffe und zur Aufhebung der Richtlinie 2009/142/EG
- Verordnung (EU) 2016/425 des Europäischen Parlaments und des Rates über persönliche Schutzausrüstungen und zur Aufhebung der Richtlinie 89/686/EWG des Rates

Gefahrgut-Transportrecht

Nationale Gesetze, Verordnungen und Verwaltungsvorschriften

- **Gefahrgutbeförderungsgesetz** (GGbefG) – Gesetz über die Beförderung gefährlicher Güter
- **Gefahrgutverordnung See** (GGVSee) – Verordnung über die Beförderung gefährlicher Güter mit Seeschiffen
- **Gefahrgut-Kostenverordnung** (GGKostV) – Kostenverordnung für Maßnahmen bei der Beförderung gefährlicher Güter
- **Gefahrgutbeauftragtenverordnung** (GbV) – Verordnung über die Bestellung von Gefahrgutbeauftragten und die Schulung der beauftragten Personen in Unternehmen und Betrieben
- **Gefahrgutverordnung Straße, Eisenbahn und Binnenschifffahrt** – (GGVSEB) Verordnung über die innerstaatliche und grenzüberschreitende Beförderung gefährlicher Güter auf der Straße, mit Eisenbahnen und auf Binnengewässern
- **Gefahrgut-Ausnahmeverordnung** (GGAV) – Verordnung über Ausnahmen von den Vorschriften über die Beförderung gefährlicher Güter

Europäisches Gemeinschaftsrecht

- Verordnung (EG) Nr. 2099/2002 des Europäischen Parlaments und des Rates vom 5. November 2002 zur Einsetzung eines Ausschusses für die Sicherheit im Seeverkehr und die Vermeidung von Umweltverschmutzung durch Schiffe (COSS) sowie zur Änderung der Verordnungen über die Sicherheit im Seeverkehr und die Vermeidung von Umweltverschmutzung durch Schiffe
- Richtlinie 2008/68/EG des Europäischen Parlaments und des Rates vom 24. September 2008 über die Beförderung gefährlicher Güter im Binnenland

Internationale Übereinkommen

- **GHS** – Globally Harmonized System of Classification and Labelling of Chemicals
- **ADR** – Gesetz – Europäisches Übereinkommen über die internationale Beförderung gefährlicher Güter auf der Straße
- **ADN** – Gesetz – Europäisches Übereinkommen über die Beförderung gefährlicher Güter auf Binnenwasserstraßen
- **RID** – Ordnung für die internationale Eisenbahnbeförderung gefährlicher Güter

Sonstige Rechtsbereiche

- Bauproduktenverordnung – Die Verordnung (EU) Nr. 305/2011 des Europäischen Parlaments und des Rates vom 9. März 2011 zur Festlegung harmonisierter Bedingungen für die Vermarktung von Bauprodukten (EU-BauPVO)
- Lebensmittel-, Bedarfsgegenstände- und Futtermittelgesetzbuch (Lebensmittel- und Futtermittelgesetzbuch – LFGB)
- Gesetz über die Umwelthaftung (UmweltHG)
- Strafgesetzbuch (StGB) – Neunundzwanzigster Abschnitt. Straftaten gegen die Umwelt
- Gesetz zur Regelung des Rechts der Allgemeinen Geschäftsbedingungen (AGB-Gesetz)
- Bürgerliches Gesetzbuch (BGB)
- Handelsgesetzbuch (HGB)
- Gesetz über das Mess- und Eichwesen (Eichgesetz)
- Verordnung über Fertigpackungen (Fertigpackungsverordnung – FertigPackV)
- Gesetz gegen Wettbewerbsbeschränkungen
- Warenzeichengesetz (WZG)
- Gesetz gegen den unlauteren Wettbewerb (UWG)

STATISTISCHE ÜBERSICHTEN

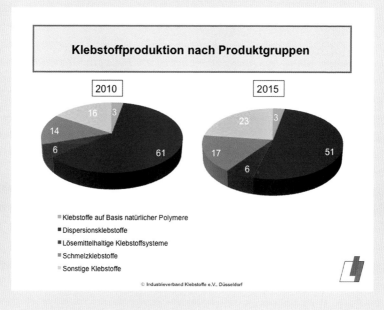

Produktion Klebstoffsysteme 2015
- Klebstoffe – Dichtstoffe – zementäre Bauklebstoffe – Klebebänder -

> ➤ Klebstoffe   820.000 t
> ➤ Dichtstoffe   171.000 t
> ➤ zementäre Bauklebstoffe   402.000 t
>   Gesamtproduktion   1.393.000 t
>
> ➤ Klebebänder   1.034 Mio. m²

Quelle: IVK

© Industrieverband Klebstoffe e.V., Düsseldorf

Klebstoff Importe und Exporte

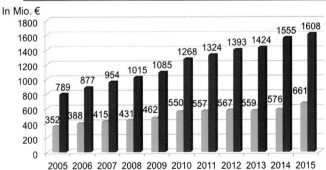

In Mio. €

Import: +15 %
Export: +3 %

Quelle: Statist. Bundesamt   © Industrieverband Klebstoffe e.V., Düsseldorf

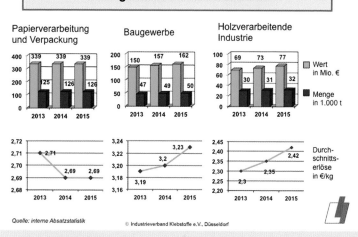

Marktentwicklung der Klebstoffe in ausgewählten Absatzsektoren

Quelle: interne Absatzstatistik   © Industrieverband Klebstoffe e.V., Düsseldorf

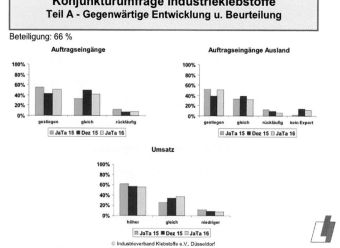

Konjunkturumfrage Industrieklebstoffe
Teil A - Gegenwärtige Entwicklung u. Beurteilung

Beteiligung: 66 %

© Industrieverband Klebstoffe e.V., Düsseldorf

Konjunkturumfrage Industrieklebstoffe
Teil B - Erwartungen und Pläne

Beteiligung: 66 %

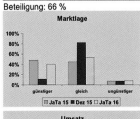

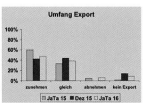

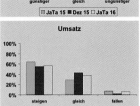

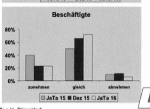

© Industrieverband Klebstoffe e.V., Düsseldorf

Rohstoffpreisentwicklung

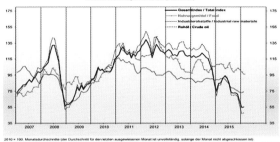

- ➤ HWWI-Rohstoffpreisindex steigt im März stark
- ➤ Preise für Rohöl erhöhten sich um über 20%
- ➤ Gesamtindex in Dollar-Notierung steigt im Monatsvergleich um +14,5%

Quelle: hwwi-rohindex.de, 05.04.2016

© Industrieverband Klebstoffe e.V., Düsseldorf

Industrieproduktion

Länder	2014	2015	2016 Prognose	2017 Prognose
USA	2,4	2,4	2,3	2,8
Mexico	2,1	2,5	2,2	2,5
Japan	-0,1	0,5	0,8	0,6
China	7,3	6,9	6,3	6,3
Korea	3,3	2,6	2,6	3,1
EMU	0,9	1,5	1,6	1,8
Deutschland	1,6	1,4	1,9	2,0
Frankreich	0,2	1,1	1,3	1,4
Italien	-0,4	0,6	0,9	1,0
Spanien	1,4	3,2	2,7	2,4
UK	2,9	2,2	2,3	2,5
Türkei	2,9	3,3	3,1	3,6

➤ Industrieproduktion in China rückläufig
➤ Eurozone mit verhaltenem Wachstum
➤ Russland und Brasilien weiterhin in Rezension

Quelle: IHS Research, 18.10.2015
© Industrieverband Klebstoffe e.V., Düsseldorf

Branchenentwicklungen

Entwicklung ausgewählter Branchen in Deutschland
(%-Veränderung zum Vorjahr)

%		2014	2015	Prognose 2016
Verarbeitendes Gewerbe	100.0%	2.26	0.86	1.23
Transportmittel	23.6%	3.93	2.78	2.14
Lebensmittel, Getränke & Tabak	10.6%	0.14	-0.99	0.81
Papier (inkl. Druck)	3.0%	-0.12	-0.44	0.58
Metalle & Metall-Produkte	11.6%	1.89	-0.41	1.01
Maschinen & Anlagen	13.2%	1.71	1.03	-0.74
Elektrische & Optische Anlagen	9.0%	0.83	1.35	2.08
Chemie	8.3%	1.78	0.88	1.39
Holz (ohne Möbel)	1.1%	-1.47	-1.40	-0.35
Bauhauptgewerbe	--	2.69	-0.74	5.02

Quellen: Stat. Bundesamt Jahrbuch 2015, IHS:

© Industrieverband Klebstoffe e.V., Düsseldorf

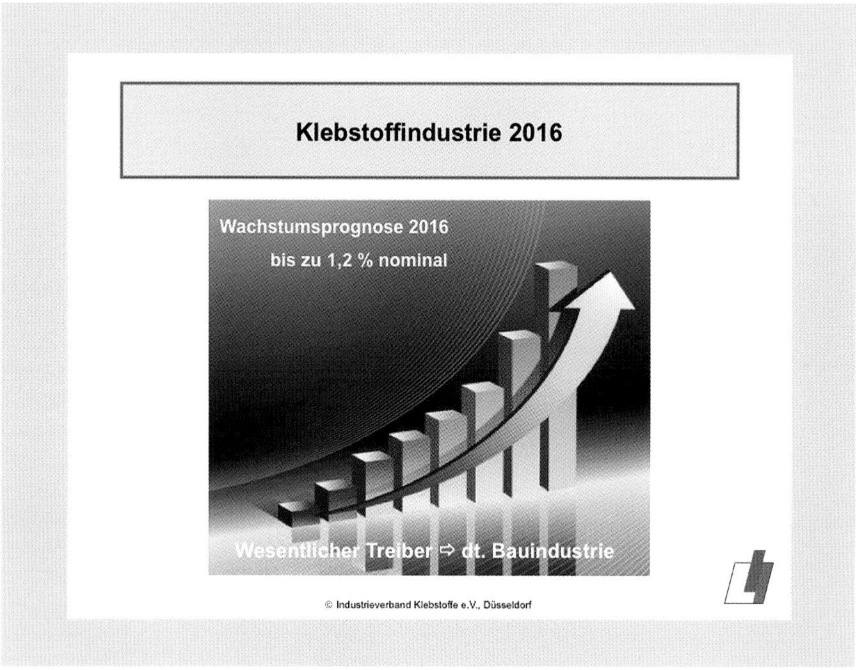
Klebstoffindustrie 2016
Wachstumsprognose 2016
bis zu 1,2 % nominal
Wesentlicher Treiber ⇨ dt. Bauindustrie
© Industrieverband Klebstoffe e.V., Düsseldorf

NORMEN

Klebstoff-Normen (Stand: Juni 2016)

Anfang der 50er-Jahre wurde in Deutschland mit der Klebstoffnormung auf nationaler Ebene begonnen und diese Arbeit in der Folgezeit mit der Ausgabe einer Terminologie-Norm und weiterer Normen auf einigen Fachgebieten (Holz-, Schuh- und Bodenbelagklebstoffe) fortgeführt. Die in dieser Zeit vom „DEUTSCHEN INSTITUT FÜR NORMUNG" (DIN) ausgegebenen DIN-Normen besitzen, soweit sie nicht zurückgezogen oder durch Europäische Normen ersetzt wurden, weiterhin nationale Geltung. Am 23. Januar 2013 wurde im Hause des DIN der neue Arbeitsausschuss „Klebstoffe; Prüfverfahren und Anforderungen" gegründet, der zukünftig als Dachgremium für die mit Klebstoffen befassten Arbeitsausschüsse des DIN fungieren soll. Der Grund dafür ist, dass der Großteil der benötigten Normen inzwischen als DIN EN-Normen vorliegt und nationale Arbeitsausschüsse daher ruhend gesetzt wurden. Dies hatte zur Folge, dass in den Fällen, in denen auf europäischer Ebene eine Überarbeitung beschlossen wurde, auf nationaler Ebene kein aktives Spiegelgremium vorhanden und damit keine Beteiligungsmöglichkeit vorhanden war. Die Gründung des Arbeitsausschusses „Klebstoffe; Prüfverfahren und Anforderungen" markiert damit einen Meilenstein bei der Umorganisation der Klebstoffausschüsse des DIN. Es ist nun möglich, relativ schnell neue untergeordnete Ausschüsse auszugründen und so schneller als bisher auf neue Anforderungen reagieren. Dadurch und durch die Einbeziehung der anderen mit Klebstoffen befassten Ausschüsse des DIN sieht sich der NMP (Normenausschuss Materialprüfung) gut gerüstet für die Zukunft.

Im Jahre 1961 wurde das „COMITÉ EUROPÉEN DE NORMALISATION" (CEN) gegründet. In der Folgezeit bildete das CEN mehrere technische Gremien (Technisches Komitee 52 „Sicherheit von Spielzeug", Technisches Komitee 67 „Klebstoffe für Fliesen", Technisches Komitee 193 „Klebstoffe", Technisches Komitee 253 „Selbstklebbänder", Technisches Komitee 261 „Verpackung" und Technisches Komitee 264 „Qualität Innenluft") zur Erstellung und Betreuung von Normen für das Klebstoffgebiet. Damit bot sich erstmals die Möglichkeit, für Klebstoffhersteller und -verbraucher ein eigenes, umfassendes, in sich geschlossenes, europaweit geltendes Normenwerk zu schaffen mit der Möglichkeit, die eigenen wirtschaftlichen und technischen Interessen besser wahrnehmen zu können. Verträge des CEN mit der „INTERNATIONAL ORGANIZATION FOR STANDARDIZATION" (ISO) erlauben eine Übernahme von weltweit geltenden ISO-Normen als Europäische Normen sowie eine gemeinsame Erarbeitung und Ausgabe von Normen.

Europäische Normen werden grundsätzlich in den drei offiziellen Sprachen der EU (Deutsch, Englisch und Französisch) technisch konform publiziert. Die Europäische Normung dient der Erleichterung des Handelsverkehrs in der EU durch Abbau von Handelshemmnissen im Rahmen der der Bemühungen um eine technische Harmonisierung. Die Europäische Normung erfährt die Unterstützung und Förderung des Industrieverbandes Klebstoffe e. V. Europäische Normen (EN) sind im Gegensatz zu allen anderen Normen, einschließlich internationaler ISO-Normen, in Europa rechtsverbindlich. Sowohl der Europäische Gerichtshof als auch die nationalen Gerichte in der EU sind gehalten, bei ihrer Rechtsprechung Europäische Normen zu Grunde zu legen.

Die aufgeführten Normen sind geordnet nach Fachgebieten:
▶ Terminologie, Allgemeine physikalische und chemische Prüfverfahren
▶ Strukturklebstoffe

- Klebstoffe für Papier, Pappe, Verpackung, Hygieneprodukte
- Bauklebstoffe
- Klebstoffe für Leder und Schuhwerkstoffe
- Klebstoffe für thermoplastische Rohrsysteme
- Klebstoffe für Holz und abgeleitete Nutzholzprodukte
- Mörtel und Klebstoffe für Fliesen und Platten
- Klebebänder
- Haushalt, Hobby- und Büro
- Qualität Innenluft

Bezugsquelle für alle genannten Normen ist der Beuth-Verlag, Berlin (http://www.beuth.de)

Vom DIN ausgegebene Normen, die nur die Bezeichnung „DIN …" tragen, besitzen ausschließlich nationale Geltung. Bei Normen mit der Bezeichnung „DIN EN ....." handelt es sich um Europäische Normen, die DIN als Mitgliedsorganisation des CEN übernommen und in deutscher Fassung veröffentlicht hat. Soweit diese mit den weltweit geltenden Normen der ISO inhaltsgleich sind, sind sie unter der Bezeichnung „DIN EN ISO …" aufgeführt. Änderungen bzw. Ergänzungen von aufgeführten Normen, beginnend mit A (AC oder A …) und nachgestellten Ausgabedatum sind der Bezeichnung der entsprechenden Norm nachgestellt.

Erarbeitet wurden die für das Klebstoffgebiet aufgeführten Europäischen Normen von den Technischen Komitees 52, 67, 193, 261 und 264 des CEN (in den untenstehenden Verzeichnissen den Überschriften in Klammern nachgestellt). Angaben über neu ausgegebene Europäischen Normen sowie über Titel und Bearbeitungsstand von Normvorhaben und über Europäische Normen, die sich in ihrer obligatorischen 5-Jahresüberprüfung befinden, können den von obigen Gremien im Internet unter http://standards.cen.eu/dyn/www/f?p=204:105:0 publizierten, aktuellen Verzeichnissen/„Published Standards" bzw./„Standards under development" entnommen werden.

Terminologie, Allg. physik. und chem. Prüfverfahren (CEN/TC 193/WG 1)

Europäische Normen
DIN EN 542:2003
„Klebstoffe – Bestimmung der Dichte"

DIN EN 543:2003
„Klebstoffe – Bestimmung der Schüttdichte von Pulver- und Granulat-Klebstoffen"

DIN EN 923:2016
„Klebstoffe – Benennungen und Definitionen"

DIN EN 1067:2006
„Klebstoffe – Untersuchung und Vorbereitung von Proben zur Prüfung"

DIN EN 1238:2011
„Klebstoffe – Bestimmung des Erweichungspunktes thermoplastischer Klebstoffe
(Ring und Kugel)"

DIN EN 1239:2011
„Klebstoffe – Bestimmung der Gefrier-Auftau-Stabilität"

DIN EN 1240:2011
„Klebstoffe – Bestimmung der Hydroxilzahl und/oder des Hydroxilgehaltes"

DIN EN 1241:1998
„Klebstoffe – Bestimmung der Säurezahl"

DIN EN 1242:2013
„Klebstoffe – Bestimmung des Isocyanatgehaltes"

DIN EN 1243:2011
„Klebstoffe – Bestimmung des freien Formaldehydgehaltes in Amino- und Amido-Formaldehyd-
Kondensaten"

DIN EN 1244:1998
„Klebstoffe – Bestimmung der Farbe und/oder Farbänderung von Klebaufstrichen unter Licht-
einwirkung"

DIN EN 1245:2011
„Klebstoffe – Bestimmung des pH-Wertes – Prüfverfahren"

DIN EN 1246:1998
„Klebstoffe – Bestimmung des Aschegehaltes und des Sulfat-Aschegehaltes"

DIN EN 12962:2011
„Klebstoffe – Bestimmung des elastischen Verhaltens flüssiger Klebstoffe („Elastizitätindex")"

DIN EN 12963:2001
„Klebstoffe – Bestimmung des freien Monomergehaltes in Klebstoffen auf Basis synthetischer
Polymere"

DIN EN 13999
„Klebstoffe – Kurzzeitverfahren zum Messen der Emissionseigenschaften von lösemittelarmen
oder lösemittelfreien Klebstoffen nach der Applikation"
Teil 1:2014 „Allgemeines Verfahren"
Teil 2:2014 „Bestimmung flüchtiger organischer Verbindungen"
Teil 3:2009 „Bestimmung flüchtiger Aldehyde"
Teil 4:2009 „Bestimmung flüchtiger Diisocyanate"

Internationale Normen
DIN EN ISO 9665:2000
„Klebstoffe – Tierische Leime – Verfahren für Probenahme und Prüfung"

DIN EN ISO 10363:1995
„Schmelzklebstoffe – Bestimmung der thermischen Beständigkeit"

DIN EN ISO 14678:2005
„Bestimmung des Widerstandes gegen Fließen"

DIN EN ISO 15605:2004
„Klebstoffe – Probenahme"

ISO 9665:1998
„Klebstoffe – Tierische Leime – Verfahren für Probenahme und Prüfung"

ISO 10363:1992
„Schmelzklebstoffe; Bestimmung der thermischen Stabilität"

ISO 14615:1997
„Klebstoffe – Haltbarkeit von hochbelastbaren Klebstoffverbindungen – Lagerung in Feuchte und Temperatur unter Belastung"

ISO 14676:1997
„Klebstoffe – Beurteilung von Oberflächenbehandlungstechniken für Aluminium – Nassschälprüfung nach dem Rollen-Schälverfahren"

ISO 14678:2005
„Klebstoffe – Bestimmung des Widerstandes gegen Fließen (Sagging)"

ISO 14679:1997
„Klebstoffe – Messung von Adhäsionsmerkmalen nach dem Dreipunkt-Biegeverfahren"

ISO 15107:1998
„Klebstoffe – Bestimmung der Spaltfestigkeit von geklebten Fügeverbindungen"

ISO 15108:1998
„Klebstoffe – Bestimmung der Festigkeit von geklebten Fügeverbindungen unter Anwendung eines Biege-Scher-Verfahrens"

ISO 15166-1:1998
„Klebstoffe – Verfahren zur Herstellung von großen Proben – Teil 1:Zweikomponenten-Systeme"

ISO 15166-2:2000
„Klebstoffe – Verfahren zur Herstellung von großen Proben – Teil 2:Aushärten von Einkomponenten-Systemen durch erhöhte Temperatur"

ISO 15509:2001
„Klebstoffe – Bestimmung der Klebefestigkeit von Klebeverbindungen aus technischem Kunststoff"

ISO 15605:2000
„Klebstoffe – Probenahme"

ISO 16525
„Klebstoffe – Prüfverfahren für isotrop elektrisch leitende Klebstoffe"
Teil 1:2014 „Allgemeine Prüfverfahren"
Teil 2:2014 „Bestimmung der elektrischen Eigenschaften"
Teil 3:2014 „Bestimmung der Wärmeabfuhreigenschaften"
Teil 4:2014 „Scherfestigkeit und elektrischer Widerstand von fest verbundenen Formstücken"
Teil 5:2014 „Scherzug-Schwingfestigkeitsprüfung"
Teil 6:2014 „Pendelschlagprüfung"
Teil 7:2014 „Umwelt-Prüfverfahren"
Teil 8:2014 „Elektrochemische Migrations-Prüfverfahren"
Teil 9:2014 „High-Speed Signalübertragungseigenschaften von Klebstoffen für elektronische Formstücke"

ISO 19095
„Kunststoffe – Bewertung des Adhäsionsverhaltens an der Schnittstelle in Kunststoff-Metall-Baugruppen"
Teil 1:2015 „Richtlinien für die Methode"
Teil 2:2015 „Probekörper"
Teil 3:2015 „Prüfverfahren"
Teil 4:2015 „Umweltbedingungen für Langlebigkeit"

ISO 19212:2006
„Klebstoffe – Bestimmung der Temperaturabhängigkeit für die Scherfestigkeit"

ISO 21368:2005
„Klebstoffe – Richtlinie für die Herstellung von vernetzten Klebstrukturen und Berichtsverfahren für die Risikobewertung"

ISO 25179:2010
„Klebstoffe – Bestimmung der Löslichkeit von wasserlöslichen oder alkalilöslichen Haftklebstoffen"

ISO/DIS 25179:2015
„Klebstoffe – Bestimmung der Löslichkeit von wasserlöslichen oder alkalilöslichen Haftklebstoffen"

Strukturklebstoffe
(CEN/TC193/WG2)

Deutsche Normen
DIN 53287:2006
"Prüfung von Metallklebstoffen und Metallklebungen – Bestimmung der Beständigkeit gegenüber Flüssigkeiten"

DIN 53290:1982
„Prüfung von Kernverbunden; Begriffe"

DIN 54455:1984 (Normentwurf:2016)
„Prüfung von Metallklebstoffen und Metallklebungen – Torsionsscher-Versuch"

DIN 54456:2006
„Prüfung von konstruktiven Klebungen – Klimabeständigkeitsversuch"

DIN 54457:2014
„Strukturklebstoffe – Prüfung von Klebverbindungen – Raupenschälprüfung"

DIN 54458:2013
„Strukturklebstoffe – Bestimmung des Fließ- und Applikationsverhaltens von viskoelastischen Klebstoffen mit Hilfe der Oszillationsrheometrie"

DIN 54459:2011
„Strukturklebstoffe – Prüfung von Klebverbindungen – Herstellung von Zugscherproben aus bandbeschichteten Feinblechen"

DIN 54461:2005
„Strukturklebstoffe – Prüfung von Klebverbindungen – Biegeschälversuch"

Europäische Normen
DIN EN 828:2013
„Klebstoffe – Benetzbarkeit – Bestimmung durch Messung des Kontaktwinkels und der kritischen Oberflächenspannung fester Oberflächen"

DIN EN 1965
„Strukturklebstoffe – Korrosion"
Teil 1:2011 „Bestimmung der Klassifikation und der Korrosion eines Kupfermaterials"
Teil 2:2011 „Bestimmung der Klassifikation und der Korrosion eines Messingmaterials"

DIN EN 1966:2009
„Strukturklebstoffe – Charakterisierung einer Oberfläche durch Messung der Adhäsion nach dem Drei-Punkt-Biegeverfahren"

DIN EN 12701:2001
„Strukturklebstoffe – Lagerung – Bestimmung von Begriffen zur Zeitspanne der Verarbeitbarkeit von Strukturklebstoffen und verwandten Materialien"

DIN EN 13887:2003
„Strukturklebstoffe – Leitlinien für die Oberflächenvorbehandlung von Metallen und Kunststoffen vor dem Kleben"

DIN EN 14258:2005
„Strukturklebstoffe – Mechanisches Verhalten von Klebverbindungen bei kurzzeitiger oder langzeitiger Beanspruchung bei festgelegter Temperatur"

DIN EN 14444:2006
„Strukturklebstoffe – Qualitative Bestimmung der Beständigkeit geklebter Baugruppen – Keilberstprüfung"

DIN EN 14869
„Strukturklebstoffe – Bestimmung des Scherverhaltens von strukturellen Klebungen"
Teil 2:2011 „Scherprüfung für dicke Fügeteile"

DIN EN 15190:2007
„Strukturklebstoffe – Prüfverfahren zur Bewertung der Langzeitbeständigkeit geklebter metallischer Strukturen"

DIN EN 15274:2015
„Klebstoffe für allgemeine Anwendungen in strukturellen Klebverbunden – Anforderungen und Prüfverfahren "

DIN EN 15275:2015
„Strukturklebstoffe – Charakterisierung anaerober Klebstoffe für koaxiale Metallverbindungen im Bauwesen"

DIN EN 15336:2007
„Klebstoffe – Bestimmung der Zeit bis zum Bruch geklebter Fügeverbindungen unter statischer Belastung"

DIN EN 15337:2007
„Klebstoffe – Bestimmung der Scherfestigkeit von anaeroben Klebstoffen unter Verwendung von Bolzen-Hülse-Probekörpern"

DIN EN 15865:2009
„Klebstoffe – Bestimmung der Drehfestigkeit von anaeroben Klebstoffen auf geklebten Gewinden"

DIN EN 15870:2009
„Klebstoffe – Bestimmung der Zugfestigkeit von Stumpfklebungen"

DIN EN 28510
„Klebstoffe – Schälprüfung für flexibel/starr geklebte Proben"
Teil 1:2014 „90°-Schälversuch"

Internationale Normen
DIN EN ISO 8510:2010
„Klebstoffe – Schälprüfung für flexibel/starr geklebte Proben – Teil 2:180-Grad-Schälversuch"

DIN EN ISO 9142:2004
„Klebstoffe – Auswahlrichtlinien für Labor-Alterungsbedingungen zur Prüfung von Klebverbindungen"

DIN EN ISO 9653:2000
„Klebstoffe – Prüfverfahren für die Scherschlagfestigkeit von Klebungen"

DIN EN ISO 9664:1995
„Klebstoffe – Verfahren zur Prüfung der Ermüdungseigenschaften von Strukturklebungen bei Zugscherbeanspruchung"

DIN EN ISO 10365:1995
„Klebstoffe – Bezeichnung der wichtigsten Bruchbilder"

DIN EN ISO 11339:2010
„Klebstoffe – T-Schälprüfung für geklebte Verbindungen aus flexiblen Fügeteilen"

DIN EN ISO 11343:2005
„Klebstoffe – Bestimmung des dynamischen Keil-Schlag-Widerstandes von hochfesten Klebungen unter Schlagbelastung – Keil-Schlag-Verfahren"

DIN EN ISO 13445:2006
„Strukturklebstoffe – Bestimmung der Scherfestigkeit von Klebungen starrer Werkstoffe nach dem Block-Scher-Verfahren"

ISO 4578:1997
„Klebstoffe – Bestimmung des Schälwiderstandes von hochfesten Klebeverbindungen – Rollen-Schälverfahren"

ISO 4587:2003
„Klebstoffe – Bestimmung der Zugscherfestigkeit hochfester Überlappungsklebungen"

ISO 8510-2:2006
„Klebstoffe – Adhäsionsverfahren – Teil 2:180°-Schältest"

ISO 9142:2003
„Klebstoffe – Richtlinie zur Auswahl von Labor-Alterungsbedingungen zur Prüfung von Klebverbindungen"

ISO 9653:1998
„Klebstoffe – Prüfverfahren für die Scherschlagfestigkeit von Klebungen"

ISO 9664:1993
„Klebstoffe; Prüfverfahren für Ermüdungseigenschaften von Struktur-Klebstoffen in Zugspannung"

ISO 10123:2013
„Klebstoffe; Bestimmung der Scherfestigkeit von anaeroben Klebstoffen unter Verwendung von Nadel- und Ringprobekörpern"

ISO 10354:1992
„Klebstoffe; Charakterisierung der Haltbarkeit von geklebten Oberflächen; Keilberstprüfung"

ISO 10364:2015
„Strukturklebstoffe – Bestimmung der Topfzeit (Brauchbarkeit) von Vielstoff-Klebstoffen"

ISO 10365:1992
„Klebstoffe; Bestimmung der Hauptbruchproben"

ISO 10964:1993
„Klebstoffe; Bestimmung der Drehmomentfestigkeit von anaerobischen Klebstoffen an Gewindeteilen"

ISO 11003:2001
„Klebstoffe – Bestimmung des Scherverhaltens von Strukturklebstoffen"
Teil 1: „Torsionsprüfverfahren unter Verwendung stumpfgeklebter Hohlzylinder"
Teil 2: „Scherprüfverfahren für dicke Fügeteile"

ISO 11339:2010
„Klebstoffe – T-Schälprüfung für geklebte Verbindungen aus flexiblen Fügeteilen"

ISO 11343:2003
„Klebstoffe – Bestimmung des dynamischen Spaltwiderstandes von hochfesten Klebeverbindungen – Schlagkeilverfahren"

ISO 13445:2003
„Klebstoffe – Bestimmung der Scherkraft von Klebeverbindungen harter Materialien durch das Block-Scher-Verfahren"

ISO 15109:1998
„Klebstoffe – Bestimmung der Zeit bis zum Bruch von geklebten Fügeverbindungen unter statischer Belastung"

ISO 17194:2007
„Strukturklebstoffe – Eine standardmäßige Datenbasis von Eigenschaften"

ISO 17212:2012
„Strukturklebstoffe – Leitfaden für die Behandlung von Metall- und Kunststoffoberflächen vor dem Kleben"

Klebstoffe für Papier, Pappe, Verpackung, Hygieneprodukte (CEN/TC 193/WG3)

Europäische Normen
DIN EN 1719:1998
„Klebstoffe für Papier, Verpackung und Hygieneprodukte – Messung der Oberflächenklebrigkeit von Haftklebstoffen – Bestimmung nach der Schlaufenmethode"

DIN EN 1720:1998
„Klebstoffe für Papier, Verpackung und Hygieneprodukte – Bestimmung der Dispergierbarkeit"

DIN EN 1721:1998
„Klebstoffe für Papier, Verpackung und Hygieneprodukte – Messung der Oberflächenklebrigkeit von Haftklebstoffen – Bestimmung nach der Methode der „Rollenden Kugel"

DIN EN 1895:2002 / Berichtigung 1:2007
„Klebstoffe für Papier, Verpackung und Hygieneprodukte – „T"-Schälprüfung für flexibel/flexibel geklebte Proben"

DIN EN 1896:2001
„Klebstoffe für Papier, Verpackung, und Hygieneprodukte – Bestimmung der Zugfestigkeit und der Dehnung"

DIN EN 12702:2000
„Klebstoffe für Papier, Verpackung und Hygieneprodukte – Blockverhalten von klebfähigen Schichten"

DIN EN 12703:2015
„Klebstoffe für Papier, Verpackung und Hygieneprodukte – Bestimmung des Kaltbruchverhaltens oder der Kaltbruchtemperatur"

DIN EN 12704:2015
„Klebstoffe für Papier, Verpackung und Hygieneprodukte – Bestimmung der Schaumbildung von wässrigen Klebstoffen"

DIN EN 12960:2001 / Berichtigung 1:2007
„Klebstoffe für Papier, Pappe, Verpackung, Hygieneprodukte – Bestimmung des Scherwiderstandes"

DIN EN 14713:2015
„Klebstoffe für Papier, Pappe, Verpackung, Hygieneprodukte – Bestimmung des Reibungsverhaltens potentiell klebefähiger Schichten"

Bauklebstoffe (CEN/TC 193/WG4)

Europäische Normen
DIN EN 1372:2015
„Klebstoffe – Prüfverfahren für Klebstoffe für Boden- und Wandbeläge – Schälversuch"

DIN EN 1373:2015
„Klebstoffe – Prüfverfahren für Klebstoffe für Boden- und Wandbeläge – Scherversuch"

DIN EN 1841:1999
„Klebstoffe – Prüfverfahren für Klebstoffe für Boden- und Wandbeläge – Bestimmung der Maßänderung eines Linoleumbodenbelages im Kontakt mit einem Klebstoff"

DIN EN 1902:2015
„Klebstoffe – Prüfungsverfahren für Klebstoffe für Boden- und Wandbeläge – Zeitstand-Scherversuch"

DIN EN 1903:2015
„Klebstoffe – Prüfverfahren für Klebstoffe für Boden- und Wandbeläge aus Kunststoff und Gummi – Maßänderungen nach beschleunigter Alterung"

DIN EN 1937:1999
„Prüfverfahren für hydraulisch erhärtende Boden-Spachtelmassen – Standardmischverfahren"

DIN EN 12706:1999
„Prüfverfahren für hydraulisch erhärtende Boden-Spachtelmassen – Bestimmung des Fließverhaltens"

DIN EN 13408:2002
„Verfahren zur Prüfung hydraulisch erhärtender Boden-Spachtelmassen – Bestimmung der Klebfestigkeit"

DIN EN 13409:2002
„Verfahren zur Prüfung hydraulisch erhärtender Boden-Spachtelmassen – Bestimmung der Erstarrungszeit"

DIN EN 13872:2004 Berichtigung 1
„Verfahren zur Prüfung hydraulisch erhärtender Boden-Spachtelmassen – Bestimmung der Schrumpfung"

DIN EN 14259:2004
„Klebstoffe für Bodenbeläge – Anforderungen an das mechanische und elektrische Verhalten"

DIN EN 14293:2006
„Klebstoffe – Klebstoffe für das Kleben von Parkett auf einen Untergrund – Prüfverfahren und Mindestanforderungen"

Internationale Normen
ISO 17178:2013
„Klebstoffe – Klebstoffe für das Kleben von Parkett auf einen Untergrund – Prüfverfahren und Mindestanforderungen"

DIN ISO 17178:(Normentwurf 2014)
„Klebstoffe – Klebstoffe für das Kleben von Parkett auf einen Untergrund – Prüfverfahren und Mindestanforderungen"

Klebstoffe für Leder und Schuhwerkstoffe (CEN/TC 193/WG5)

Europäische Normen
DIN EN 12705:2011
„Klebstoffe für Leder und Schuhwerkstoffe – Bestimmung der Farbänderung weißer oder hellfarbiger Lederoberflächen durch Migration"

DIN EN 12961:2001
„Klebstoffe für Leder und Schuhwerkstoffe – Lösemittel- und Dispersionsklebstoffe – Bestimmung der optimalen Aktiviertemperatur und der maximalen Dauer der Aktivierbarkeit"

DIN EN 12964:2001
„Klebstoffe für Leder und Schuhwerkstoffe – Zwickklebstoffe – Prüfung der Wärmebeständigkeit von Klebungen bei steigender Temperatur"

DIN EN 14294:2010
„Klebstoffe für Leder und Schuhwerkstoffe – Herstellung von Verbundproben nach dem Anform-verfahren"

DIN EN 14510:2005
„Klebstoffe für Leder und Schuhwerkstoffe – Lösemittel- und Dispersionsklebstoffe – Bestim-mung des Sohlensetz-Tack (Setz-Tack)"

DIN EN 15062:2006
„Klebstoffe für Leder und Schuhwerkstoffe – Lösemittel- und Dispersionsklebstoffe – Alterungs-prüfung für Klebungen unter festgelegten Bedingungen"

DIN EN 15307:2015
„Klebstoffe für Leder und Schuhwerkstoffe – Sohlen-Obermaterial-Klebungen – Mindestan-forderungen an die Festigkeit"

Internationale Normen
DIN EN ISO 20863:2005 (Norm-Entwurf:2015)
„Schuhe – Prüfverfahren für Hinterkappen und Zehenkappen – Klebefestigkeit"

Klebstoffe für thermoplastische Rohrsysteme (CEN/TC 193/WG6)

Europäische Normen
DIN EN 14680:2006 (Norm-Entwurf 2013)
„Klebstoffe für drucklose thermoplastische Rohrleitungssysteme – Festlegungen"

DIN EN 14814:2008 (in der Revision)
„Klebstoffe für thermoplastische Druckrohrleitungssysteme für Fluide – Festlegungen"

DIN CEN/TS 14999:2013; DIN SPEC 16499:2013
„Klebstoffe für thermoplastische Rohrleitungssysteme – Prüfung von Klebstoffen bei künstlicher Alterung im Lagerbehälter"

Internationale Normen
DIN EN ISO 9311
„Klebstoffe für thermoplastische Rohrleitungssysteme"
Teil 1:2005 „Prüfverfahren für die Bestimmung der Fließeigenschaften und der Eigenschaften des Klebfilms von Klebstoffen"
Teil 2:2011 „Bestimmung der Scherfestigkeit"
Teil 3:2005 „Prüfverfahren zur Bestimmung der Innendruckfestigkeit"

ISO 7387-1:1983
„Lösungsmittelhaltige Klebstoffe zum Zusammenfügen von Rohrelementen aus Polyvinylchlorid (PVC-U); Charakterisierung; Teil 1:Grundlegende Prüfverfahren"

DIN EN ISO 15908:2003
„Klebstoffe für thermoplastische Rohrleitungssysteme – Prüfverfahren für die thermische Beständigkeit eines Klebstoffes"

Klebebänder
(CEN/TC 193 WG 7)

Deutsche Normen
DIN 55475:1997
„Packhilfsmittel – Klebestreifen aus Kraftpapier, unverstärkt oder verstärkt, wasser- oder wärmeaktivierbar – Anforderungen und Prüfung"

DIN 55479:2000
„Verpackung – Verschlussarten von Schachteln mit Klebebändern und Klebestreifen"

Europäische Normen
DIN EN 1943:2003
„Klebebänder – Messung des Scherwiderstandes unter statischer Belastung"

DIN EN 1945:1996
„Klebebänder – Messung der Anfassklebkraft"

DIN EN 12023:1996
„Klebebänder – Messung der Wasserdampfdurchlässigkeit in feuchtwarmer Atmosphäre"

DIN EN 12024:1996
„Klebebänder – Messung der Beständigkeit gegen erhöhte Temperaturen und Luftfeuchte"

DIN EN 12025:1996
„Klebebänder – Messung der Reißfestigkeit mit dem Pendelverfahren"

DIN EN 12026:1996
„Klebebänder – Messung der Abrollkraft bei hoher Geschwindigkeit"

DIN EN 12027:1996
„Klebebänder – Messung des Brennverhaltens"

DIN EN 12028:1996
„Klebebänder – Messung der Dehnung unter statischer Belastung"

DIN EN 12029:1996
„Klebebänder – Bestimmung von wasserlöslichen, korrosiven Ionen"

DIN EN 12030:1996
„Klebebänder – Messung des Schlagwiderstandes"

DIN EN 12031:1996
„Klebebänder – Messung des Berstwiderstandes"

DIN EN 12032:1996
„Klebebänder – Messung der Bindefestigkeit von wärmehärtenden Klebebändern während der Vernetzung"

DIN EN 12033:1996
„Klebebänder – Messung der Bindefestigkeit von wärmehärtenden Klebebändern nach der Vernetzung"

DIN EN 12034:1996
„Klebebänder – Messung der Länge einer Klebebandrolle"

DIN EN 12035:1996
„Klebebänder – Ablösen von Klebebandenden (Flagging)"

DIN EN 12036:1996
„Klebebänder – Eindringen in Lösemitteln in Abdeckklebebänder"

DIN EN 12481:2001
„Klebebänder – Terminologie"

Internationale Normen
ISO 29862:2007
„Klebebänder – Bestimmung der Klebkraft"

ISO 29863:2007
„Klebebänder – Messung des Scherwiderstandes unter statischer Belastung"

ISO 29864:2007
„Klebebänder – Messung der Bruchkraft und der Reißdehnung"

Klebstoffe für Holz und Holzprodukte (CEN/TC 193/SC1)

Deutsche Normen
DIN 68141:2008 (Norm-Entwurf:2016)
„Holzklebstoffe – Prüfung der Gebrauchseigenschaften von Klebstoffen für tragende Holzbauteile"

DIN 68601:2002
„Holz-Klebverbindungen – Begriffe"

Europäische Normen
DIN EN 204:2001(Norm-Entwurf:2015)
„Klassifizierung von thermoplastischen Holzklebstoffen für nichttragende Anwendungen"

DIN EN 205:2003 (Norm-Entwurf:2015)
„Holzklebstoffe für nichttragende Anwendungen – Bestimmung der Klebfestigkeit von Längsklebungen im Zugversuch"

DIN EN 301:2013 (Norm-Entwurf:2015)
„Klebstoffe, Phenoplaste und Aminoplaste, für tragende Holzbauteile – Klassifizierung und Leistungsanforderungen"

DIN EN 302
„Klebstoffe für tragende Holzbauteile – Prüfverfahren"
Teil 2: 2013 (Norm-Entwurf:2015) „Bestimmung der Delaminierungsbeständigkeit"
Teil 3: 2013 (Norm-Entwurf:2015) „Bestimmung des Einflusses von Säureschädigung der Holzfasern durch Temperatur- und Feuchtigkeitszyklen auf die Querzugfestigkeit"
Teil 5: 2013 „Bestimmung der durchschnittlichen Antrocknezeit bei Referenzbedingungen"
Teil 7: 2013 „Bestimmung der Gebrauchsdauer bei Referenzbedingungen"

DIN EN 12436:2002
„Klebstoffe für tragende Holzbauteile – Kaseinklebstoffe – Klassifizierung und Leistungsanforderungen"

DIN EN 12765:2001 (Norm-Entwurf:2015)
„Klassifizierung von duroplastischen Holzklebstoffen für nichttragende Anwendungen"

DIN EN 14256:2007
„Klebstoffe – Holzklebstoffe für nicht tragende Anwendungen – Prüfverfahren und Anforderungen an die Beständigkeit gegen statische Belastung"

DIN EN 14257:2006
„Klebstoffe – Holzklebstoffe – Bestimmung der Klebfestigkeit von Längsklebungen im Zugversuch in der Wärme (WATT 91)"

DIN EN 14292:2005
„Klebstoffe – Holzklebstoffe – Bestimmung der Beständigkeit gegen statische Belastung in der Wärme"

DIN EN 15416
„Klebstoffe für tragende Holzbauteile ausgenommen Phenolharzklebstoffe und Aminoplaste – Prüfverfahren"
Teil 1: (Norm-Entwurf:2015) „Langzeit-Zugprüfung senkrecht zur Klebstofffuge bei verschiedenen Klimabedingungen (Glashaus-Prüfung)"
Teil 2: 2008 „Statische Belastungsprüfung an Prüfkörpern mit mehreren Klebstofffugen bei Druck-Scherbeanspruchung"
Teil 3: 2010 (Norm-Entwurf:2015) „Prüfung der Kriechverformung unter zyklischen Klimabedingungen an Prüfkörpern bei Biege-Scherbeanspruchung"
Teil 4: 2006 (Norm-Entwurf:2015) „Bestimmung der offenen Wartezeit für Einkomponenten-Klebstoffe auf Polyurethanbasis"
Teil 5: 2006 (Norm-Entwurf:2015) „Bestimmung der Mindestpresszeit"

DIN EN 15425:2008 (Norm-Entwurf: 2015)
„Klebstoffe – Einkomponenten-Klebstoffe auf Polyurethanbasis für tragende Holzbauteile – Klassifizierung und Leistungsanforderungen"

DIN EN 16254/A1:2014 (Norm-Entwurf: 2015)
„Klebstoffe – Emulsionspolymerisiertes Isocyanat (EPI) für tragende Holzbauteile – Klassifizierung und Leistungsanforderungen"

DIN EN 16556:2015
„Klebstoffe – Bestimmung der offenen Wartezeit bei thermoplastischen Holzklebstoffen für nicht tragende Anwendungen"

Internationale Normen
ISO 6237:2003
„Klebstoffe – Bestimmung der Zugscherfestigkeit von Holz-auf-Holz-Klebeverbindungen"

ISO 6238:2001
„Klebstoffe – Holz-auf-Holz-Klebeverbindungen – Bestimmung der Scherfestigkeit durch Druckbeanspruchung"

ISO 17087:2006
„Spezifikation für Klebstoffe für Keilzinkenverbindungen in nicht tragenden Holzprodukten"

ISO 26842
„Klebstoffe – Prüfverfahren zur Bewertung und zur Auswahl von Klebstoffen für Holzprodukte im Innenbereich"
Teil 1- 2013:„Beständigkeit gegen Delaminierung bei unkritischen Klimabedingungen"
Teil 2- 2013:„Beständigkeit gegen Delaminierung bei kritischen Klimabedingungen"

ISO/NP 19209:2013
„Klebstoffe – Thermoplastische Holzklebstoffe für nicht tragende Anwendungen – Klassifizierung"

ISO/NP 19210:2013
„Klebstoffe – Thermoplastische Holzklebstoffe für nicht tragende Anwendungen – Bestimmung
der Klebfestigkeit von Längsklebungen im Zugversuch"

Mörtel und Klebstoffe für Fliesen und Platten (CEN/TC 67)

Deutsche Normen
DIN 18157
„Ausführung keramischer Bekleidungen im Dünnbettverfahren"
Teil-1: 1979 „Hydraulisch erhärtende Dünnbettmörtel"
Teil-2: 1982 „Dispersionsklebstoffe"
Teil-3: 1986 „Epoxidharzklebstoffe"

DIN 18157
„Ausführung von Bekleidungen und Belägen im Dünnbettverfahren"
Teil 1: (Norm-Entwurf 2016) „Zementhaltige Mörtel"
Teil 2: (Norm-Entwurf 2016) „Dispersionsklebstoffe"
Teil 3: (Norm-Entwurf 2016) „Reaktionsharzklebstoffe"

Europäische Normen
DIN EN 1308:2007
„Mörtel und Klebstoffe für Fliesen und Platten – Bestimmung des Abrutschens"

DIN EN 1323:2007
„Mörtel und Klebstoffe für Fliesen und Platten – Betonplatten für Prüfungen"

DIN EN 1324:2007
„Mörtel und Klebstoffe für Fliesen und Platten – Bestimmung der Haftfestigkeit von Dispersions-
klebstoffen"

DIN EN 1346:2007
„Mörtel und Klebstoffe für Fliesen und Platten – Bestimmung der offenen Zeit"

DIN EN 1348:2007
„Mörtel und Klebstoffe für Fliesen und Platten – Bestimmung der Haftfestigkeit zementhaltiger
Mörtel für innen und außen"

DIN EN 12002:2009
„Mörtel und Klebstoffe für Fliesen und Platten – Bestimmung der Verformung zementhaltiger Mörtel und Fugenmörtel"

DIN EN 12003:2009
„Mörtel und Klebstoffe für Fliesen und Platten – Bestimmung der Scherfestigkeiten von Reaktionsharz-Klebstoffen"

DIN EN 12004:2014 Berichtigung
„Mörtel und Klebstoffe für Fliesen und Platten – Anforderungen, Konformitätsbewertung, Klassifizierung und Bezeichnung"

DIN EN 12004:
„Mörtel und Klebstoffe für Fliesen und Platten"
Teil 1: (Norm-Entwurf 2015) „Anforderungen, Konformitätsbewertung, Klassifizierung und Bezeichnung"
Teil 2: (Norm-Entwurf 2015) „Prüfverfahren"

DIN EN 12808:
„Klebstoffe und Fugenmörtel für Fliesen und Platten"
Teil 1: 2009 „Bestimmung der Chemikalienbeständigkeit von Reaktionsharzmörteln"
Teil 2: 2009 „Bestimmung der Abriebfestigkeit"
Teil 3: 2009 „Bestimmung der Biege- und Druckfestigkeit"
Teil 4: 2009 „Berichtigung 1: 2012 Bestimmung der Schwindung"
Teil 5: 2009 „Bestimmung der Wasseraufnahme"

DIN EN 13888:2009
„Fugenmörtel für Fliesen und Platten – Definitionen und Festlegungen"

DIN EN 14891:2013 (Norm-Entwurf 2015)
„Flüssig zu verarbeitende wasserundurchlässige Produkte zum Gebrauch mit keramischen Fliesen und Platten – Anforderungen, Prüfverfahren, Konformitätsbewertung, Klassifizierung und Bezeichnung"

Internationale Normen
ISO 13007
„Keramische Fliesen – Mörtel und Klebstoffe"
Teil 1: 2014 – „Begriffe und Spezifikationen für Klebstoffe"

Teil 2: 2013 – „Prüfmethoden für Klebstoffe"
Teil 3: 2010 – „Begriffe und Spezifikationen für Mörtel"
Teil 4: 2013 – „Prüfmethoden für Mörtel"
Teil 5: 2015 – „Flüssig aufzubringende Abdichtungsstoffe für Abdichtungen im Verbund mit Fliesen und Platten – Anforderungen, Prüfverfahren, Beurteilung der Konformität, Klassifizierung und Bezeichnung"

Haushalt, Hobby, Büro
(CEN TC 52 und CEN TC 261)

Europäische Normen
DIN EN 71
„Sicherheit von Spielzeug"
Teil 1: 2014 (Norm-Entwurf 2016) „Mechanische und physikalische Eigenschaften"
Teil 2: 2014 „Entflammbarkeit"
Teil 3: 2013+ A1 2014 „Migration bestimmter Elemente"
Teil 4: 2013 „Experimentierkästen für chemische und ähnliche Versuche"
Teil 5: 2015 „Chemisches Spielzeug (Sets) ausgenommen Experimentierkästen"
Teil 7: 2014 „Fingermalfarben – Anforderungen und Prüfverfahren
Teil 8: 2011 „Schaukeln, Rutschen und ähnliches Aktivitätsspielzeug für den häuslichen Gebrauch (Innen- und Außenbereich)
Teil 9: 2007 „Organisch-chemische Verbindungen – Anforderungen
Teil 10: 2006 „Organisch-chemische Verbindungen – Probenvorbereitung und Extraktion"
Teil 11: 2006 „Organisch-chemische Verbindungen – Analysenverfahren"
Teil 12: 2013 (Norm-Entwurf 2015) „N-Nitrosamine und N-nitrosierbare Stoffe"
Teil 13: 2014 „Brettspiele für den Geruchsinn, Kosmetikkoffer und Spiele für den Geschmacksinn"
Teil 14: 2015 „Trampoline für den häuslichen Gebrauch"

DIN EN 13427:2004
„Verpackung – Anforderungen an die Anwendung der Europäischen Normen zu Verpackungen und Verpackungsabfällen"

DIN EN 13428:2004
„Verpackung – Spezifische Anforderungen an die Herstellung und Zusammensetzung – Ressourcenschonung durch Verpackungsminimierung"

DIN EN 13429:2004
„Verpackung – Wiederverwendung"

DIN EN 13430:2004
„Verpackung – Anforderungen an Verpackungen für die stoffliche Verwertung"

DIN EN 13431:2004

„Verpackung – Anforderungen an Verpackungen für die energetische Verwertung, einschließlich eines Mindestheizwertes"

DIN EN 15178:2007
„Elemente zur Produktidentifikation bei Notfallanfragen"

Internationale Normen
ISO 8124
„Sicherheit von Spielzeug"
Teil 1: 2014 „Sicherheitsaspekte hinsichtlich mechanischer und physikalischer Eigenschaften"
Teil 1: DAM 1:(Norm-Entwurf 2016) „Schnüre"
Teil 1: DAM 2:(Norm-Entwurf 2016) „Verschiedenes"
Teil 1: DAM 3:(Norm-Entwurf 2016) „Warnhinweise"
Teil 1: DAM 4:(Norm-Entwurf 2016) „Akustische Anforderungen"
Teil 2: 2014 „Entflammbarkeit"
Teil 3: 2014 AMD 1 „ Migration bestimmter Elemente"
Teil 4: 2014 „Schaukeln, Rutschen und ähnliches Aktivitätsspielzeug für den häuslichen Gebrauch (Innen- und Außenbereich)"
Teil 5: 2015 „Bestimmung des Gesamtgehalts bestimmter Elemente in Spielzeug"
Teil 6: 2014 „Bestimmte Phthalsäureester in Spielzeug und Kinderprodukten"
Teil 7: 2015 „Fingermalfarben – Anforderungen und Prüfverfahren"

DIN EN ISO 11683:1997
„Verpackung – Tastbare Hinweise – Anforderungen"

DIN EN ISO 13127:2013
„Verpackung – Kindergesicherte Verpackung – Mechanische Prüfverfahren für wiederverschließbare, kindergesicherte Verpackungssysteme"

ISO 18601:2013
„Verpackung – Allgemeine Anforderungen an die Nutzung der ISO-Normen im Bereich Verpackung und Umwelt"

ISO 18602:2013
„Verpackung – Verpackung und Umwelt – Optimierung der Verpackungssysteme"

ISO 18603:2013
„Verpackung – Wiederverwendung"

ISO 18604:2013
„Verpackung – Stoffliche Verwertung der Verpackung"

ISO 18605:2013
„Verpackung – Energetische Verwertung der Verpackung"

ISO 18606:2013
„Verpackung – Biologische Verwertung der Verpackung"

Qualität Innenluft (CEN TC 264)

Internationale Normen
DIN EN ISO 16000-1:2006
„Innenluftverunreinigungen – Allgemeine Aspekte der Probenahmestrategie"

DIN EN ISO 16000-2:2006
„Innenluftverunreinigungen – Probenahmestrategie für Formaldehyd"

DIN ISO 16000-3:2013
„Innenluftverunreinigungen – Messen von Formaldehyd und anderen Carbonylverbindungen – Probenahme mit einer Pumpe"

DIN ISO 16000-4:2012
„Innenluftverunreinigungen – Bestimmung von Formaldehyd – Probenahme mit Passivsammlern"

DIN EN ISO 16000-5:2007
„Innenluftverunreinigungen – Probenahmestrategie für flüchtige organische Verbindungen (VOC)"

DIN ISO 16000-6:2012
„Innenluftverunreinigungen – Bestimmung von VOC in der Innenluft und in Prüfkammern – Probenahme auf TENAX TA, thermische Desorption und Gaschromatographie/MS/FID"

DIN EN ISO 16000-7:2007
„Innenluftverunreinigungen – Probenahmestrategie zur Bestimmung luftgetragener Asbestfaser-Konzentrationen"

DIN ISO 16000-8:2008
„Innenluftverunreinigungen – Bestimmung des lokalen Alters der Luft in Gebäuden zur Charakterisierung der Lüftungsbedingungen"

DIN EN ISO 16000-9:2008
„Innenluftverunreinigungen – Bestimmung der Emission von flüchtigen organischen Verbindungen aus Bauprodukten und Einrichtungsgegenständen – Emissionsprüfkammer-Verfahren"

DIN EN ISO 16000-10:2006
„Innenluftverunreinigungen – Bestimmung der Emission von flüchtigen organischen Verbindungen aus Bauprodukten und Einrichtungsgegenständen – Emissionsprüfzellen-Verfahren"

DIN EN ISO 16000-11:2006
„Innenluftverunreinigungen – Bestimmung der Emission von flüchtigen organischen Verbindungen aus Bauprodukten und Einrichtungsgegenständen – Probenahme, Lagerung der Proben und Vorbereitung der Prüfstücke"

DIN ISO 16000-25:2012
„Innenraumluftverunreinigungen – Bestimmung der Emission von schwerflüchtigen organischen Verbindungen aus Bauprodukten – Mikro-Prüfkammerverfahren"

BEZUGSQUELLEN

▸ Rohstoffe
▸ Klebstoffe nach Typen
▸ Dichtstoffe
▸ Klebstoffe nach Abnehmerbranchen
▸ Geräte, Anlagen und Komponenten
▸ Klebtechnische Beratungsunternehmen
▸ Lohnfertigung
▸ Forschung und Entwicklung

Rohstoffe

3M
Alberdingk Boley
ARLANXEO
Avebe Adhesives
BASF
Biesterfeld Spezialchemie
Bodo Möller
Brenntag
BYK
Celanese
CHT R. Breitlich
CnP Polymer
Coim
Collall
Collano
Covestro
CTA GmbH
DKSH GmbH
Dücolin
EMS-Chemie
Evonik
ExxonMobil Chemical
IMCD
KANEKA Belgium
Keyser & Mackay
Krahn Chemie
LANXESS
NAGASE
Nordmann, Rassmann
Michelman
MÜNZING
Omya Hamburg GmbH
ORGANIK KIMYA
Polimeri Europa
Poly-Chem
Rütgers
Schill+Seilacher
Schülke & Mayr GmbH
Sonderhoff
Synthomer Deutschland GmbH
Synthopol Chemie
Ter Hell
versalis S.p.A.
Wacker Chemie
Willers, Engel
Worlée-Chemie

Klebstoffe

Schmelzklebstoffe

3M
ALFA Klebstoffe AG
ARDEX
artimelt
Biesterfeld Spezialchemie
Bodo Möller
Bostik
BÜHNEN
BYLA
CHT R. Beitlich
Collano
Dow
Drei Bond
Eluid Adhesive
EMS-Chemie
E. Epple
EUKALIN
Evonik
ExxonMobil Chemical
Follmann
Forbo Eurocol
H.B. Fuller
GLUDAN
Fritz Häcker
Henkel
ISP
Jowat
Klebstoffwerke COLLODIN
Kleiberit
Kömmerling
NAGASE
Paramelt
Planatol Wetzel
Poly-Chem
PRHO-CHEM
Rampf
Rhenocoll
Ruderer Klebtechnik
SABA Dinxperlo

Siema
Sika Automotive
Sika Deutschland
Tremco illbruck
TSRC (Lux.) Corporation
Türmerleim
Unitech
versalis S.p.A.
VITO Irmen
Weiss Chemie + Technik
Zelu

Reaktionsklebstoffe
3M
Adtracon
ARDEX
Berger-Seidle Siegeltechnik
Biesterfeld Spezialchemie
BLUFIXX
Bona
Bodo Möller
Bolton Adhesives
Bostik
BÜHNEN
BYLA
Chemetall
COIM Deutschland
Collano
Cyberbond
DEKA
DELO
Den Braven Benelux BV
Dow
Drei Bond
Dücolin
Dymax Europe
E. Epple
fischer
Forbo Eurocol
Gößl + Pfaff
H.B. Fuller
Henkel
Jowat
Kiesel Bauchemie
Kisling Deutschland GmbH

Kleiberit
Kömmerling
LORD
LOOP
LUGATO CHEMIE
merz+benteli
NAGASE
Otto-Chemie
Panacol-Elosol
Paramelt
PCI
Planatol Wetzel
Rampf
Ramsauer GmbH
Ruderer Klebtechnik
SABA Dinxperlo
SCA Schucker
Schlüter
Schönox
Schomburg
Siema
Sika Automotive
Sika Deutschland
Sonderhoff
STAUF
Stockmeier
Synthopol Chemie
Tremco illbruck
Uzin Tyro
Uzin Utz
Vinavil
Wakol
Weicon
Weiss Chemie + Technik
ZELU CHEMIE

Dispersionsklebstoffe
3M
ALFA Klebstoffe AG
ATP adhesives systems AG
Berger-Seidle Siegeltechnik
Biesterfeld Spezialchemie
Bodo Möller
Bona
Bostik

BÜHNEN
Celanese
CHT R. Beitlich
Coim
Collall
Collano
CTA GmbH
DEKA
Den Braven Benelux BV
Drei Bond
Dücolin
Eluid Adhesive
EUKALIN
E. Epple
fischer
Follmann
Forbo Eurocol
H.B. Fuller
GLUDAN
Fritz Häcker
Henkel
IMC
ISP
Jowat
Kiesel Bauchemie
Klebstoffwerk COLLODIN
Kleiberit
Kömmerling
LORD
LUGATO CHEMIE
Michelman
Murexin
ORGANIK KIMYA
Paramelt
PCI
Planatol Wetzel
PRHO-CHEM
Ramsauer GmbH
Renia-Gesellschaft
Rhenocoll
Ruderer Klebtechnik
SCA Schucker
Schlüter
Schönox
Schomburg

Sika Automotive
Siema
Sopro Bauchemie
STAUF
Synthopol Chemie
Tremco illbruck
Türmerleim
UHU
VITO Irmen
Wakol
Weiss Chemie & Technik
Wulff
ZELU CHEMIE

Pflanzliche Klebstoffe,
Dextrin- und Stärkeklebstoffe
Biesterfeld Spezialchemie
Bodo Möller
Collall
Eluid
EUKALIN
H.B. Fuller
Henkel
Klebstoffwerke COLLODIN
Paramelt
Planatol Wetzel
PRHO-CHEM
Ruderer Klebtechnik
Schönox
Siema
Türmerleim

Glutinleime
H.B. Fuller
Henkel
PRHO-CHEM

Lösemittelhaltige Klebstoffe
3M
Adtracon
Berger-Seidle Siegeltechnik
Biesterfeld Spezialchemie
Bodo Möller
Bona
Bolton Adhesives

Bostik
CHT R. Beitlich
COIM Deutschland
Collall
CTA GmbH
DEKA
Den Braven Benelux BV
E. Epple
Fermit
fischer
Forbo Eurocol
H.B. Fuller
IMCD
Jowat
Kiesel Bauchemie
Kleiberit
Kömmerling
LANXESS
LORD
NAGASE
Otto-Chemie
Paramelt
Planatol Wetzel
Poly-Chem
Ramsauer GmbH
Renia-Gesellschaft
Rhenocoll
Ruderer Klebtechnik
SABA Dinxperlo
SCA Schucker
Schönox
Siema
Sika Automotive
STAUF
Synthopol Chemie
Tremco illbruck
TSRC (Lux.) Corporation
UHU
versalis S.p.A.
VITO Irmen
Wakol
Weiss Chemie + Technik
ZELU CHEMIE

Haftklebstoffe
3M
ALFA Klebstoffe AG
ATP adhesives systems AG
Biesterfeld Spezialchemie
Bostik
BÜHNEN
Collano
CTA GmbH
DEKA
Dymax Europe
E. Epple
Eluid Adhesive
EUKALIN
H.B. Fuller
GLUDAN
Fritz Häcker
Henkel
IMCD
Klebstoffwerke COLLODIN
Kleiberit
LANXESS
NAGASE
ORGANIK KIMYA
Paramelt
Planatol Wetzel
Poly-Chem
PRHO-CHEM
Rhenocoll
Ruderer Klebtechnik

Dichtstoffe
ARDEX
Berger-Seidle Siegeltechnik
Bodo Möller
Bolton Adhesives
Bostik
Botament
CTA GmbH
Drei Bond
ExxonMobil
Den Braven Benelux BV
Dücolin
EMS-Chemie

E. Epple
Fermit
fischer
Henkel
merz+benteli
Murexin
NAGASE
ORGANIK KIMYA
OTTO-Chemie
Paramelt
PCI
Rampf
Ramsauer GmbH
Ruderer Klebtechnik
SCA Schucker
Schomburg
Sonderhoff
Stockmeier
Synthopol Chemie
Tremco illbruck
UHU
Wulff

Abnehmerbranchen

Klebebänder
3M
Alberdingk Boley
artimelt
ATP adhesives systems AG
Avebe Adhesives
Bodo Möller
BYK
certoplast Technische Klebebänder
CNP-Polymer
Coroplast
DKSH GmbH
Eluid Adhesive
Fritz Häcker
IMCD
LANXESS
Lohmann
Planatol Wetzel

Schlüter
Synthopol Chemie
Tesa

Papier/Verpackung
3M
Adtracon
Alberdingk Boley
ALFA Klebstoffe AG
artimelt
ATP adhesives systems AG
Avebe Adhesives
Biesterfeld Spezialchemie
Bodo Möller
Bostik
Brenntag
BÜHNEN
BYK
Celanese
certoplast Technische Klebebänder
CNP-Polymer
COIM Deutschland
Collano
Coroplast
CTA GmbH
DEKA
DKSH GmbH
Eluid Adhesive
EMS-Chemie
EUKALIN
Evonik
ExxonMobil
Follmann
Forbo Eurocol
H.B. Fuller
GLUDAN
Fritz Häcker
Henkel
IMCD
Jowat
Klebstoffwerke COLLODIN
LANXESS
Lohmann

Michelman
MÜNZING
NAGASE
Nordmann, Rassmann
Nynas
Omya Hamburg GmbH
ORGANIK KIMYA
Paramelt
Planatol Wetzel
Polimeri
Poly-Chem
PRHO-CHEM
Rhenocoll
Ruderer Klebtechnik
Schülke & Mayr GmbH
Siema
Sonderhoff
Synthopol Chemie
tesa
TSRC (Lux.) Corporation
Türmerleim
UHU
versalis S.p.A.
Wakol
Weicon
Weiss Chemie + Technik

Buchbinderei/Graphisches Gewerbe
3M
ALFA Klebstoffe AG
ATP adhesives systems AG
Biesterfeld Spezialchemie
Bodo Möller
Brenntag
BÜHNEN
BYK
Celanese
CNP -Polymer
Coim
Collall
DKSH GmbH
Eluid Adhesive
EUKALIN

Evonik
ExxonMobil
H. B. Fuller
iKTZ
Fritz Häcker
Henkel
IMCD
Jowat
LANXESS
Lohmann
Michelman
MÜNZING
Nordmann, Rassmann
Omya Hamburg GmbH
ORGANIK KIMYA
Planatol Wetzel
Polimeri
PRHO-CHEM
Siema
Sika Automotive
tesa
TSRC (Lux.) Corporation
Türmerleim
UHU
versalis S.p.A.
Vinavil

Holz-/Möbelindustrie
3M
Adtracon
ALFA Klebstoffe AG
ATP adhesives systems AG
Berger-Seidle Siegeltechnik
Biesterfeld Spezialchemie
BLUFIXX
Bodo Möller
Bolton Adhesives
Bostik
Brenntag
BÜHNEN
BYK
BYLA
Celanese

CNP-Polymer
Collall
Collano
Coroplast
CTA GmbH
Cyberbond
DEKA
Den Braven Benelux BV
DKSH GmbH
Eluid Adhesive
EMS-Chemie
E. Epple
Evonik
ExxonMobil
fischer
Follmann
Gößl + Pfaff
H.B. Fuller
Henkel
Jowat
KANEKA Belgium
Kisling Deutschland GmbH
Kleiberit
Kömmerling
LANXESS
Lohmann
merz+benteli
Michelman
MÜNZING
Nordmann
Omya Hamburg GmbH
ORGANIK KIMYA
Otto-Chemie
Panacol-Elosol
Rampf
Ramsauer GmbH
Rhenocoll
Ruderer Klebtechnik
SABA Dinxperlo
Siema
Sika Automotive
STAUF
Stockmeier
Synthopol Chemie
tesa

Tremco illbruck
TSRC (Lux.) Corporation
Türmerleim
versalis S.p.A.
Vinavil
VITO Irmen
Wakol
Weicon
Weiss Chemie + Technik
ZELU CHEMIE

Baugewerbe, inkl. Fußboden, Wand u. Decke

ARDEX
artimelt
Berger-Seidle Siegeltechnik
Biesterfeld Spezialchemie
BLUFIXX
Bodo Möller
Bona
Bostik
Botament
Brenntag
BÜHNEN
BYLA
BYK
Collano
CTA GmbH
Celanese
CnP Polymer
certoplast Technische Klebebänder
Coroplast
DEKA
DELO
Den Braven Benelux BV
DKSH GmbH
Emerell
EMS-Chemie
Evonik
ExxonMobil
Fermit
fischer
Forbo Eurocol
Gößl + Pfaff
H. B. Fuller
GLUDAN

Henkel
IMCD
Kiesel Bauchemie
Kleiberit
Kömmerling
Lohmann
LUGATO CHEMIE
Mapei
Murexin
Michelman
MÜNZING
Nordmann, Rassmann
ORGANIK KIMYA
Otto-Chemie
Paramelt
Planatol Wetzel
PCI
Poly-Chem
Rampf
Ramsauer GmbH
Rhenocoll
Schlüter
Schönox
Schomburg
Schülke & Mayr GmbH
Sika Automotive
Sika Deutschland
Sopro Bauchemie
STAUF
Synthopol Chemie
tesa
Tremco illbruck
TSRC (Lux.) Corporation
Uzin Tyro
Uzin Utz
Vinavil
Wakol
Weicon
Weiss Chemie + Technik
Wulff

Fahrzeug- und Luftfahrtindustrie
ALFA Klebstoffe AG
APM Technica
ATP adhesives systems AG

BLUFIXX
Bodo Möller
Brenntag
BÜHNEN
BYLA
Celanese
certoplast Technische Klebebänder
Chemetall
CHT R. Beitlich
CNP-Polymer
Coroplast
Cyberbond
DEKA
DELO
Den Braven Benelux BV
Dow
Drei Bond
Dymax Europe
Emerell
EMS-Chemie
E. Epple
Evonik
ExxonMobil
Gößl + Pfaff
H.B. Fuller
Henkel
Hönle
ISP
Klebstoffwerke COLLODIN
Kleiberit
Kömmerling
Lohmann
LORD
Michelman
MÜNZING
NAGASE
Nordmann, Rassmann
Otto-Chemie
Panacol-Elosol
Planatol Wetzel
Polimeri
Polytec
Rampf
Ramsauer GmbH
Ruderer Klebtechnik

SCA Schucker
Schülke & Mayr GmbH
Sika Automotive
Sika Deutschland
Sonderhoff
Synthopol Chemie
Tremco illbruck
tesa
TSRC (Lux.) Corporation
Unitech
VITO Irmen
Wakol
Weicon
Weiss Chemie + Technik
ZELU CHEMIE

Elektronik
APM Technica
ATP adhesives systems AG
BLUFIXX
Bodo Möller
Brenntag
BÜHNEN
BYLA
certoplast Technische Klebebänder
Chemetall
CHT R. Beitlich
Collano
Coroplast
CTA GmbH
Cyberbond
DELO
DKSH GmbH
Drei Bond
Dymax Europe
Emerell
EMS-Chemie
E. Epple
Evonik
ExxonMobil
Gößl + Pfaff
H.B. Fuller
Henkel
Hönle
KANEKA Belgium

Kisling Deutschland GmbH
Kömmerling
Lohmann
LORD
Michelman
MÜNZING
NAGASE
Nordmann, Rassmann
Otto-Chemie
Panacol-Elosol
Polytec
Rampf
Ruderer Klebtechnik
SCA Schucker
Siema
Sika Automotive
Sika Deutschland
tesa
Tremco illbruck
Unitech
UHU
Weicon
Weiss Chemie + Technik

Hygienebereich
APM Technica
BLUFIXX
H.B. Fuller
GLUDAN
Henkel
ISP
Jowat
Kömmerling
LANXESS
Lohmann
Nordmann, Rassmann
Nynas
Prho-Chem
Schülke & Mayr GmbH
Sika Automotive
Türmerleim
Vito Irmen

Maschinen- und Apparatebau
Biesterfeld Spezialchemie

Bodo Möller
BÜHNEN
BYLA
certoplast Technische Klebebänder
Chemetall
CHT R. Beitlich
Coroplast
Cyberbond
DEKA
DELO
Dow
Drei Bond
ExxonMobil
Gößl + Pfaff
Henkel
KANEKA Belgium
Kleiberit
Kömmerling
Lohmann
Novamelt
Otto-Chemie
Panacol-Elosol
Paramelt
Renia-Gesellschaft
Ruderer Klebtechnik
SABA Dinxperlo
Schomburg
Schülke & Mayr GmbH
Sonderhoff
Synthopol Chemie
tesa
Weicon

Textilindustrie
Adtracon
Biesterfeld Spezialchemie
Bodo Möller
Bostik
Brenntag
BÜHNEN
CHT R. Beitlich
CNP-Polymer
Collano
DEKA
Emerell

EMS-Chemie
EUKALIN
Evonik
ExxonMobil
H.B. Fuller
Henkel
Jowat
Kleiberit
LANXESS
Michelman
MÜNZING
Nordmann, Rassmann
Novamelt
Nynas
Omya Hamburg GmbH
ORGANIK KIMYA
Polimeri
SABA Dinxperlo
Schülke & Mayr GmbH
Sika Automotive
Synthopol Chemie
tesa
Vito Irmen
Wakol
Wulff
Zelu

Klebebänder, Etiketten
artimelt
Biesterfeld Spezialchemie
Bodo Möller
Bostik
Brenntag
CNP-Polymer
Coim
Collano
EMS-Chemie
EUKALIN
ExxonMobil
H.B. Fuller
Henkel
IMCD
Jowat
KANEKA Belgium
LANXESS

Michelman
MÜNZING
Nordmann, Rassmann
Nynas
ORGANIK KIMYA
Paramelt
Polimeri
Novamelt
Planatol Wetzel
PRHO-CHEM
Schülke & Mayr GmbH
Stauf
Sika Automotive
Synthopol Chemie
TSRC (Lux.) Corporation
Türmerleim
versalis S.p.A.
Vito Irmen

Haushalt, Hobby und Büro
BLUFIXX
Bodo Möller
Bolton Adhesives
certoplast Technische Klebebänder
CNP-Polymer
Collall
Coroplast
CTA GmbH
Cyberbond
Den Braven Benelux BV
EMS-Chemie
ExxonMobil
Fermit
fischer
GLUDAN
Henkel
ISP
KANEKA Belgium
LUGATO Chemie
Michelman
Nordmann, Rassmann
Nynas
Omya Hamburg GmbH
Panacol-Elosol
Polimeri

Rampf
Ramsauer GmbH
Renia-Gesellschaft
Rhenocoll
Schülke & Mayr GmbH
tesa
Tremco illbruck
TSRC (Lux.) Corporation
UHU
versalis S.p.A.
Weicon
Weiss Chemie + Technik

Schuh- und Lederindustrie
Adtracon
BÜHNEN
Cyberbond
H.B. Fuller
Henkel
Kömmerling
Renia-Gesellschaft
Ruderer Klebtechnik
Sika Automotive
Wakol
Zelu

Geräte, Anlagen und Komponenten
zum Fördern, Mischen, Dosieren und Klebstoffauftrag
BÜHNEN
Drei Bond
EMS-Chemie
Gößl + Pfaff
Hardo
Dr. Hönle
Hilger u. Kern
Innotech
IST Metz
Nordson
Reinhardt Technik
Robatech
SCA Schucker
Scheugenpflug

Sonderhoff
Sulzer Mixpac
TechconSystems
t-s-i.de Misch- und Dosiertechnik
Vieweg
Walther

Klebtechnische Beratung
ChemQuest Europe INC.
Hinterwaldner Consulting
Klebtechnik Dr. Hartwig Lohse
APM Technica
iKTZ

Lohnfertigung
LOOP
E. Epple

Forschung und Entwicklung
IFAM
ZHAW

Printing: Ten Brink, Meppel, The Netherlands
Binding: Ten Brink, Meppel, The Netherlands